E   N   S   I   N   O

I

IMPRENSA DA UNIVERSIDADE DE COIMBRA
COIMBRA UNIVERSITY PRESS

U

EDIÇÃO

Imprensa da Universidade de Coimbra
Email: imprensa@uc.pt
URL: http//www.uc.pt/imprensa_uc
Vendas online: http://livrariadaimprensa.uc.pt

COORDENAÇÃO EDITORIAL

Imprensa da Universidade de Coimbra

CONCEÇÃO GRÁFICA

António Barros

INFOGRAFIA DA CAPA

Carlos Costa

PRINT BY

CreateSpace

ISBN

978-989-26-1059-7

ISBN DIGITAL

978-989-26-1060-3

DOI

http://dx.doi.org/10.14195/978-989-26-1060-3

DEPÓSITO LEGAL

405443/16

© JANEIRO 2016, IMPRENSA DA UNIVERSIDADE DE COIMBRA

ESTATÍSTICA PARA A MELHORIA DE PROCESSOS

A PERSPECTIVA SEIS SIGMA

MARCO S. REIS

IMPRENSA DA UNIVERSIDADE DE COIMBRA
COIMBRA UNIVERSITY PRESS

Dedicatória

Para a Ivone, Sara e Catarina,
a mistura perfeita de ordem e
variabilidade que faz da vida uma
experiência singular e valiosa, e o
cenário ideal para a escrita de um livro
que procura captar estes conceitos de
uma forma simples.

SUMÁRIO

PREFÁCIO

O seis sigma é uma iniciativa estruturada para a melhoria da qualidade das organizações e resolução de problemas específicos nos seus processos, que faz amplo uso de metodologias estatísticas. Tal é necessário para lidar adequadamente com todas as fontes de informação e factos processuais a que esta abordagem dá primazia, bem como com a sua variabilidade e o ambiente de incerteza em que todas as decisões têm de ser tomadas. O mesmo se aplica ao planeamento das actividades de melhoria e à implementação dos necessários sistemas de supervisão e controlo. Perante esta diversidade de tarefas, existe uma idêntica variedade de metodologias que os responsáveis pelos projectos seis sigma devem dominar, nomeadamente os chamados *Black Belts*, e em geral todos aqueles que lideram a implementação de programas de melhoria da Qualidade nas suas organizações. Tal exigência coloca uma pressão adicional sobre estes profissionais para além daquela já existente e decorrente das responsabilidades específicas assumidas no seio das suas organizações.

Foi precisamente no sentido de apoiar todos os profissionais que enfrentam, ou se preparam para enfrentar, desafios semelhantes, que este livro foi pensado e escrito. Este livro apresenta, numa linguagem acessível e pragmática, as metodologias estatísticas fundamentais para lidar com as necessidades de análise que, com maior frequência, se impõem em cada uma das fases de um projecto de melhoria ou resolução de problemas processuais, guiando os interessados na sua implementação. Ao longo da exposição, faz-se uso de exemplos concretos, dados realistas e *software* estatístico dedicado. Desta forma, não só os conceitos são introduzidos de forma organizada e contextualizada, como também se ilustra e explica a forma como os vários métodos são aplicados em situações concretas, para que a respectiva análise possa ser facilmente replicada pelos leitores interessados, nos seus futuros projectos.

É convicção do autor que, assim como um bom condutor não necessita de compreender toda a complexidade da mecânica do motor, dos fenómenos químicos de combustão e catálise, ou a complexa electrónica existente num automóvel para fazer um uso adequado e efectivo do mesmo, também um profissional envolvido na melhoria de processos não necessita ele próprio de ser um especialista em métodos estatísticos para fazer um uso correcto e conscienscioso destes. Deve ser função de quem desenvolve, ensina e divulga estatística, apresentar os métodos com potencial interesse de forma acessível e inteligível, para que os seus destinatários, após o devido treino, sejam capazes de fazer bom uso dos mesmos, i.e., perceber em que circunstâncias são adequados e, igualmente importante, quando não o são, bem como interpretar os resultados que estes proporcionam, especialmente no sentido em que podem ajudar a resolver problemas concretos e tomar as melhores decisões. E caso haja uma metodologia que necessita absolutamente de um conhecimento profundo da teoria subjacente para ser utilizada e para produzir resultados correctos, é também claro que a sua utilização é mais específica ou revela uma certa falta de robustez que não se adequa a uma utilização generalizada. Logo, o impacto prático de a deixar entregue ao domínio de especialistas, será também, por isso, mais limitado. Mantendo a metáfora do utilizador de carro, esta situação corresponderia a um veículo de Fórmula 1, cujo uso é limitado a condições muito específicas e envolve procedimentos que somente pessoas altamente treinadas dominam. Claramente, estas metodologias deverão ser apresentadas somente para utilizadores específicos e envolvendo uma formação dimensionada para as exigências que o seu uso implica.

A prova do enorme impacto que a utilização generalizada e enquadrada de metodologias pode trazer para as organizações está bem patente no sucesso do programa de implementação das 7 ferramentas básicas da Qualidade, propostas por Kaoru Ishikawa. No entanto, para lidar com a tipologia de desafios que se colocam em projectos seis sigma, ou outros de dimensão semelhante, a diversidade de ferramentas necessárias é bastante maior e este pequeno *kit* de metodologias não é, naturalmente, suficiente. Neste sentido, espero que este livro possa contribuir para aumentar o impacto da utilização efectiva dos métodos estatísticos na melhoria dos processos das organizações. Essa finalidade esteve indelevelmente presente ao longo de toda a sua preparação e escrita.

Marco P. Seabra dos Reis
Coimbra, 16 de Fevereiro de 2015

CAPÍTULO 1 – A METODOLOGIA SEIS SIGMA

1.1. Introdução

Introduzida na Motorola na década de 80 do século XX, a iniciativa seis sigma rapidamente ganhou protagonismo e captou o interesse generalizado das grandes empresas a operarem numa economia cada vez mais competitiva, dado o apreciável impacto nos resultados finais a que a sua implementação frequentemente conduzia. Trata-se de uma iniciativa para a melhoria das organizações orientada por factos e dados concretos recolhidos dos processos, caracterizada por congregar, de forma sinérgica, os seguintes aspectos:

- Operacionalização por projectos criteriosamente seleccionados tendo por base os resultados finais a que conduzem;
- Os projectos, cuidadosamente caracterizados, são executados durante um período limitado, por equipas de melhoria cujos elementos assumem papéis e responsabilidades claramente definidos;
- Todos os elementos devem possuir uma formação em métodos estatísticos e de melhoria de processos adequada ao seu papel no projecto. Num projecto, os designados *Black Belts* possuem um conhecimento mais extenso destas metodologias (existe normalmente um por projecto, que o lidera operacionalmente), enquanto os *Green Belts* são treinados (usualmente pelos *Black Belts*) na utilização de uma variedade mais redu-

zida de metodologias de acordo com as suas necessidades (normalmente existem vários *Green Belts* num projecto seis sigma, constituindo em conjunto com o *Black Belt*, o núcleo operacional da equipa de melhoria).

• A iniciativa desenrola-se através de uma sequência característica de fases, conhecida como *DMAIC*: *Define, Measure, Analyze, Improve* e *Control* (uma descrição destas fases será apresentada mais à frente neste capítulo).

Não propondo metodologias novas, o seis sigma estabelece uma abordagem estruturada para projectos de melhoria e de resolução de problemas, em que os métodos e ferramentas existentes aparecem organizados consoante os objectivos de cada fase. Tal proporciona uma forma mais intuitiva e enquadrada da utilização dos métodos estatísticos, na medida em que o seu objectivo está claramente identificado face às necessidades de análise inerentes às várias etapas do projecto. Neste contexto, se por um lado os métodos estatísticos são adoptados como um dos aspectos centrais do seis sigma (o que aparece desde logo evidente na sua designação, "seis sigma" ou "6σ", onde "sigma" (σ) é a letra grega que simboliza o desvio padrão, uma medida estatística muito usada para caracterizar a dispersão de valores obtidos para uma grandeza em determinadas condições), também este tem contribuído para uma utilização mais generalizada e sistemática da estatística por parte dos profissionais no terreno.

Mas qual a razão para toda a ênfase dada aos métodos estatísticos na iniciativa seis sigma? A resposta encontra-se na natureza intrínseca dos processos. Todos os processos apresentam variabilidade. Esta tem origem nas pessoas e na forma como executam as suas tarefas, nos materiais utilizados, na maquinaria e ferramentas, nos sistemas de medição, nas condições ambientais, nos métodos de fabrico, entre outras fontes genéricas, e está sempre presente. Um dos grandes objectivos dos gestores de processos consiste exactamente em caracterizar e conhecer esta variabilidade, ao ponto de ser possível controlá-la ou minimizar o seu impacto no produto final e assim ir simultaneamente ao encontro dos objectivos de qualidade e eficiência da organização e, claro, das expectativas dos clientes. Ora, a estatística é precisamente a ciência que se ocupa do estudo da variabilidade e da forma como esta se transfere. É por isso a disciplina que desde logo se apresenta como valiosa aliada na cruzada para a melhoria da Qualidade dos processos e uma fonte profícua de ferramentas para lidar com as várias manifestações da variabilidade que estes apresentam, ou com as várias questões que se colocam em ambientes onde a incerteza é omnipresente e deve ser naturalmente incorporada nos processos de decisão.

A importância dada à variabilidade e à sua redução no sentido de aumentar o nível de desempenho dos processos está também bem patente na seguinte frase do influente autor W. Edwards Deming (1900-1993): *"If I had to reduce my message for management to just a few words, I'd say it all had to do with reducing variation."* Poucas dúvidas devem restar pois (se algumas!) da incontornável necessidade de usar metodologias de cariz estatístico nas abordagens a problemas reais do dia-a-dia das organizações.

1.2. Estrutura base das abordagens para a melhoria de processos

Várias metodologias têm sido propostas ao longo dos tempos para abordar o problema da melhoria de processos. Algumas das mais bem-sucedidas contemplam os seguintes princípios fundamentais:

• Toda a actividade pode ser decomposta num conjunto de processos que interagem (visão sistémica);

- Todos os processos apresentam variabilidade;
- Compreender e reduzir a variabilidade é a chave para o sucesso.

Estes princípios são também os fundamentos do chamado "raciocínio estatístico" (*statistical thinking*) proposto por Hoerl e Snee [1], com base nos quais os autores propõem metodologias destinadas à resolução de problemas e à melhoria de processos. A melhoria pode ocorrer quer por alteração do processo (reengenharia, substituição, etc.) quer através de um controlo mais apertado dos factores indutores de variabilidade (controlo estatístico de processos) ou da sua compensação (controlo automático de processos) (Figura 1.1).

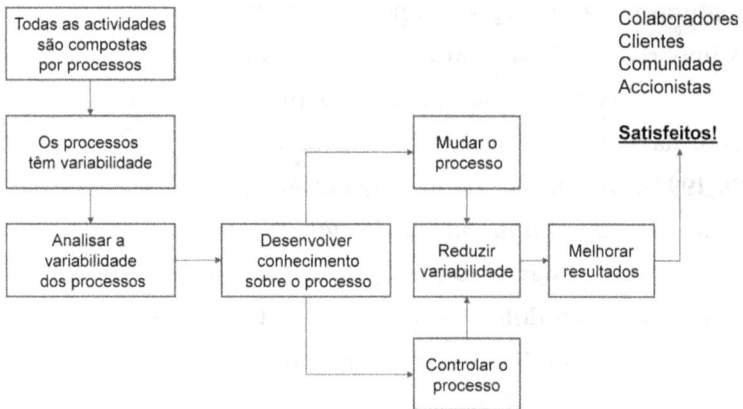

Figura 1.1. A filosofia subjacente ao raciocínio estatístico (*statistical thinking*).

Estes princípios estão presentes no próprio ciclo PDCA (*Plan-Do-Check-Act*) ou ciclo de Shewhart (1891-1967) (por vezes também atribuído a Deming), adoptado nos referenciais da Qualidade ISO 9000, pese embora o seu horizonte de aplicação seja mais vasto e orientado para a implantação de um sistema de gestão e de uma filosofia da Qualidade nas empresas, e não só para actividades de melhoria da Qualidade e de resolução de problemas. No entanto, os princípios da visão sistémica, tomada de decisões baseadas em factos e as actividades de controlo de qualidade e melhoria, são prolongamentos dos princípios acima enunciados aos quais se acrescentam outros necessários para criar um verdadeiro sistema da Qualidade. Estão também presentes na abordagem seis sigma, na medida em que nesta se coloca grande ênfase no estudo e na documentação prévios do processo, na selecção de critérios de desempenho e recolha de dados, na análise estatística dos mesmos e em iniciativas para reduzir, de uma forma sustentada, a variabilidade dos processos. Segundo Søren Bisgaard (1951-2009), a estratégia seis sigma não é mais do que o método científico em acção ao serviço da melhoria de processos e produtos. Ao contrário das normas ISO 9000, a iniciativa seis sigma não envolve burocracia apreciável, ou actividades de certificação e avaliação detalhadas e elaboradas. Talvez o seu único requisito fundamental seja o envolvimento e o comprometimento da gestão de topo, que deve participar activamente nos esforços de gestão e implementação do programa. Para tal, os gestores de topo devem conhecer os fundamentos do seis sigma, comprometerem-se com a iniciativa e liderarem o esforço de implementação dos programas, bem como alocarem os recursos necessários (meios humanos, financeiros e materiais), incluindo a formação necessária das equipas de melhoria e o tempo para estas participarem nas actividades dos projectos.

1.3. Um exemplo de sucesso resultante da aplicação generalizada de metodologias estatísticas: as 7 ferramentas básicas da Qualidade

Talvez a iniciativa mais bem-sucedida até ao momento, decorrente de um programa de disseminação de um conjunto estruturado de ferramentas, tenha sido aquela proposta por Kaoru Ishikawa com as suas 7 ferramentas básicas da Qualidade [2]. A simplicidade destas ferramentas permitiu a análise expedita de uma grande variedade de problemas nos processos e a sua ampla adopção pelas organizações conduziu a efeitos tangíveis num horizonte de tempo relativamente curto. As organizações envolvidas foram rapidamente catapultadas para um novo patamar de desempenho, fruto da contribuição pro-activa e empenhada dos seus colaboradores, onde todos são chamados a participar. Este pequeno núcleo de 7 metodologias fornece o suporte conceptual básico para os colaboradores, usualmente em equipa, desenvolveram os seus planos de definição de problemas, análise e melhoria, e são o exemplo do que se pode conseguir com uma abordagem estruturada. Serve pois como exemplo e inspiração para os programas seis sigma, mais ambiciosos nos seus objectivos e por isso requerendo também procedimentos mais elaborados e uma maior variedade de métodos estatísticos ao dispor. No entanto, ambas as abordagens possuem os traços comuns de serem iniciativas estruturadas, baseadas em dados e informação processual, orientadas para resultados, dependentes do trabalho de equipas diversificadas e com horizontes de tempo limitados.

Embora não haja actualmente um consenso absoluto em torno da composição exacta do núcleo básico de ferramentas, considera-se ser a seguinte a proposta mais equilibrada e útil para o *kit* básico de 7 ferramentas que devem ser dominadas pelo maior número possível de colaboradores numa organização, como parte do seu *background* fundamental para a melhoria de processos:[1]

    i. Fluxogramas/diagramas de blocos;
    ii. Diagrama de causa-efeito;

---

[1] **Nota:** os fluxogramas não constavam da proposta inicial de Kaoru Ishikawa, mas a sua inclusão visa proporcionar uma maior eficácia na abordagem à resolução de problemas; a proposta original referia as seguintes metodologias: histogramas, diagramas de causa-efeito, folhas de verificação, diagramas de Pareto, gráficos, cartas de controlo e diagramas de dispersão.

iii. Formulários de recolha de dados e folhas de verificação;

iv. Diagrama de Pareto (secção 4.3.2);

v. Histograma (secção 4.4.1);

vi. Gráficos (Capítulo 4);

vii. Cartas de controlo (Capítulo 7);

Este *background* básico partilhado deverá certamente englobar outras dimensões formativas (incluindo o trabalho em equipa), mas a vertente sistemática e de cariz quantitativo de apoio à decisão muito beneficiará de uma familiarização efectiva com estes métodos. De facto, à sua simplicidade está associada um grande potencial de aplicação na resolução de problemas concretos. A maioria das ferramentas acima indicadas vai ser descrita de forma detalhada nos capítulos seguintes, com a excepção dos fluxogramas, diagramas de causa-efeito e formulários de recolha de dados/folhas de verificação. Por este motivo, e por apresentarem um interesse potencial muito relevante, estas ferramentas serão brevemente descritas de seguida.

Fluxogramas/diagramas de blocos. A abordagem a qualquer projecto de resolução de problemas ou de melhoria deve começar pela identificação clara e análise cuidada do processo em causa. Tal pode ser efectuado recorrendo a várias metodologias de mapeamento das respectivas actividades, a mais simples das quais é o fluxograma. Num fluxograma identificam-se as várias actividades e a forma como estas se relacionam sequencialmente. A sua construção é feita a partir de um conjunto de elementos básicos, de fácil apreensão, tais como: círculo/oval – início e final do processo; rectângulo – actividade; losango – decisão (Figura 1.2). Com a sua ajuda, é possível estabelecer a rede de actividades de um processo de uma forma clara, constituindo uma mais-valia na partilha e disseminação deste tipo de informação. São especialmente úteis nas fases iniciais de contacto com um novo processo, ou na análise preliminar de um problema,

21

onde o conhecimento disponível é ainda escasso. Representando o processo actual, tal qual ele é, um fluxograma permite também questionar sobre a forma como as operações estão correntemente a ser conduzidas e identificar possíveis alterações no sentido de o melhorar, através da sua simplificação ou reorganização. Nesta tarefa, não só os blocos de actividade são questionados mas também as ligações entre eles, que podem representar movimentações desnecessárias, tempos de espera, inventário, etc.

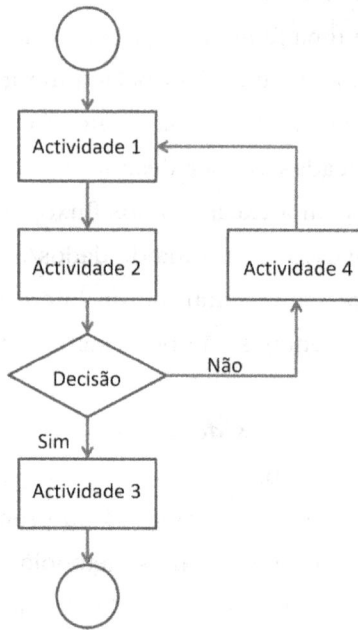

Figura 1.2. Elementos fundamentais de um fluxograma.

Diagramas de causa-efeito. Os diagramas de causa-efeito permitem identificar, de uma forma sistemática, focalizada e progressiva, todas as potenciais causas que poderão estar por trás do problema em análise. Sistemática, porque após a necessária clarificação sobre qual o problema a resolver, procuram cobrir, uma a uma, todas as categorias de factores potencialmente envolvidos. Focalizada, dada a sua natureza visual e directa, que induz a convergência de esforços de toda a equipa de melhoria para o mesmo objectivo. Progressiva, porque primeiro são identificadas as causas de natureza genérica (causas gerais: Máquinas, Materiais, Ambiente, Pessoas, Métodos, Sistemas de Medição), passando-se depois para a identificação das causas que caiem nessas categorias (causas de nível 1), e das causas que as desencadeiam (causas de nível 2), e assim sucessivamente até se atingir um nível de profundidade elementar que identifica claramente uma origem possível do problema (Figura 1.3.a). As causas vão sendo assinaladas como indicado na Figura 1.3.b, num diagrama que, na sua forma final, se assemelha a uma espinha de peixe, nome pelo qual também é conhecido (outra designação possível é ainda o diagrama de Ishikawa).

O agrupamento hierárquico de falhas neste tipo de diagramas não tem de ser necessariamente sempre o mesmo. Quando se procura, por exemplo, controlar a variabilidade excessiva de uma característica de qualidade do produto final, o diagrama da Figura 1.3.b) pode ser útil na identificação dos principais factores indutores da mesma. No entanto, por vezes é útil subdividir as falhas consoante a sua localização no processo, especialmente quando existem várias etapas envolvidas. Assim, o diagrama causa-efeito deve ser construído da forma que mais efectivamente conduza a respostas para o problema em análise, independente da organização adoptada. No entanto, a configuração apresentada na Figura 1.3.b é de grande utilidade e usada com muita frequência na análise de problemas de melhoria.

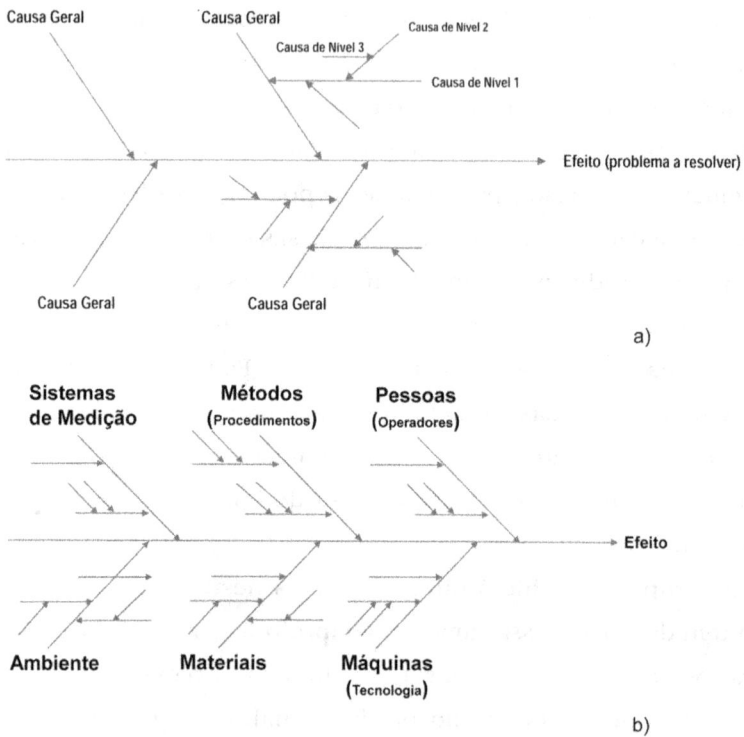

Causa Geral   Causa Geral   Causa de Nível 2
Causa de Nível 3
Causa de Nível 1
Efeito (problema a resolver)
Causa Geral   Causa Geral

a)

Sistemas de Medição   **Métodos** (Procedimentos)   **Pessoas** (Operadores)

Efeito

Ambiente   **Materiais**   **Máquinas** (Tecnologia)

b)

Figura 1.3. (a) Estrutura geral de um diagrama causa-efeito. (b) Exemplo de um conjunto de causas gerais de utilização comum na análise de projectos de melhoria.

Formulários de recolha de dados e folhas de verificação. Como se referirá no Capítulo 3, a recolha de dados do processo é um dos passos mais importantes num projecto de resolução de problemas ou de melhoria. Uma vez identificadas as possíveis causas ou aspectos a melhorar, por exemplo através de um diagrama de causa-efeito, a sua avaliação deve ser conduzida com base em informação fidedigna recolhida do processo. Sem dados credíveis não é possível estabelecer o nível de desempenho actual do processo, analisar as causas de uma forma informada e factual, aferir a sua estabilidade, etc. Os formulários de recolha de dados (Figura 1.4.a) são documentos desenhados de forma a facilitarem as tarefas de recolha dos dados com interesse, de uma forma credível, directamente no processo e por quem o opera. Devem por isso ser objecto de um planeamento cuidado, onde se leva em conta não só os aspectos formais do documento, mas tudo o que envolve o sistema de recolha de informação: Quem recolhe? O quê? Como? Quando? Durante quanto tempo? – Estas são algumas das questões que têm de estar claramente contempladas no plano de recolha de dados. Os dados a recolher podem ser de natureza quantitativa, por exemplo, o número de defeitos de cada tipo encontrados, ou mesmo pictográfica, indicando por exemplo a localização dos defeitos observados (folhas de localização de defeitos), de grande utilidade na identificação de problemas de qualidade numa ampla gama de produtos (vidros, sapatos, vestuário, pintura de componentes, etc.; ver Figura 1.4.b). Os formulários de recolha de dados podem ser disponibilizados em formato de papel ou em plataformas digitais, tais como monitores tácteis. Outras ferramentas relacionadas de grande utilidade são as chamadas folhas de verificação confirmatórias, ou *check sheets*. Estas visam assegurar que um conjunto de procedimentos seja executado integralmente e na ordem correcta, ou que nenhuma componente importante seja esquecida. São particularmente relevantes em tarefas onde as consequências decorrentes de uma falha são sérias, actuando como um mecanismo de garantia adicional. O seu uso requer porém treino e disciplina, devendo ser executado como parte integrante do processo.

a)

Vidro de um automóvel
X – defeitos detectados por inspecção visual

b)

Figura 1.4. (a) Exemplo de um formulário de recolha de dados. (b) Exemplo de uma folha de localização de defeitos.

Diagramas de Pareto. São essencialmente gráficos de barras que procuram colocar em evidência as causas de problemas dominantes. Cada barra indica a intensidade de ocorrência de um determinado tipo de problema e, através da sua ordenação decrescente de magnitudes, as causas dominantes são claramente identificadas. Observa-se frequentemente que a maior parte dos problemas são provocados por um número reduzido de causas: a separação *the importante few versus the trivial many*. Estas devem constituir o objecto prioritário dos esforços de melhoria, evitando a disseminação de recursos e alavancando o impacto do seu investimento de uma forma mais efectiva. A intensidade pode ser medida de diferentes formas, tal como através da frequência com que cada falha sucede, ou através dos custos totais associados à sua ocorrência. Esta ferramenta será apresentada com mais detalhe na Secção 4.3.2.

Histogramas. Um histograma fornece uma imagem clara de algumas características fundamentais da variabilidade exibida por uma variável do processo ou associada ao produto. Em particular é possível avaliar a tendência central, dispersão e forma da distribuição dos dados recolhidos. Com base nesta informação, é desde logo possível aferir: se o processo está centrado, i.e., se a sua tendência central está alinhada com o valor nominal (o *target*); se está a produzir dentro das especificações (bastará sobrepor os limites de especificação ao histograma); e qual a forma da distribuição de valores, a qual pode indicar situações anómalas (por exemplo, um histograma bimodal pode indiciar que existem duas populações distintas de valores, o que pode significar, eventualmente, que máquinas de duas linhas em paralelo estão a produzir produtos com diferentes características, ou que algo mudou no processo durante o processo de amostragem). Uma vez que os dados apresentam variabilidade, a forma do histograma pode também naturalmente variar ligeiramente de amostra para amostra, especialmente se estas são de dimensão reduzida. Por isso, é desaconselhável sobre-interpretar o seu conteúdo de uma forma muito precisa e exaustiva, devendo em lugar disso, fazer-se uma descrição mais aproximada das várias componentes de variabilidade exibidas. Esta ferramenta será abordada na secção 4.4.1.

Gráficos. A utilização de metodologias gráficas é fundamental na análise de qualquer problema. Com elas, procura-se apreender rapidamente aspectos relevantes da variabilidade dos processos, como a existência de relações entre variáveis processuais e variáveis de qualidade dos produtos (gráficos de dispersão) ou padrões de variação ao longo do tempo das medidas recolhidas para as características dos produtos (gráficos de tendência). Da sua análise resulta um conhecimento mais profundo da operação do processo, bem como a identificação de comportamentos a esclarecer e outros a melhorar. Várias ferramentas gráficas serão apresentadas no decurso do Capítulo 4.

Cartas de controlo. Estas ferramentas, de leitura simples, permitem estabelecer se a variabilidade exibida pelo processo é compatível com aquela existente em condições normais de operação (processo sob controlo estatístico), ou se alguma anomalia aconteceu e deve ser assinalada e corrigida (processo fora de controlo estatístico). Apesar de pertencerem ao grupo das 7 ferramentas básicas, são aquelas cuja construção necessita de maiores conhecimentos técnicos para uma compreensão completa de todas as suas implicações. No entanto, estes aspectos teóricos não transparecem na sua implementação prática, a qual pode ser conduzida por qualquer operador adequadamente treinado. Esta simplicidade é fundamental para a sua disseminação nas organizações e garante que os seus benefícios sejam atingidos, em particular: a análise continuada da estabilidade do processo e o evitar intervenções correctivas em excesso que, em lugar de re-

27

duzirem a variabilidade, a aumentam. As cartas de controlo serão descritas em detalhe no Capítulo 7.

A Figura 1.5 resume o conjunto das 7 ferramentas básicas da Qualidade acima descritas.

Fluxograma

• Identifica a sequência de actividades e sua interacção;
• Traduz o conhecimento atual sobre o processo;
• Permite identificar aspetos a melhorar.

Diagrama de Causa-Efeito ou de Espinha de Peixe

• Representação sistemática e hierárquica das causas que podem desencadear um determinado efeito (problema);
• Permite identificar as áreas potencialmente problemáticas relativamente às quais deve ser recolhida e analisada mais informação.

Formulários de recolha de dados e *"check sheets"*

• Simplifica e sistematiza a recolha de dados;
• Todo o processo de recolha deve ser bem planeado e validado antes de ser colocado em prática.

Histograma

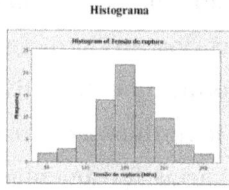

• Evidencia a tendência central dos dados recolhidos do processo, sua dispersão e forma da distribuição;
• Permite analisar a capacidade do processo em cumprir as especificações e identificar situações anómalas na distribuição dos dados.

Diagrama de Pareto

• Identifica os problemas mais significativos cuja resolução é prioritária;
• Deve ser construído inicialmente, antes do processo de melhoria, e depois, durante a sua implementação, até que se atinjam níveis satisfatórios de qualidade.

Gráficos

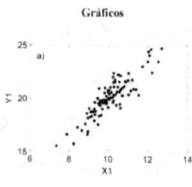

• Permitem escrutinar aspetos importantes da variabilidade dos dados, como a existência de relações entre variáveis ou os seus padrões de variação ao longo do tempo;
• A sua utilização é altamente aconselhada nas fases iniciais de análise do problema.

Cartas de Controlo

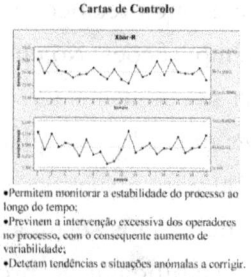

• Permitem monitorar a estabilidade do processo ao longo do tempo;
• Previnem a intervenção excessiva dos operadores no processo, com o consequente aumento de variabilidade;
• Detetam tendências e situações anómalas a corrigir.

Figura 1.5. As 7 ferramentas básicas da Qualidade.

À semelhança das 7 ferramentas básicas da Qualidade, a iniciativa seis sigma visa também catapultar as organizações para padrões mais elevados de desempenho, abordando problemas mais profundos e abrangentes com que elas se deparam. As suas cinco fases serão brevemente descritas na secção seguinte.

1.4. O *roadmap* do seis sigma

A implementação de um projecto seis sigma compreende cinco fases essenciais que constituem o chamado *roadmap* do seis sigma (o *roadmap* é um percurso num mapa, com pontos de referência e metas devidamente assinalados). Estas fases podem ser percorridas uma ou mais vezes, de forma iterativa, até que uma solução adequada seja encontrada para o problema ou projecto de melhoria (Figura 1.6). As cinco fases do seis sigma, usualmente designadas pelo acrónimo inglês *DMAIC*, são as seguintes:

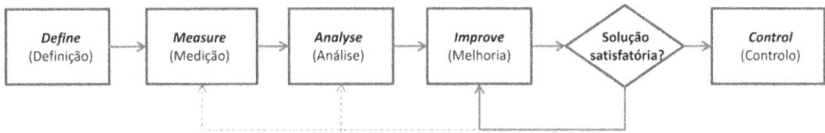

Figura 1.6. As cinco fases que constituem o *roadmap* (*DMAIC*) do seis sigma.

Fase 1. *Define* – Definir. Seleccionar o problema relevante a resolver e defini-lo rigorosamente de uma forma operacional e passível de ser medida. Nesta fase estabelece-se o âmbito e as fronteiras do sistema a analisar, define-se o que deve ser considerado como defeito, forma-se a equipa de melhoria e atribuem-se responsabilidades. Estima-se ainda, de uma forma rigorosa, o impacto económico esperado do projecto e obtém-se a aprovação e comprometimento da gestão de topo para a sua execução.

Fase 2. *Measure* – Medir. Estabelecer os sistemas de medição adequados e adquirir dados sobre o estado actual das operações e indicadores de desempenho do processo. Após analisar e mapear o processo, identificam-se as suas variáveis de entrada e saída, descrevem-se relações causa-efeito conhecidas, estabelecem-se e caracterizam-se os sistemas de medição e determina-se a capacidade do processo actual (em cumprir as especificações que o produto/ serviço deve respeitar).

Fase 3. *Analyse* – Analisar. Procurar as fontes de variabilidade que estão a interferir no desempenho do processo de uma forma mais significativa. Estuda-se o contributo de cada variável de entrada na variabilidade apresentada pelas variáveis de saída e pelos indicadores de desempenho, procurando-se identificar aquelas com maior importância. Para tal, analisam-se as componentes de variabilidade usando várias metodologias de análise exploratória de dados, constroem-se modelos entre variáveis de entrada e saída e conduzem- -se os testes confirmatórios (ou testes de hipóteses) adequados.

Fase 4. *Improve* – Melhorar. Eliminar ou mitigar os efeitos das principais fontes de variabilidade no desempenho do processo. Confirma-se a importância das variáveis críticas e o seu efeito nas variáveis de saída e no desempenho do processo. Procede-se ao ajuste dos níveis das variáveis de entrada no sentido de optimizar o processo e reduzir a variabilidade apresentada pelos indicadores de desempenho.

Fase 5. *Control* – Controlar. Desenvolver os mecanismos necessários para manter o nível superior de desempenho alcançado na fase de melhoria. Estabelece-se e implementa-se o plano de controlo. Analisa-se a estabilidade do processo nas novas condições de operação. Monitoriza-se a consolidação das alterações efectuadas.

1.5. Organização do livro

A natureza metodológica sequencial proposta no seis sigma permite enquadrar adequadamente as diversas metodologias de índole estatística de acordo com a sua função ou utilidade na prática, em actividades de resolução de problemas ou melhoria de processos. Neste sentido, os métodos estatísticos abordados nesta monografia serão também apresentados de acordo com a sequência *DMAIC*. Pretende-se assim não só facilitar a tarefa de estudo e consulta para pessoas envolvidas nestas actividades, mas também proporcionar uma exposição direccionada para a prática dos vários conceitos e métodos, no sentido de estabelecer rapidamente a ponte entre ferramentas e o seu uso adequado.

Desta forma, o Capítulo 2 é dedicado à fase de Definição. Ainda que não seja efectuada qualquer referência extensiva a metodologias estatísticas neste capítulo, a sua importância estruturante justifica integralmente a sua inclusão nesta monografia orientada para uma aplicação enquadrada dos métodos estatísticos. De facto, qualquer projecto de resolução de problemas ou de melhoria de processos, quer envolva métodos estatísticos ou não, deve sempre começar pela definição precisa e cuidada do seu âmbito e objectivos, bem como com o estabelecimento de todas as condições necessárias à sua implementação.

O Capítulo 3 é dedicado à implementação de sistemas de medição e à sua avaliação criteriosa no sentido de aferir a adequabilidade ao propósito que estes visam cumprir (fase de Medição). Em particular faz-se referência às metodologias de análise da Repetibilidade e Reprodutibilidade (R&R) de sistemas de medição e à determinação da incerteza de medições.

Os Capítulos 4 e 5 cobrem as metodologias da fase de Análise. Uma vez que é nesta fase que se encontra a maior quantidade de metodologias estatísticas passíveis de serem utilizadas em projectos seis sigma, houve a necessidade de as organizar em dois capítulos. O Capítulo 4 destina-se à apresentação das metodologias de análise exploratória de dados ou estatística descritiva. Neste faz-se referência aos métodos fundamentais que permitem explorar o conteúdo informativo potencial dos dados, no que respeita à frequência de ocorrências, distribuição de valores, padrões de variação ao longo do tempo e associações entre variáveis. Especial ênfase é colocada nos métodos gráficos, dada a facilidade que proporcionam na análise das várias componentes essenciais da variabilidade. Por outro lado, no Capítulo 5 faz-se referência às técnicas confirmatórias (ou de inferência estatística), onde o propósito é o estabelecimento formal de estimativas de grandezas em análise ou a tomada de decisão sobre determinados aspectos do processo. Neste sentido, são referidas diversas metodologias de estimação, teste de hipóteses (paramétricos e não-paramétricos), bem como é apresentada a metodologia de regressão linear (simples e múltipla).

O Capítulo 6 aborda a actividade de Melhoria, nele sendo feita referência às metodologias de planeamento estatístico de experiências, nomeadamente aos planeamentos factoriais e factoriais fraccionados.

No Capítulo 7, descrevem-se as metodologias de controlo estatístico de processos de uso mais comum (cartas tipo Shewhart) para monitorização de uma grandeza ou várias simultaneamente, ao longo do tempo. Abordam-se ainda os estudos de caracterização da capacidade de processos (em cumprir as especificações impostas) e apresentam-se os principais índices utilizados neste contexto.

Finalmente, no Capítulo 8 apresentam-se sugestões de leituras adicionais que complementam a exposição dos temas focados neste livro, bem como outras soluções recomendadas ao nível do *software* disponível para apoiar as várias fases de um projecto seis sigma.

CAPÍTULO 2 – DEFINIÇÃO

2.1. Introdução

Como a própria designação indicia, nesta fase procede-se a uma definição rigorosa do problema a abordar. A fase de Definição é focada em aspectos passíveis de serem operacionalizados e medidos e inclui uma delimitação clara das fronteiras do sistema a analisar, confinando claramente a área de intervenção. Embora não se trate de uma etapa onde as metodologias estatísticas assumam um papel particularmente activo, é nela que se define, de uma forma sistemática e clara, o problema a resolver e se estrutura o modo segundo o qual este vai ser abordado ao longo das fases seguintes.

Adicionalmente, todos os recursos a afectar ao projecto são consolidados e os diversos papéis e responsabilidades atribuídos aos vários elementos da equipa. É pois evidente que se trata de uma fase fundamental na implementação do programa de melhoria, na medida em que visa assegurar não só que todas as condições necessárias estejam presentes no início do projecto mas também que a implementação das fases seguintes é consequente e eficaz. Quando não existe um projecto prioritário previamente identificado, o processo sistemático de definição começa com a sua selecção cuidada e criteriosa. A Figura 2.1 propõe uma sequência de passos para a operacionalização da fase de Definição.

| Definição (SMART) dos projectos em análise | → | Selecção usando critérios e ponderações pré-estabelecidos | → | Descrição mais detalhada do projecto selecionado | → | Formação da equipa de melhoria | → | Folha do projecto (*project charter*) | → | Aprovação |

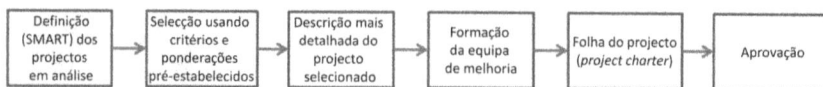

Figura 2.1. Sequência de passos da fase de Definição de um projecto seis sigma.

2.2. Selecção do projecto

Uma das características distintivas da iniciativa seis sigma é a sua operacionalização na forma de projectos delimitados no tempo (um horizonte frequentemente referido como típico é de 6 meses, embora não se trate de uma regra geral) e com objectivos quantificados e orientados para os resultados finais da empresa. Quer exista um ou vários problemas ou actividades de melhoria identificados como potencialmente interessantes, o primeiro passo consiste em proceder a uma caracterização sumária de cada um. Esta breve descrição deve ser suficiente para potenciar uma percepção imediata do que se trata e qual o seu âmbito, bem como deve incluir uma quantificação das ocorrências e seu impacto nos resultados da empresa. A linguagem a usar deve ser simples e os aspectos técnicos mantidos ao mínimo, para que o seu conteúdo possa ser analisado e avaliado por pessoas com formações de base distintas. Uma forma de avaliar se a especificação do problema é adequada, passa por verificar se respeita os princípios SMART: *Specific* (específico e objectivo), *Measurable* (quantificável), *Achievable* (passível de ser resolvido com recurso aos meios disponíveis), *Relevant* (relevante para a empresa, sua missão e objectivos), *Time bounded* (o horizonte temporal está definido). Os princípios SMART são válidos quer na especificação de um problema/ actividade de melhoria, quer no estabelecimento dos objectivos a atingir, como consequência da implementação bem-sucedida do projecto. Uma ilustração de um possível objectivo SMART é a seguinte: "reduzir a taxa de rejeições do produto A, na linha de produção 1, de 5% para 1% até ao final de Dezembro de 2016".

Para a selecção do projecto a considerar, é importante começar por calcular ou estimar os *custos totais da qualidade* decorrentes da manutenção da situação actual identificada. Tratam-se dos custos envolvidos na reparação de defeitos, material rejeitado, sucata, devoluções de clientes, actividades de inspecção e teste, entre outros. Normalmente estes custos são agrupados segundo *custos de qualidade* ou *conformidade*, quando se destinam a assegurar que os produtos distribuídos respeitam as suas especificações (como as actividades de prevenção, inspecção e teste) e *custos de não-qualidade* ou *não-conformidade*, quando resultam do impacto decorrente da produção e uso de produtos não-conformes (reparações, sucata, devoluções, etc.), bem como do custo envolvido em exceder os requisitos do produto. A categoria de custos em questão deve ser identificada e o seu impacto financeiro nos resultados da empresa avaliado e incluído na definição do problema.

Os custos da qualidade acima referidos ou outros aspectos críticos sobre os quais se pode elaborar um projecto seis sigma afectam os indicadores de desempenho utilizados pela organização. O seu impacto deve ser estimado e incluído na descrição do problema, bem como aquele resultante da acção de melhoria que o projecto visa implementar. Esta informação é da maior relevância para os decisores (usualmente a gestão de topo) avaliarem e decidirem sobre quais os projectos prioritários e que devem avançar rapidamente, e quais aqueles que permanecem em espera ou são descartados. O processo de decisão pode ser conduzido de forma mais sistemática, por exemplo incluindo a avaliação de vários aspectos a considerar numa escala de 0 a 9, e tomando a sua média ponderada como índice de mérito do projecto que servirá de comparação com os demais. Aspectos passíveis de serem considerados incluem, por exemplo, o nível de acolhimento do projecto na organização e a existência de pessoas motivadas para participar na referida melhoria, os benefícios estimados para clientes, investidores, colaboradores e outras partes interessadas (fornecedores, população – através dos aspectos ambientais, etc.), disponibilidade de recursos para além da equipa, esforço exigido ao *black belt*, tempo de execução, entre outros [3].

2.3. Descrição do processo

Seleccionado o problema a abordar, o passo seguinte consiste em ganhar mais familiaridade com o processo que lhe está subjacente. Nesta fase é útil construir e analisar mapas do processo incorporando as suas várias fases, fluxos de materiais e informação, passos de decisão, entre outros. Tal permitirá não só conhecer mais sobre o problema, mas também identificar os passos críticos e quem deverá pertencer à equipa de melhoria por estar envolvido nos mesmos. Neste sentido, os fluxogramas, descritos no capítulo anterior, são uma ferramenta muito útil, assim como o chamado SIPOC, acrónimo de *Suppliers – Inputs – Process – Outputs – Customers* (i.e., Fornecedores – Entradas – Processo – Saídas – Clientes). O SIPOC proporciona uma descrição de baixa resolução de um processo, indicando no entanto informação bastante útil sobre o mesmo, nomeadamente: quem fornece (os *suppliers* ou fornecedores) as entradas (e quais são estas) ao processo (indicando as suas principais fases), o qual produzirá um conjunto de saídas (mais uma vez se indicam quais) destinadas a diferentes destinatários (*customers* ou clientes num sentido mais abstracto do termo). A Figura 2.2 ilustra uma análise SIPOC para um processo de facturação. Nesta identificam-se quem são os fornecedores de "entradas" (operações, vendas, contabilidade, legislação), e o que cada um fornece (data de entrega, dados do cliente, termos de pagamento, regras do IVA, respectivamente), qual o processo a que as entradas são submetidas (indicado pela sequência de blocos), as saídas que este processo produz (factura, data de pagamento, dados das vendas e dados do IVA), e a quem se destinam (clientes, contabilidade – secção de cobranças, vendas e Ministérios das Finanças, respectivamente).

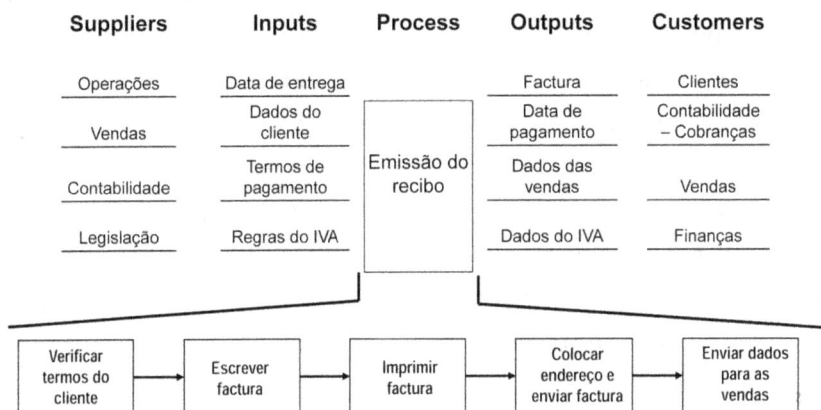

Suppliers	Inputs	Process	Outputs	Customers
Operações	Data de entrega		Factura	Clientes
Vendas	Dados do cliente		Data de pagamento	Contabilidade – Cobranças
Contabilidade	Termos de pagamento	Emissão do recibo	Dados das vendas	Vendas
Legislação	Regras do IVA		Dados do IVA	Finanças

Verificar termos do cliente	→	Escrever factura	→	Imprimir factura	→	Colocar endereço e enviar factura	→	Enviar dados para as vendas

Figura 2.2. Ilustração de uma análise SIPOC para um processo de facturação.

2.4. Formação da equipa de melhoria

Um dos aspectos críticos para o sucesso de um projecto seis sigma passa pela capacidade de formar uma equipa de melhoria que reúna elementos das várias partes do processo onde o problema se manifesta, e juntar os apoios e suporte necessários para a sua execução. Uma vez identificado o problema e descrito sumariamente o processo, deve-se proceder a uma análise dos *stakeholders*, i.e., das pessoas que estão envolvidas, são afectadas ou têm algum tipo de interesse no referido processo. Exemplos de *stakeholders* comuns incluem: operadores e gestores de processo (de todos os turnos), clientes (internos e externos; um cliente interno é o receptor das saídas de uma dada actividade ou processo dentro da empresa, enquanto o cliente externo é o consumidor a quem o produto final é dirigido), fornecedores (internos e externos), projectistas, equipas de manutenção e logística, entre outros. Esta análise permite avaliar quem deverá ser incluído na equipa de projecto no sentido de contemplar todas as fases relevantes do processo em análise, bem como desenhar uma estratégia de comunicação adequada com outros agentes que, não pertencendo à equipa de melhoria, têm interesse no processo ou nos seus resultados, podendo afectar positiva ou negativamente o desenrolar do mesmo. Embora esta actividade seja conduzida muitas vezes de forma tácita e natural, é possível fazê--lo de um modo mais sistemático minimizando a possibilidade de não contemplar elementos importantes na equipa e a ocorrência de falhas na estratégia a seguir no projecto. Uma forma de o conseguir consiste em identificar as várias pessoas envolvidas, afectadas ou com interesses e classificá-las segundo dois critérios:

- Poder ou nível de impacto potencial que podem ter no evoluir do projecto: alto/baixo;
- Posicionamento face à evolução do projecto (a favor/contra).

Neste contexto, a Figura 2.3 resume as várias situações que podem surgir. Se uma pessoa possui um elevado impacto potencial no projecto e é favorável ao mesmo, é considerado um elemento valioso e deve ser envolvido nas actividades, se tal for possível. No entanto, se for tendencialmente desfavorável, deve-se desenvolver uma estratégia de comunicação de forma a mantê-lo satisfeito e evitar que constitua um elemento de bloqueio. Já para pessoas com baixa influência sobre o projecto as preocupações são menores, devendo-se no entanto manter informados aquelas de opinião favorável ao mesmo.

A adopção da estratégia de comunicação para cada *stakeholder* identificado passa pela definição do *formato* a usar (e-mail, contacto pessoal, reuniões da equipa, relatórios regulares, etc.), de *quem* deve ser o responsável por fazer a comunicação e a sua gestão, e quais as *acções necessárias* para que ele disponha da informação que necessita ou acha relevante. Desta forma procuram-se minimizar interferências negativas no evoluir do projecto, reunindo os apoios tácitos e explícitos que lhe fornecerão momento e eficácia.

Figura 2.3. Análise de *stakeholders*.

Os colaboradores identificados neste processo para integrarem a equipa de melhoria, terão papéis e responsabilidades bem definidos. Num projecto seis sigma existem designações específicas para cada categoria de intervenientes. Assim, o núcleo operacional de melhoria é formado por um *Black Belt*, usualmente dedicado a 100% ao projecto, e por vários *Green Belts* com competências específicas nas várias partes relevantes do processo. A equipa recebe o apoio da administração através de um gestor de topo, designado por *Champion* do projecto, que acompanha a selecção do projecto e a sua evolução, actuando quando necessário no sentido de facilitar a sua execução e remover barreiras que eventualmente surjam. Deve existir também ligado à equipa um responsável com capacidade de decisão nos processos em análise (*Project Owner*), fundamental para a realização das modificações necessárias assim que haja evidência sobre as vantagens associadas, bem como um *Master Black Belt*, que proporciona apoio técnico em questões metodológicas e/ou de análise mais complexa.

2.5. A folha do projecto seis sigma (*project charter*)

A folha do projecto (*project charter*) apresenta de uma forma clara e sumária, os aspectos chave da definição do problema e um planeamento calendarizado dos passos principais da sua execução. Trata-se de um documento de uma página, que permite a todos os *stakeholders* tomarem conhecimento sobre o projecto e recolher a sua concordância e apoio formal.

Um *project charter* típico inclui a maioria dos seguintes elementos:

- Título do projecto
- Equipa de melhoria e definição da sua estrutura (papéis)
- Descrição do problema
- Objectivo
- Âmbito/processo
- Benefícios para o cliente
- *Stakeholders* mais importantes
- Índices de desempenho a usar, seu nível actual e futuro
- Calendarização das fases do projecto seis sigma
- Assinatura dos responsáveis pelo projecto, gestores de topo e responsável pela gestão financeira da unidade.

No Apêndice 1 é apresentado um exemplo de uma possível folha de projecto.

Concluída a fase de Definição, o projecto avança rapidamente para a fase seguinte, de Medição. Nos capítulos seguintes deste livro, apresentam-se as ferramentas de índole estatística fundamentais em cada uma das fases do *roadmap* seis sigma, deixando para outras referências os aspectos mais estratégicos e de gestão de pessoas [4, 3, 5, 6].

CAPÍTULO 3 – MEDIÇÃO

3.1. Introdução

Nesta fase, estabelecem-se os procedimentos de recolha de dados, que permitirão estabelecer uma base factual e objectiva para analisar o problema em questão. "Medir é saber", ou, pelo menos, não existe conhecimento sobre um processo sem medições adequadas. Através da medição é possível caracterizar o estado actual do desempenho do processo, i.e., o nível com que este está a atingir os seus objectivos. Por outro lado, só assim é possível avaliar se no futuro este melhorará, permanecerá essencialmente igual ao actual, ou estará pior. Sem medições, esta simples avaliação seria muito difícil ou mesmo impossível. Os dados recolhidos permitem ainda analisar as variáveis de entrada e de saída que assumem maior relevância no funcionamento do processo, o que constitui a "matéria--prima" fundamental para projectos de diagnóstico e resolução de problemas ou de melhoria de desempenho de processos. Este facto está bem presente na seguinte expressão da autoria de G.E.P. Box (1919-2013): *"the operation of any system generates information on how it can be improved".*

O papel fundamental dos dados recolhidos na forma como se gera conhecimento e compreensão sobre o processo, aparece evidenciada na Figura 3.1. Na base da escada está a recolha adequada de dados do processo. Esta recolha implica desde logo a selecção e implementação de sistemas de medição adequados para os objectivos a atingir. Estes permitirão a recolha de dados, a qual pode ser conduzida quer de uma forma passiva, através da observação da operação normal do processo (dados observacionais), ou activa, realizando perturbações controladas e adequadamente planeadas (por exemplo através de um planeamento estatístico de experiências). Os dados assim recolhidos, após adequadamente compilados e sistematizados, formam um corpo de informação útil sobre o processo. Da acumulação e análise desta informação, muitas vezes efectuada de forma tácita (a chamada "experiência" característica dos operadores e de outros profissionais especializados), resulta o conhecimento necessário para operar o processo de forma adequada. Quando este conhecimento de base empírica é complementado por um outro de natureza teórica sobre os mecanismos fundamentais da natureza, pode daí resultar a compreensão sobre o processo, se ambos poderem de facto ser compatibilizados de uma forma coerente. Este é o nível mais elevado que se pode atingir na abordagem a um processo: a sua compreensão integral e completa. Estando ciente de que se trata de algo muito difícil de atingir na sua plenitude, é no entanto perfeitamente possível alcançar patamares de compreensão suficientes para desenvolver actividades de melhoria com importantes impactos nos resultados.

Note-se que existe uma diferença fundamental entre *conhecimento* e *compreensão* do processo. O conhecimento permite antecipar o que é esperado acontecer no processo quando uma dada acção é efectuada, pois esta pertence ao conjunto de situações com que uma pessoa já foi confrontada e observou o seu desfecho. Neste sentido, um operador experiente, foi treinado e presenciou uma variedade de cenários que lhe conferem um amplo conhecimento sobre o comportamento do processo perante acções tomadas anteriormente. No entanto, não será capaz de, com igual segurança e eficácia, avaliar o impacto de alterações não efectuadas anteriormente. Tal requereria uma compreensão profunda do funcionamento do processo, que transcende a sua experiência originária da realidade observada durante os regimes típicos de operação. Para extrapolar ou considerar a possibilidade de fazer as coisas de forma diferente do que até então foi tentado, o conhecimento não basta. Para tal, é necessário *compreender* o processo. Perceber porque este se comporta como presenciado – porque tais acções desencadeiam tais efeitos –, e como se comportaria se algo de novo fosse tentado. Compreender, incorpora assim a capacidade de explicar o que até então foi observado e é conhecido, mas também antecipar correctamente o que ainda não o foi. Se o conhecimento é suficiente para conduzir um processo de forma eficaz e consistente, já não o é para orientar, só por si, novas formas de operação e produção. Neste sentido, é possível produzir com base no conhecimento, mas inovar requer, de facto, a compreensão dos fenómenos dominantes no processo, e como estes são afectados pelas diversas variáveis de entrada, quer estas sejam manipuláveis, ou não.

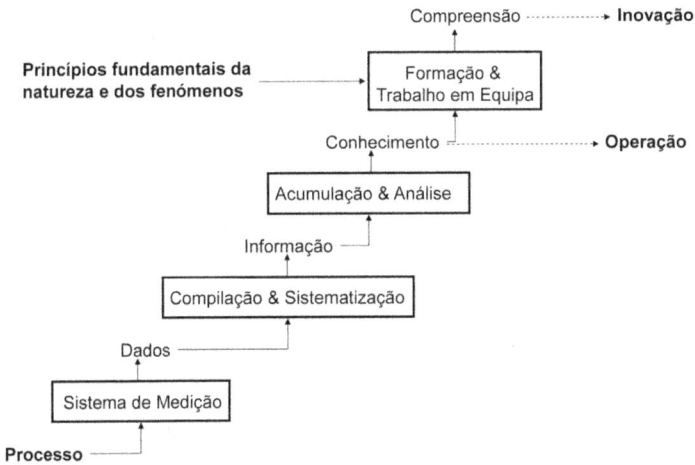

Figura 3.1. A escada do conhecimento e compreensão de processos.

A Figura 3.1 também pode ser interpretada ela própria como um *processo*, onde as actividades de operação e melhoria/inovação são resultado do adequado processamento das entradas originárias do próprio processo e do conhecimento *a priori* de cariz teórico e fundamental sobre os fenómenos que nele estão em curso.

A fase de recolha de dados do processo, localizada na base do percurso esquematizado na Figura 3.1, tem uma importância decisiva no resultado das actividades posteriores. Se o sistema de medição não for adequado e a sua implementação não for bem planeada e conduzida, a informação relevante sobre o processo poderá não ser recolhida. Se tal ocorrer, não há forma de posteriormente recuperar dos dados o que neles, de facto, não existe. Nenhum método de análise de dados é suficientemente sofisticado para recriar uma realidade passada. Trata-se do princípio GIGO (do inglês *"garbage in, garbage out"*, que significa algo como "se entra lixo, sairá lixo"). É assim fundamental considerar a fase da selecção e caracterização de sistemas de medição com a atenção que a sua importância merece, bem como a forma como estes serão usados no futuro para atingir os objectivos para os quais foram desenvolvidos. Nas secções seguintes abordam-se métodos de análise e caracterização de sistemas de medição que podem ser muito úteis nesta tarefa.

3.2. Análise e caracterização de sistemas de medição

Um "sistema de medição" é o conjunto de todos os procedimentos de recolha, tratamento e processamento da amostra, geração de medições com a instrumentação adequada e cálculos efectuados, que resulta no final, num valor (medição) para a entidade em análise. É pois o processo completo de obtenção de uma medição para uma entidade específica.

Um *valor medido* não é necessariamente o *resultado de uma medição*. O resultado de uma medição, pode ser a média de vários valores medidos, ou envolver outro tipo de operações a efectuar, as quais deverão estar claramente identificadas e descritas no protocolo do sistema de medição. Em qualquer caso, a qualidade do resultado de uma medição é caracterizada pela sua incerteza. É por isso importante saber qual a incerteza associada aos resultados produzidos, para que se possa avaliar se esta é compatível com os requisitos impostos ao sistema de medição, decorrentes dos objectivos a atingir com a sua implementação.

A capacidade de um sistema de medição é caracterizada pelas seguintes grandezas:

- **Exactidão.** Nível de aproximação entre o valor medido e o valor de referência aceite (não se deverá utilizar a designação de valor *verdadeiro* em geral, pois na maior parte das situações este é desconhecido e impossível de conhecer com rigor absoluto).
- **Desvio sistemático ("measurement bias") ou erro de justeza.** Estimativa do erro sistemático, dada pela diferença entre a média dos valores medidos e o valor de referência aceite.
- **Incerteza/precisão.** Nível de proximidade entre medições repetidas efectuadas em condições idênticas. O uso do termo "precisão" tende a ser desaconselhado, em virtude da frequente confusão com outros termos, como exactidão. O termo *incerteza* é recomendado em seu lugar.
- **Sensibilidade.** A variação do valor fornecido pelo equipamento, por unidade de variação da grandeza a ser medida.
- **Limiar de detecção.** O mais pequeno valor da grandeza a ser medida passível de ser detectado pelo sistema de medição.
- **Resolução.** A menor variação na grandeza a medir, que origina uma variação perceptível nos valores fornecidos pelo sistema de medição.

- **Estabilidade**. Diz respeito à variação das propriedades metrológicas ao longo do tempo, como o erro (ou desvio) sistemático ("bias").
- **Linearidade**. Relativo à variação do erro sistemático ao longo da gama de medição. Trata-se portanto de uma componente sistemática de incerteza do sistema de medição.

Um sistema de medição deve ser estável, sem desvios sistemáticos ("bias"), apresentar a sensibilidade necessária (capaz de detectar as variações mínimas consideradas como significativas na análise do produto ou do processo em causa) e a sua variabilidade intrínseca (incerteza) deve ser pequena relativamente à variabilidade do processo. Embora todas estas características devam ser consideradas na análise de um sistema de medição, os principais desafios centram-se normalmente na especificação da variabilidade introduzida pelo sistema de medição, i.e., na sua precisão ou incerteza. Relativamente a esta, procura-se distinguir duas componentes fundamentais:

- **Repetibilidade**. É a variabilidade nas medições obtidas em idênticas condições (mesmo equipamento, operador e amostra), obtidas num curto intervalo de tempo. É também usualmente designada por variação do equipamento, *VE*, pois corresponde à variabilidade introduzida pelo sistema de medição.
- **Reprodutibilidade**. Designa a variabilidade obtida quando um ou mais factores (operador, equipamento, ambiente, método) estão a variar. Em estudos *R&R* este termo está associado à variabilidade induzida pelo operador (para o mesmo equipamento e amostra). Designa-se por isso de variação do operador, *VO*.

Neste contexto, a variação total induzida por um sistema de medição resulta da combinação da sua repetibilidade e reprodutibilidade (*VE* e *VO*, respectivamente), sendo designada por *R&R* (Figura 3.2).

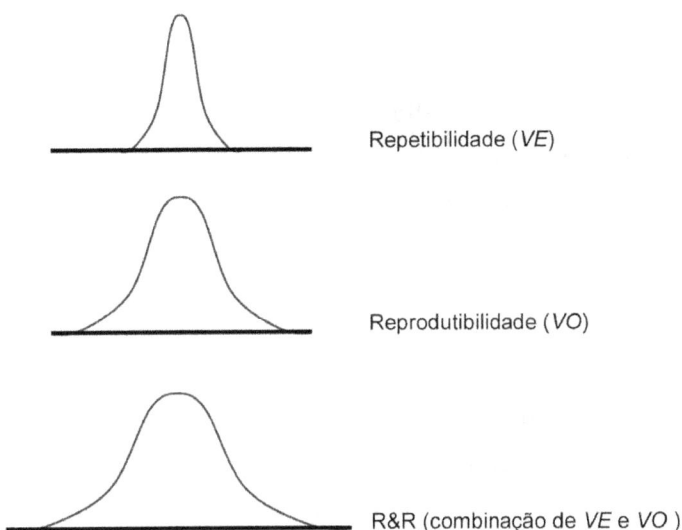

Figura 3.2. As componentes de repetibilidade e reprodutibilidade de um sistema de medição.

As restantes características na lista anterior são de tratamento mais acessível [7], ou não limitam usualmente a capacidade apresentada pelo sistema de medição (embora o possam fazer quando as componentes dominantes já foram optimizadas, devendo em tais circunstâncias ser também objecto de um estudo detalhado, se necessário). A capacidade de um sistema de medição é uma medida da sua adequação ao propósito a que se destina. Um sistema com uma boa capacidade de medição, apresenta uma resolução ou poder discriminativo suficiente para distinguir variações processualmente relevantes. A sua incerteza ou variabilidade deve pois ser suficientemente pequena quando comparada com a gama de valores a avaliar (a chamada tolerância do processo ou do produto). Na secção seguinte, abordam-se metodologias para caracterizar as suas componentes de repetibilidade e reprodutibilidade.

3.3 Estudos de repetibilidade e reprodutibilidade (R&R)

Num estudo de repetibilidade e reprodutibilidade (R&R), caracteriza-se o sistema de medição do pronto de vista da sua incerteza ou precisão. Nestes estudos, o planeamento das experiências é efectuado de forma a controlar ou limitar ao mínimo todas as fontes de variabilidade com excepção daquelas que se pretende avaliar: a variabilidade inerente ao sistema de medição (repetibilidade), ao operador (reprodutibilidade) e ao processo. De uma forma simples o estudo consiste em recolher várias amostras caracterizando a variabilidade normal do processo, as quais serão analisadas várias vezes, em momentos diferentes, por diferentes operadores. Normalmente, cada operador efectua várias sequências de medições de todas as amostras. As sequências não devem ser realizadas todas de seguida, e em cada uma delas a ordem das amostras deve ser aleatorizada. Este procedimento é descrito com maior detalhe nesta secção, e permite estimar as várias componentes da variabilidade exibida pela totalidade das medições recolhidas, nomeadamente as originárias do sistema de medição, operador e processo. Com base nestas componentes, é finalmente possível caracterizar a capacidade do sistema de medição em cumprir os fins a que se destina.

A variabilidade introduzida pelos sistemas de medição e operadores que os manipulam, inflaciona a variabilidade *medida* do processo e conduz a uma sub-avaliação da sua capacidade real (consultar a Secção 7.8, relativamente ao conceito de capacidade do processo). Tratando-se de um indicador muito importante na avaliação do desempenho dos processos (e logo da empresa), uma sub-avaliação da sua capacidade, devido a limitações do sistema de medição é, também por esta razão, algo indesejável e a evitar. Este efeito é ainda mais notório em processos com elevado desempenho. Nestes, a capacidade real é mascarada numa maior extensão pela variabilidade devido às componentes R&R [8].

Antes do início de um estudo *R&R*, deve-se assegurar que um conjunto de actividades e pressupostos estão correctamente implementados, nomeadamente:

- Os instrumentos de medição devem estar calibrados antes do início do estudo, e não devem ser recalibrados durante o mesmo, para evitar a adição de mais uma fonte de variabilidade no estudo.
- O número mínimo de operadores a incluir é dois. No entanto, o recurso a três ou quatro operadores é aconselhado, para garantir maior confiança nas estimativas produzidas. Os operadores devem ser sempre escolhidos de entre aqueles que efectivamente irão efectuar as medições no futuro. Quando um equipamento não requer a intervenção de um operador, a análise deve ser conduzida como se se tratasse de um só operador (o que, em termos práticos, só permite estimar a componente de repetibilidade).
- O número de amostras deve ser 10, se tal for possível e prático. Em todo o caso, o (número de amostras) × (número de operadores) deve ser maior que 15. As amostras recolhidas devem caracterizar a variabilidade normal do processo. Recomenda-se também a inclusão de amostras para as quais se pretenda obter uma discriminação efectiva através do sistema de medição. Assim, é uma boa prática incluir amostras relativas a matérias conformes e não-conformes para avaliar se o sistema de medição tem a capacidade para as distinguir adequadamente.
- Se já se sabe que o sistema de medição apresenta, *a priori*, níveis de incerteza distintos em diferentes gamas de valores, o estudo deve ser subdividido em estudos isolados, um para cada gama.
- O número de vezes que um operador repete as medições para todas as amostras (baterias de testes), depende do número de

operadores e de amostras utilizadas. No entanto, um número de baterias de testes igual ou superior a 3 é usualmente suficiente.

Existem várias metodologias disponíveis para levar a cabo um estudo de *R&R*:

- Através de uma metodologia tabular, promovida pelas companhias produtoras de automóveis, *DaimlerChrisler Corporation, Ford Motor Company, General Motors Corporation*, sob os auspícios da *American Society for Quality (ASQ)* e do *Automotive Industry Action Group (AIAG)*. Esta metodologia estima as componentes de variabilidade devidas ao processo, operador e sistema de medição, usando amplitudes amostrais calculadas a partir dos dados recolhidos. Trata-se de um método simples e directo, de natureza algorítmica. No entanto, não é o mais eficiente (por se basear em estimativas feitas a partir de amplitudes amostrais) e não permite aceder a informação sobre a significância das estimativas obtidas para as componentes de variabilidade, nem aos respectivos intervalos de confiança.

- Através de uma análise de variância (ANOVA) aplicada ao contexto R&R. Esta análise permite estimar as várias componentes de variabilidade envolvidas no estudo R&R (processo, sistema de medição e operador), suas interacções e significância estatística. Trata-se de uma metodologia mais rigorosa, mas que requer conhecimentos um pouco mais avançados em métodos estatísticos.

- Através de cartas de controlo aplicadas ao contexto *R&R*. Analisa-se a consistência das medições efectuadas por cada operador (e do sistema de medição como um todo) através de uma carta-R, e a sensibilidade ou capacidade de discriminação do método através de uma carta-$\bar{x}$ (estas ferramentas são introduzidas no Capítulo 7). Da carta-R pode-se também obter a repetibilidade do sistema de medição, uma vez que a partir da sua linha central é possível estimar esta grandeza. Esta metodologia não é usualmente utilizada isoladamente (uma vez que não conduz directamente ao cálculo de reprodutibilidade), mas como complemento visual e analítico das duas primeiras. É esta a sua principal utilidade, e o seu uso é recomendado em qualquer estudo $R\&R$ com base nas duas primeiras metodologias.

Apesar de ser menos eficiente que o método ANOVA, o método tabular é mais simples e constitui normalmente uma forma adequada de iniciação à aplicação da metodologia $R\&R$, especialmente quando não existe familiaridade com os conceitos estatísticos mais avançados da abordagem ANOVA. Neste sentido, ilustra-se aqui como se conduz um estudo $R\&R$ baseado na metodologia tabular, complementada com a análise baseada em cartas de controlo.

O procedimento tabular consiste essencialmente nos seguintes passos [7]:

1. O primeiro operador (A) efectua as medições para todas as amostras disponíveis numa ordem aleatória.
2. Os operadores seguintes (B, C, ...) efectuam também as suas medições, em cada caso aleatorizando a ordem segundo a qual as amostras são analisadas. É importante que se faça sempre o registo correcto das medições da amostra a que são relativas, apesar da ordem ser aleatória. No final desta fase, dispõe-se da primeira sequência de medições para todos os operadores (sequência 1).
3. Os passos 1 e 2 são repetidos para o número de sequências definido. Em cada sequência, os operadores A, B, C,... medem de novo as mesmas amostras, aleatoriamente, e registam os

respectivos valores. Deve-se assegurar que as medições anteriores efectuadas por cada operador para uma dada amostra, ou pelos outros operadores, não são conhecidas.

4. Os valores das medições registados são então utilizados para determinar as quantidades que caracterizam a capacidade do sistema de medição, em particular a sua repetibilidade e a reprodutibilidade. Isto pode ser feito recorrendo a um dos métodos anteriormente referidos (tabular ou ANOVA), com suporte de *software* especializado ou usando uma folha de cálculo como a apresentada no Apêndice 2.

5. Entre as quantidades calculadas, devem figurar:

   a. Repetibilidade do sistema de medição (variabilidade do equipamento);

   b. Reprodutibilidade do sistema de medição (variabilidade devido ao operador);

   c. A contribuição conjunta da repetibilidade e reprodutibilidade (*R&R*);

   d. Índices de capacidade do sistema de medição, como a %*R&R*, relativa à percentagem da componente R&R na variabilidade total medida em todos os testes realizados às amostras.

6. Deve-se também analisar atentamente as seguintes cartas de controlo:

   a. Carta-R para cada operador, relativa às amplitudes obtidas das várias análises realizadas a cada amostra. Esta carta permite verificar se o procedimento de medição executado pelos operadores é estável, e comparar a sua consistência na análise de cada amostra. A linha central caracteriza também a repetibilidade do sistema de medição. Se todas as amplitudes estiverem abaixo da linha de controlo, as medições estão a ser efectuadas de forma estável por cada operador. Se um operador estiver a produzir resultados fora de controlo, o seu procedimento difere dos demais. Se todos os operadores produzirem resultados fora de controlo, então é o sistema de medição que deverá ser reconsiderado, pois é demasiado sensível à actuação dos operadores ou não ainda foi adequadamente apreendido por estes, sendo necessário mais treino e formação.

b. Carta-$\bar{x}$ para as médias obtidas na análise repetida das amostras. Esta carta permite avaliar a discriminação do sistema de medição, uma vez que a variabilidade exibida pelas amostras deverá, se o sistema de medição for adequado, exceder largamente aquela devido à contribuição do equipamento, com base na qual os limites de controlo são calculados. Assim, nesta carta é esperado (e desejável) a ocorrência de um número significativo de pontos fora dos limites de controlo (mais de metade das medições, ao contrário da carta-R, onde todos os pontos deverão estar dentro da região delimitada pelos limites de controlo). Com esta carta pode-se também analisar a consistência nas medições efectuadas pelos diferentes operadores, sobrepondo os resultados obtidos por cada um numa só carta de controlo.

c. Adicionalmente, deve-se proceder à análise de outros gráficos complementares que auxiliam a análise de eventuais componentes anormais e/ou sistemáticos de variabilidade, como por exemplo, gráficos com os resultados das medições estratificados por amostra e por operador [9, 10].

De notar que nem sempre é possível seguir exactamente o procedimento acima descrito. Por exemplo, os operadores podem pertencer a turnos distintos, o que dificulta a realização das várias sequências de medições de uma forma alternada pelos vários operadores. Neste caso, cada operador realizará as suas sequências de medições sucessivamente, tendo o cuidado de aleatorizar sempre a ordem de análise das amostras.

A sequência de cálculos que conduz às quantidades que permitem avaliar a capacidade do sistema de medição, segundo o método tabular proposto pela ASQ/AIAG, aparecem sistematizados na folha de registo e no relatório de resultados apresentados nas Tabelas A1 e A2, respectivamente (Apêndice 1). Esta sequência consiste basicamente nos seguintes passos:

1. Para cada operador, calcular a média dos valores obtidos para cada amostra e a respectiva amplitude (subtraindo o menor valor medido ao maior, para cada amostra), e registá-los nas linhas 4-5, 9-10 e 14-15 da Tabela A1;

2. Calcular a média de todas as medidas obtidas por cada operador para todas as amostras ($\bar{X}_A, \bar{X}_B, \bar{X}_C$), bem como a média das amplitudes($\bar{R}_A, \bar{R}_B, \bar{R}_C$);

3. Calcular a média de todas as amplitudes: $\bar{\bar{R}} = \left(\bar{R}_A + \bar{R}_B + \bar{R}_C\right)/m$ (m representa o número de operadores);

4. Construir a carta-R e repetir as medições que conduziram a amplitudes fora de controlo, com os operadores e amostras originais. Caso tal não seja possível, eliminar as amplitudes em causa, e recalcular $\bar{\bar{R}}$ bem como os limites para a carta-R. Corrigir a causa especial que provocou os registos anormais de amplitude;

5. Calcular $\bar{X}_{Diff}$ como a diferença entre o maior valor de $\left\{\bar{X}_A, \bar{X}_B, \bar{X}_C\right\}$ e o menor valor deste conjunto;

6. Calcular a média de todas as medições obtidas para cada amostra e registar os valores na linha "Médias das amostras" da Tabela A1. De seguida, calcular a diferença entre o maior e o menor valor destas médias, R_p.

7. Transpor os valores das quantidades $\bar{\bar{R}}$, $\bar{X}_{Diff}$ e R_p da tabela de registo de dados (Tabela A1) para o relatório de resultados (Tabela A2) e efectuar o cálculo das grandezas que aí figuram, como indicado nas colunas, "Análise do sistema de medição" e "% da variação total".

8. Verificar os resultados, para comprovar que não há erros de registo de valores ou de cálculo.

Para ilustrar a aplicação do procedimento tabular para avaliação da capacidade do sistema de medição, considere-se o seguinte exemplo.

Exemplo: *Estudo R&R da medição do diâmetro de uma peça cilíndrica*

Pretende-se avaliar a capacidade do sistema de medição utilizado para medir o diâmetro das peças cilíndricas produzidas numa unidade de produção de materiais de construção. As restrições existentes ditaram o envolvimento de dois operadores, que realizaram duas sequências de medições em 10 amostras. Os valores recolhidos são os apresentados na Tabela 3.1. As especificações para esta característica são as seguintes: limite inferior de especificação: 350 *mm*; limite superior de especificação: 650 *mm*.

Sequência	Operador A		Operador B	
	1	2	1	2
Medições (*mm*)	471	484	485	480
	765	742	778	807
	328	326	328	314
	446	433	455	450
	456	454	470	461
	443	450	460	455
	552	557	551	547
	477	479	499	492
	509	508	513	540
	384	371	390	385

Tabela 3.1. Medições efectuadas no estudo *R&R* para o sistema de medição de peças cilíndricas para construção (valores em *mm*).

Com estes valores é possível iniciar o procedimento de cálculo do método tabular, transpondo-os para a Tabela A1, e efectuando as operações aí indicadas (Tabela 3.2).

# Operadores	2
# Amostras	10
# Sequências	2

Oper.↓	Seq.#↓	1	2	3	4	5	6	7	8	9	10	Média	
1	A	1	471,00	765,00	328,00	446,00	456,00	443,00	552,00	477,00	509,00	384,00		
2		2	484,00	742,00	326,00	433,00	454,00	450,00	557,00	479,00	508,00	371,00		
3		3												
4		Média	477,50	753,50	327,00	439,50	455,00	446,50	554,50	478,00	508,50	377,50	$\overline{X}_A=$	481,75
5		Amplitude	13,00	23,00	2,00	13,00	2,00	7,00	5,00	2,00	1,00	13,00	$\overline{R}_A=$	8,10
6	B	1	485,00	778,00	328,00	455,00	470,00	460,00	551,00	499,00	513,00	390,00		
7		2	480,00	807,00	314,00	450,00	461,00	455,00	547,00	492,00	540,00	385,00		
8		3												
9		Média	482,50	792,50	321,00	452,50	465,50	457,50	549,00	495,50	526,50	387,50	$\overline{X}_B=$	493,00
10		Amplitude	5,00	29,00	14,00	5,00	9,00	5,00	4,00	7,00	27,00	5,00	$\overline{R}_B=$	11,00
11	C	1												
12		2												
13		3												
14		Média											$\overline{X}_C=$	
15		Amplitude											$\overline{R}_C=$	
16	Média das amostras		480,00	773,00	324,00	446,00	460,25	452,00	551,75	486,75	517,50	382,50	$\overline{\overline{X}}=$ 487,38 $R_P=$	449,00
17	$(\overline{R}_A + \overline{R}_B + \overline{R}_C)/$# Operadores =		9,55										$\overline{R}=$	9,55
18	$\overline{X}_{diff} = Max\{\overline{X}\} - Min\{\overline{X}\}=$		11,25											
19	* $\overline{R} \times D_4 = UCL_R =$		31,23	$D_4=$	3,27									

Tabela 3.2. Folha de registo de dados para o estudo *R&R* do sistema de medição de peças cilíndricas para construção.

Analisando a carta-*R* para ambos os operadores (Figura 3.3.a, na legenda da qual é indicada também a sequência de menus a seleccionar numa análise recorrendo ao MINITAB® *Statistical Software*), não se observam amplitudes amostrais fora dos limites de controlo, pelo que ambos estão a executar o procedimento de uma forma consistente e estável. Da análise da carta-$\overline{x}$, é possível observar um número significativo de observações fora dos respectivos limites de controlo, pelo que o sistema de medição também parece apresentar um poder de discriminação adequado.

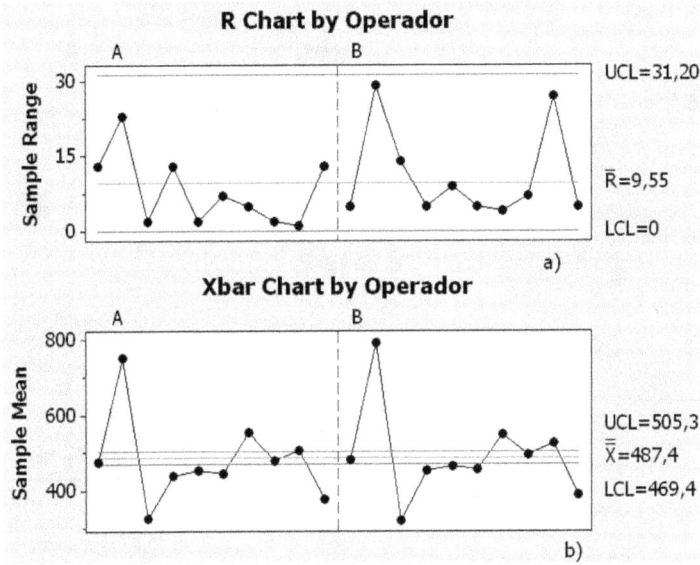

R Chart by Operador

A | B
UCL=31,20
R̄=9,55
LCL=0

a)

Xbar Chart by Operador

A | B
UCL=505,3
X̿=487,4
LCL=469,4

b)

Figura 3.3. Cartas de controlo para análise R&R do sistema de medição de peças cilíndricas para construção: a) carta-R; b) carta- $\overline{X}$ (Minitab: *Stat > Quality Tools > Gage Study > Gage R&R Study (crossed)*...).

Transpondo $\overline{\overline{R}}$, $\overline{X}_{Diff}$ e R_p desta tabela para o relatório de resultados (Tabela 3.3), e efectuando a correspondente sequência de cálculos, obtêm-se finalmente os resultados para os vários índices de capacidade do sistema de medição. De notar que os resultados apresentados no lado esquerdo da Tabela 3.3 (sob "Análise do sistema de medição"), correspondem a intervalos que cobrem 99% da variabilidade atribuída a cada fonte de variabilidade. Os respectivos desvios padrões são apresentados no canto inferior direito desta tabela (obtidos dos primeiros, após divisão por 5,15). Na coluna da direita, apresentam-se as razões percentuais de cada fonte relativamente à variabilidade total das medições, as quais são também apresentadas no gráfico da Figura 3.4.

$\bar{R}=$	9,55	$\bar{X}_{diff} =$	11,25	$R_P=$	449,00	(Da folha de registo de medições.)
$K_1 =$	4,56	$K_2 =$	3,65	$K_3 =$	1,62	(Das tabelas auxiliares.)

Análise do sistema de medição *	% da variação total

Repetibilidade - Variação do equipamento (VE)

$$VE = \bar{R} \times K_1$$
$$= 43,55$$

$\%VE = 100 \times (VE / VT)$
$= 5,97\%$

Reprodutibilidade - Variação do operador (VO)

$$VO = \sqrt{(\bar{X}_{diff} \times K_2)^2 - (VE^2/(nr))}$$
$$= 39,89$$

$\%VO = 100 \times (VO / VT)$
$= 5,47\%$

n - # amostras r - # sequências
(se o radicando for negativo, $VO=0$).

Repetibilidade & Reprodutibilidade *(R&R)*

$$R\&R = \sqrt{VE^2 + VO^2}$$
$$= 59,06$$

$\%R\&R = 100 \times (\%R\&R/VT)$
$= 8,09\%$

Variabilidade devido às amostras

$$VP = R_p \times K_3$$
$$= 727,38$$

$\%VP = 100 \times (VP/VT)$
$= 99,67\%$

Variação Total (VT)

$$VT = \sqrt{R\&R^2 + VP^2}$$
$$= 729,77$$

Desvios padrões das fontes de variabilidade

VE	VO	R&R	VP	VT
8,46	7,75	11,47	141,24	141,70

(* Valores são reportados para um nível de confiança de 99%)

Tabela 3.3. Relatório de resultados para o estudo *R&R* do sistema de medição de peças cilíndricas para construção.

Na Figura 3.4 pode-se verificar que a variabilidade é dominada pela fonte "processo", correspondendo a componente *R&R* a apenas aproximadamente 8% da variabilidade total. Trata-se de um bom indicador para a capacidade deste sistema de medição, uma vez que este regista predominantemente a variação decorrente do processo e não de outras fontes de variabilidade estranhas a este. De notar que a soma de todas as percentagens (*VE*, *VO* e *VP*) não deverá, de facto, igualar 100%.

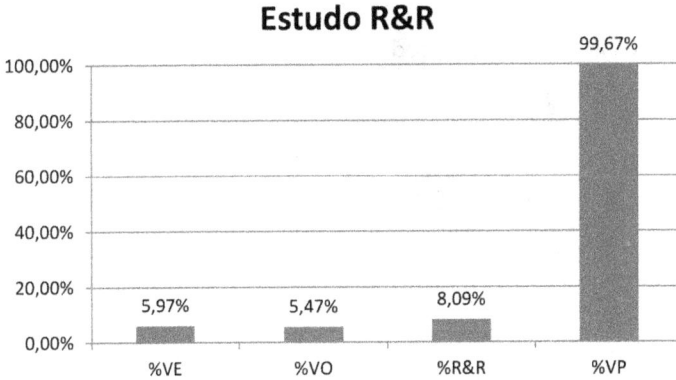

Figura 3.4. Índices de capacidade do sistema de medição de peças cilíndricas para construção.

Na caracterização de sistemas de medição é frequente integrar na análise informação sobre a tolerância da aplicação em causa. Em aplicações de controlo da qualidade de produtos, a tolerância, *T*, é dada pelo intervalo de especificação definido para a propriedade sob medição. Em contextos de monitorização de processos, a tolerância é definida pela gama correspondente à variação natural do processo, sendo importante nesta situação dispor de amostras que caracterizem a variabilidade típica do processo. Assim, quando é possível determinar a tolerância do produto/processo de uma forma consistente, pode-se avaliar a qualidade do sistema de medição através da razão entre a sua variabilidade *R&R* e a tolerância (também designada por razão precisão/tolerância, *P/T*), expressa em percentagem:

$$R \& R/T = \frac{R \& R}{T} \times 100\% \qquad (3.1)$$

Embora não exista uma regra universal para avaliação de um sistema de medição, é sempre desejável obter um valor de $R\&R/T$ inferior a 10% (esta indicação é conhecida como a regra "1/10"). Valores superiores a 30% são inaceitáveis e devem conduzir a uma reavaliação do sistema de medição em análise. No exemplo anterior, $R\&R/T$ toma o seguinte valor,

$$R\,\&\,R/T = \frac{59,06}{300} \times 100\% = 19,7\%$$

indicando um sistema de medição que, face à tolerância do processo, não sendo desadequado, deve ser melhorado.

Da forma análoga a $R\&R/T$, definem-se da seguinte forma as percentagens para as parcelas oriundas do sistema de medição ou repetibilidade (VE), e dos operadores ou reprodutibilidade (VO):

$$VE/T = \frac{VE}{T} \times 100\% \qquad\qquad (3.2)$$

$$VO/T = \frac{VO}{T} \times 100\% \qquad\qquad (3.3)$$

No reporte dos resultados, deve ser indicado o nível de confiança considerado no cálculo das componentes VE e VO, uma vez que estas são determinadas a partir da multiplicação da estimativa do seu desvio padrão por um factor que converte este valor na amplitude de um intervalo para um dado nível de confiança. No entanto, mesmo quando existem e são conhecidas as tolerâncias a respeitar, nem sempre é possível conduzir uma análise deste tipo, como sucede quando a tolerância é definida através de um intervalo unilateral, por exemplo: "a resistência à tracção deve ser superior a 15 MPa". Nesta situação, o cálculo da razão $R\&R/T$ não é possível.

Um cálculo final frequentemente efectuado e que é útil, é a determinação do número de categorias distintas, *ncd*, que o sistema de medição é capaz de diferenciar. Consiste no número de intervalos de confiança a 97% que cobrem a gama de variabilidade do processo:

$$ncd = 1,41 \times \left(\frac{VP}{R\&R} \right) \qquad (3.4)$$

Este número não deve ser inferior a 5. Para o exemplo acima analisado:

$$ncd = 1,41 \times \left(\frac{727,38}{59,06} \right) = 17,37$$

O sistema de medição apresenta portanto uma resolução adequada ao processo cuja variabilidade pretende quantificar.

3.4. Determinação e especificação da incerteza de uma medição

A toda a medida está associada uma incerteza. Como já atrás foi referido, a qualidade de uma medição é caracterizada precisamente por esta quantidade. A incerteza de uma medição, é definida como sendo um parâmetro associado ao resultado da medição, que caracteriza a dispersão de valores que podem ser razoavelmente atribuídos à mensuranda (mensuranda é a grandeza submetida à medição). A variabilidade nos valores possíveis para uma medição decorre de vários factores, incluindo aqueles ligados ao sistema de medição e operadores, já avaliados na secção anterior, ao que se acrescem outros, como o próprio objecto de medição, o processo de amostragem, calibração e condições ambientais.

A importância inerente ao conceito de incerteza de uma medição em todos os domínios da ciência, justificaram o desenvolvimento de esforços concertados das principais entidades mundiais ligadas à metrologia para normalizar a forma como esta é definida, calculada e especificada (BIPM – *Bureau International des Poids et Measures*, IEC – *International Electrotechnical Commission*, IFCC – *International Federation of Clinical Chemistry*, ISO – *International Organization of Standardization*, IUPAC – *International Union of Pure and Applied Chemistry*, IUPAP – *International Union of Pure and Applied Physics*, OIML – *International Organization of Legal Metrology*). Estes esforços resultaram na redacção de um documento que fornece linhas de orientação claras para este efeito: o *Guide to the Expression of the Uncertainty in Measurement*, vulgo GUM [9]. De acordo com este documento, a incerteza de uma medição é obtida segundo duas vias possíveis: através de uma estimativa do Tipo A ou do Tipo B. Na estimativa da incerteza de medição do Tipo A, utilizam-se medições repetidas e um tratamento estatístico adequado. A estimativa do Tipo B é baseada na utilização de informação existente previamente sobre o sistema de medição, tal como aquela proveniente do fabricante, publicações técnicas, senso comum, etc., a qual é utilizada de forma compatível com a forma clássica de estimar a incerteza (Tipo A). Tal é efectuado através do cálculo do desvio padrão correspondente à distribuição de probabilidade que melhor descreve a dispersão de valores que podem ser razoavelmente atribuídos à mensuranda (os conceitos de desvio padrão e de distribuição de probabilidade serão introduzidos nos capítulos dedicados à fase de Análise, nomeadamente no Capítulo 4 e no Capítulo 5, respectivamente). Esta distribuição é definida de forma mais ou menos subjectiva, mas resume o que de melhor se sabe sobre a variabilidade destas medições. Assim, quer numa análise do Tipo A (através de medições repetidas) ou do Tipo B (com base em informação prévia sobre a variabilidade das medições), é possível calcular o desvio padrão associado à dispersão de valores decorrentes do processo de medição. É com base nesta quantidade que se vai quantificar a sua incerteza, como a seguir se descreve.

Quando se dispõe de n medições repetidas de uma amostra para estimar uma dada quantidade, X, a melhor estimativa para o seu valor "real" corresponde geralmente à sua média:

$$\bar{x} = \frac{\sum_{i=1}^{n} x_i}{n} \tag{3.5}$$

Da teoria estatística, resulta que a melhor estimativa para o desvio padrão de $\bar{x}$, designado por $s(\bar{x})$, é dada por $s(\bar{x}) = s(x)/\sqrt{n}$, onde $s(x)$ é o desvio padrão das n observações repetidas. O GUM designa esta quantidade por *incerteza padrão* (do Tipo A), $u(x)$:

$$u(x) = s(\bar{x}) = s(x)/\sqrt{n} \tag{3.6}$$

Quando o valor final a fornecer pelo sistema de medição, Y, resulta da combinação de várias medições prévias ($X_1, X_2, \ldots, X_m$), cada qual com a sua respectiva incerteza padrão, através de uma expressão matemática do tipo, $Y = f(X_1, X_2, \ldots, X_m)$, a incerteza padrão que este valor final terá associado, resulta da combinação das incertezas padrão associadas às medidas que para ele contribuem. A incerteza padrão da variável Y é designada por *incerteza combinada*, $u_c(y)$, e é obtida através da *lei da propagação de incertezas* [9]. Alternativamente, também é possível hoje em dia usar *software* computacional que simula o processo de propagação de variabilidade através da expressão matemática, $Y = f(X_1, X_2, \ldots, X_m)$, usando os métodos de Monte Carlo. Esta alternativa evita incorrer em algumas aproximações efectuadas na aplicação analítica da lei da propagação de incertezas [11].

Apesar da incerteza combinada transmitir de uma forma rigorosa a magnitude da incerteza associada a uma medição, normalmente pretende-se exprimir o resultado final através de um intervalo que contenha uma fracção elevada dos valores que razoavelmente se podem atribuir à quantidade sob medição. Segundo o GUM, este intervalo é obtido através da denominada *incerteza expandida*, *U*, a qual é calculada multiplicando a incerteza combinada por um factor de expansão, *k*:

$$U = k \times u_c(y) \qquad (3.7)$$

Este factor de expansão é seleccionado de forma a incluir no intervalo, $Y = y \pm U$, uma dada fracção da variabilidade associada à medição. O valor de *k* a usar depende do nível de confiança ou probabilidade expandida, sendo valores comuns *k=2* (probabilidade expandida de aproximadamente 95%, para uma distribuição Normal) e *k=3* (probabilidade expandida de aproximadamente 99%). Em todo o caso, quando se usa a incerteza expandida para definir o intervalo de incerteza, deve-se sempre clarificar a probabilidade expandida adoptada, numa expressão do tipo: "A incerteza expandida resultou da multiplicação da incerteza combinada pelo factor de expansão *k=3*, correspondente a uma probabilidade expandida de aproximadamente 99% (...)". A incerteza combinada e a incerteza expandida não devem ser reportadas com mais de dois algarismos significativos, o mesmo sucedendo com os respectivos intervalos.

Como ilustração do cálculo e especificação da incerteza de uma medição, consideremos o sistema de medição de peças cilíndricas para construção apresentado na secção anterior. Para uma dada amostra, obtiveram-se duas medições, 471 *mm* e 484 *mm*, a partir das quais se vai calcular a estimativa para o valor do diâmetro, bem como especificar a respectiva incerteza. A estimativa do diâmetro é obtida através do cálculo da média destes valores, correspondendo a: $(471+484)/2 = 477,5$ *mm*. Relativamente à determinação da incerteza associada a esta estimativa, admitamos que as componentes "operador" e "sistema de medição" são as fontes dominantes de incerteza para este sistema de medição. Nestas condições, o desvio padrão resultante de ambas (*R&R*) está já apurado, sendo 11,47 (da Tabela 3.3; caso contrário seria estimado com base nos valores disponíveis). A incerteza padrão corresponde então a: $u(x) = 11,47/\sqrt{2} = 8,1\,mm$. Usando um factor de expansão de *k=2* (nível de confiança de aproximadamente 95%), obtém-se uma incerteza expandida de $U = 16\,mm$. Chega-se então ao seguinte intervalo para a estimativa do diâmetro: $x = 478\ mm \pm 16\,mm$.

3.5. Notas finais

A concluir este capítulo, chama-se a atenção para uma confusão frequente entre "incerteza" e "erro", apesar de serem conceitos fundamentalmente distintos. Erro é a diferença entre o valor medido e o seu valor "verdadeiro". Ora, uma vez que o valor verdadeiro de uma grandeza é desconhecido e impossível de determinar com precisão infinita, o erro assim definido é uma idealização. Na prática este é determinado substituindo o valor "verdadeiro" por um valor de "referência" aceite como representando o valor real da quantidade. Quando é conhecido, deve originar uma correcção da medição e não ser incorporado como mais uma componente da sua incerteza. No entanto, já a incerteza introduzida por tal correcção, é passível de ser considerada como mais uma componente e levada em conta na incerteza global da medição.

CAPÍTULO 4 – ANÁLISE: CARACTERIZANDO AMOSTRAS E DESCOBRINDO PADRÕES E TENDÊNCIAS NOS DADOS

4.1. Introdução

Na fase de Análise procede-se à investigação detalhada dos dados recolhidos de acordo com o plano e métodos definidos na fase de Medição. A primeira fase deste processo envolve uma análise exploratória destes dados, no sentido de ganhar familiaridade com as suas características fundamentais, detectar situações anómalas (e investigar a sua origem) e tomar contacto com os padrões dominantes da variabilidade (distribuições típica de valores, agrupamentos e tendências, associações, etc.). Esta fase é muito importante na medida em que, após uma auditoria *in loco* ao processo em causa (imprescindível em qualquer projecto seis sigma), permitirá adquirir uma visão do estado corrente das suas operações através de dados objectivos e recolhidos de uma forma consistente. Neste capítulo, apresentam-se várias metodologias que visam tornar a interacção com os dados tanto eficiente como eficaz. Diversas ferramentas gráficas são apresentadas (as quais devem merecer uma atenção especial dada a sua capacidade de revelar padrões, tendências, características, etc., de uma forma rápida), bem como se faz referência a outras na forma de tabelas e grandezas numéricas calculadas a partir dos dados (estatísticas).

4.2. Âmbito da Análise Exploratória de Dados (AED)

Uma vez definido o objectivo da recolha de informação, planeado o processo de amostragem (medir o quê? como? por quem? quando? durante quanto tempo? onde registar?), iniciado a sua implementação (após formação dos intervenientes e validação da metodologia), começa-se finalmente a dispor de dados concretos do processo em análise. Se o planeamento da recolha de dados e a sua implementação foram conduzidos de forma adequada, existe agora uma base factual que pode começar a ser processada de forma a dela se extrair informação útil sobre o processo, quer o objectivo passe pela resolução de problemas que, eventualmente, o estejam a afectar, quer sobre formas de melhorar as operações (no que respeita à sua eficiência, segurança, impacto ambiental ou à qualidade do produto final). Assim, após uma fase preliminar de preparação de tabelas e eliminação de incorrecções, está na altura de começar a análise dos dados disponíveis.

Recordemos que os dados são apenas colecções de números e anotações que, por si só, apresentam pouco valor acrescentado em termos do conhecimento sobre o processo. É apenas após a sua adequada organização, sistematização, representação e análise, que começa a surgir informação útil sobre o comportamento do processo. Neste contexto, a primeira fase da análise dos dados recolhidos deve ter uma natureza puramente exploratória ou descritiva. Não se pretende nesta altura tomar decisões definitivas sobre o problema em questão, mas sim ganhar conhecimento sobre o processo, "ouvindo-o" através da única forma que este tem para comunicar connosco: os dados recolhidos pelos vários sistemas de medição. Daí que se designe esta actividade por Análise Exploratória de Dados (AED) ou Estatística Descritiva (ED). Esta fase de auscultação atenta do processo, realiza--se com recurso a ferramentas que apoiam a tradução da linguagem do processo (dados) em linguagem mais inteligível para os utilizadores (gráficos, tabelas, sumários numéricos). Tratam-se das metodologias de AED, as quais vão ser exploradas nas secções seguintes.

As metodologias de AED, incluem ferramentas gráficas, tabulares e grandezas numéricas ou estatísticas (estatísticas são quantidades calculadas a partir dos dados relativos a uma amostra). De entre estas, as ferramentas gráficas assumem particular relevância em AED, pela sua capacidade em transpor aspectos relevantes da variabilidade dos dados na forma de padrões visuais, facilmente interpretáveis e processados por pessoas. A evolução natural dotou-nos, ao longo do nosso processo evolutivo, de enormes capacidades de apreensão, reconhecimento e processamento de informação visual. Conseguimos, com facilidade, apreender e reconhecer rostos que vimos apenas algumas vezes, o que implica guardar uma enorme quantidade de informação e rapidamente a localizar e utilizar para identificar tais pessoas em contextos diversos, no meio desse enorme repositório de informação que é a nossa memória. Tal tarefa, facilmente executada por uma criança, constitui um enorme desafio para o mais poderoso dos computadores que, ainda assim, só o conseguem alcançar com sucesso limitado não obstante a sua grande capacidade de cálculo. Daqui resulta uma complementaridade interessante entre o Homem e Máquina, que é explorada no uso das ferramentas gráficas de AED. Dada a nossa limitação em processar informação numérica e aquela dos computadores em processar informação gráfica, estes podem colocar o seu potencial de cálculo em converter tabelas de dados em informação gráfica, tarefa que executam com facilidade, a qual será depois interpretada pelos utilizadores de uma forma também eficiente e rápida, tirando partido das capacidades humanas de processamento visual. Esta relação simbiótica entre Homem e Máquina é hoje uma constante em actividades AED, e sugere-se fortemente que qualquer actividade de análise de dados comece precisamente pela visualização dos dados recolhidos, antes de avançar para outras formas de análise.

Antes de introduzir as ferramentas de AED, referem-se os tipos fundamentais de dados que podem ser objecto de análise, uma vez que a sua natureza condiciona a selecção das metodologias mais adequadas a adoptar.

4.2.1. Tipos de dados processuais

Os dados recolhidos dos processos podem ser classificados desde logo consoante a sua natureza qualitativa ou quantitativa. O primeiro tipo de dados é relativo a informação não numérica, consistindo num conjunto discreto de classes com designações diversas. Já os segundos, de natureza numérica, podem surgir na forma discreta, através de números inteiros (e.g., processos de contagem) ou de números contínuos (e.g., pesagem, medição de comprimento). Os dados qualitativos podem ainda distinguir-se entre os que são expressos num escala ordinal ou nominal, consoante as classes contempladas possuam uma ordenação natural (e.g., Mau, Aceitável, Bom, Excelente), ou não (e.g., sexo: masculino, feminino), respectivamente (embora as ferramentas AED a usar em ambos os casos sejam essencialmente as mesmas). Também os dados de natureza quantitativa podem ser expressos em duas escalas distintas: a escala de intervalo, na qual existe uma origem estipulada arbitrariamente (e.g., temperaturas expressas em °C, onde se estabeleceu a origem, i.e., os 0°C, numa condição convenientemente escolhida – a temperatura a que a água saturada com ar congela à pressão atmosférica padrão); e a escala absoluta, onde a origem significa a ausência da quantidade em apreço (e.g., massa, expressa em quilogramas ou o volume, em litros). Como consequência natural da existência de uma origem arbitrária na primeira situação, só é correcto analisar diferenças de valores, mas não a sua razão. Por exemplo, se num dia se registar, às 12:00, a temperatura ambiente de 2°C e no dia seguinte, de 4°C, pode-se dizer com todo o rigor que se registou uma diferença de 2°C nas temperaturas às 12:00, mas já não será rigoroso afirmar que a temperatura no segundo dia será o dobro da registada no primeiro, pois daí não resulta idêntica correspondência com o verdadeiro estado térmico do sistema que a medida visa reflectir (a sua energia interna não duplicou). Já o mesmo não se passa quando se tem dois sacos de arroz, um com uma massa de 1kg e outro com uma massa de 2kg ... A Tabela 4.1 apresenta um exemplo onde vários tipos de dados são usados para caracterizar produtos recebidos em armazém.

Como diferentes atributos estão a ser recolhidos sobre a mesma entidade, a amostra designa-se por multivariável (também designada por multivariada, embora os significados não sejam rigorosamente os mesmos), em oposição a amostras univariáveis, onde apenas se recolhe informação sobre um aspecto isolado dos itens em apreço (uma variável).

Código prod.	Fornecedor	Inspecção visual	Quantidade	Massa (kg)
0001785225	JKL	Bom	3	30,3
0008563204	Sig Co.	Médio	1	5,1
0002456275	BA	Mau	4	40,2
0001785225	JKL	Bom	2	4,6
0002445225	UTS AB	Excelente	3	12,8
0008563204	Sig Co.	Excelente	4	4,4
0008563204	Sig Co.	Médio	5	25,2
0001785225	JKL	Bom	3	18,0
0001785225	JKL	Médio	2	8,1

Tabela 4.1. Exemplo de uma tabela contendo dados de vários tipos: qualitativos nominais (fornecedor) e ordinais (inspecção visual); quantitativos discretos (quantidade) e contínuos (massa).

4.3. Analisando a frequência de ocorrências

Quando se analisam dados de natureza qualitativa ou mesmo de natureza quantitativa discreta (e.g., contagens), o interesse reside essencialmente em avaliar a frequência com que cada classe ou valor possível, é registado. Por exemplo, a análise da variável "Fornecedores" na Tabela 4.1 apenas pode incidir sobre a frequência, absoluta ou relativa, registada para cada um dos fornecedores elencados. Da mesma forma, quando por exemplo se regista o número de pessoas por veículo que atravessam um dado ponto de referência numa cidade, a informação mais fina que se pode registar é a frequência com que se verifica a ocorrência de 1, 2, 3, 4, ... pessoas nos carros observados. Assim, as ferramentas AED para este tipo de dados orbitam em tornos dos conceitos de frequência absoluta e frequência relativa, definidos de seguida. Identifiquemos cada classe de uma variável qualitativa, ou cada número, no caso de uma variável quantitativa discreta, pelos valores do índice $k=1$, 2, 3, ... Nesta situação, a frequência absoluta da classe k, N_k, é dada pelo número de vezes em que esta classe figura na tabela de dados, enquanto a respectiva frequência relativa, f_k, corresponde à fracção de vezes em que tal ocorre, relativamente ao número total de registos, $N = N_1 + N_2 + N_3 + N_4 + \dots$.

$$f_k = \frac{N_k}{N} = \frac{N_k}{N_1 + N_2 + N_3 + \cdots} \qquad (4.1)$$

A frequência relativa é também por vezes apresentada como percentagem f_k', sendo a sua relação com f_k dada simplesmente por:

$$f_k' = 100 \times f_k \ \% \qquad (4.2)$$

Exemplo: *Qualidade dos serviços de entrega de encomendas*
Consideremos a seguinte situação em que se registou a qualidade do serviço de transporte de encomendas efectuadas por uma organização, usando para tal uma classificação em três níveis (Mau, Aceitável, Perfeito). Adicionalmente, também se recolheu a designação da companhia de transporte contratada para cada encomenda

recebida (companhias A, B, C). Os dados recolhidos para 66 enco-mendas sucessivas, são os apresentados na Tabela 4.2. O director do departamento de logística pretende avaliar o nível de qualidade actual do serviço de entrega de encomendas e solicitou ao chefe de serviços deste departamento que se fizesse uma análise dos dados disponíveis neste sentido.

Firma	Nível de Qualidade	Firma	Nível de Qualidade	Firma	Nível de Qualidade
A	Perfeito	B	Perfeito	A	Aceitável
A	Perfeito	B	Perfeito	B	Mau
A	Perfeito	A	Aceitável	B	Perfeito
A	Mau	B	Aceitável	A	Perfeito
B	Perfeito	A	Perfeito	B	Perfeito
B	Mau	C	Perfeito	C	Mau
B	Perfeito	C	Mau	B	Aceitável
A	Mau	A	Perfeito	A	Perfeito
C	Perfeito	A	Perfeito	B	Perfeito
A	Mau	A	Perfeito	B	Perfeito
A	Perfeito	B	Aceitável	A	Aceitável
B	Perfeito	B	Perfeito	A	Perfeito
A	Mau	C	Aceitável	A	Mau
A	Aceitável	C	Perfeito	A	Perfeito
A	Perfeito	A	Aceitável	A	Perfeito
A	Mau	A	Perfeito	B	Perfeito
A	Aceitável	A	Aceitável	A	Perfeito
A	Perfeito	B	Aceitável	A	Mau
B	Perfeito	A	Perfeito	A	Aceitável
A	Aceitável	A	Perfeito	A	Aceitável
C	Aceitável	A	Perfeito	C	Aceitável
B	Perfeito	A	Mau	A	Perfeito

Tabela 4.2. Dados recolhidos sobre a qualidade das encomendas recebidas através de diferentes companhias de transporte (A, B, C). O nível de qualidade é expresso numa escala com três níveis: Mau, Aceitável e Perfeito.

O chefe de serviços, possuindo alguns conhecimentos no domínio da análise de dados, começou por apurar os "subtotais" para cada nível de classificação, i.e., as respectivas frequências absolutas, tendo calculado também as correspondentes frequências relativas percentuais (Figura 4.1).

73

Tally for Discrete Variables: Nível de Qualidade

```
Nível de
Qualidade  Count  Percent
Aceitável     17    25,76
     Mau      12    18,18
 Perfeito     37    56,06
      N=      66
```

Figura 4.1. Cálculo da frequência absoluta ("Count") e da frequência relativa percentual ("Percent") para os vários níveis de qualidade registados no exemplo "Qualidade dos serviços de entrega de encomendas" (Minitab: *Stat > Tables > Tally Individual Variables*).

Os resultados obtidos indicam que aproximadamente 56% das encomendas chegam em perfeitas condições, mas cerca de 44% apresentam alguns problemas, uma boa parte das quais chegando mesmo em mau estado.

4.3.1. Gráficos de barras e diagramas circulares

A informação apresentada, na forma tabular na Figura 4.1, pode ser facilmente colocada na forma gráfica, usando, por exemplo gráficos de barras e diagramas circulares (Figura 4.2). No diagrama de barras a altura de cada barra é proporcional à frequência em representação, enquanto que no diagrama circular é a área de cada secção (ou, equivalentemente, o ângulo que lhe corresponde) que representa tal proporcionalidade.

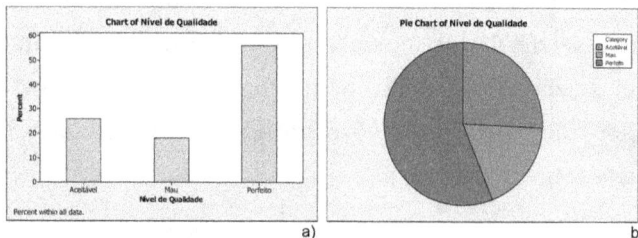

a)   b)

Figura 4.2. Gráfico de barras (a) e diagrama circular (b) para a frequência relativa correspondente aos vários níveis de qualidade registados no exemplo (Minitab: *Stat > Graph > Bar Chart; Stat > Graph > Pie Chart*, respectivamente).

Continuando o exemplo anterior, na preparação da sua apresentação para o director, o chefe de serviços considerou ambas as representações gráficas, ponderando aquela que pudesse transmitir a informação fundamental de uma forma mais simples. Embora, em geral, um diagrama de barras envolvendo somente uma comparação de alturas permita uma interpretação mais directa e rigorosa do que aquela proporcionada por uma comparação de ângulos ou áreas num diagrama circular, devendo, por tal motivo, ser uma opção preferencial, neste caso o número limitado de classes existente e a simplicidade da informação a transmitir colocam ambas as representações gráficas em idêntica situação, apesar da leitura do diagrama circular ser sempre de natureza eminentemente mais qualitativa.

Diagnosticada que está a existência de um potencial problema de qualidade na entrega das encomendas, o chefe de serviços orientou a sua análise exploratória para escrutinar possíveis origens. Uma vez que tem também ao seu dispor o registo das empresas de distribuição contratadas, resolveu segmentar ou estratificar a sua análise, segregando a informação oriunda de cada empresa. Os resultados relevantes podem ser obtidos através da construção de uma tabela de informação cruzada, onde cada célula contém informação sobre o cruzamento de uma das classes para a grandeza disposta ao longo das suas linhas (neste caso as várias firmas contratadas) com uma das classes para a outra grandeza disposta ao longo das colunas (nível de qualidade). Nesta tabela figuram vários subtotais, como se pode observar na Figura 4.3, que facilitam a análise dos vários aspectos em consideração. Uma vez que, neste exemplo, o chefe de serviços pretende investigar a possível origem do problema, a sua análise concentrou-se essencialmente no segundo subtotal de cada célula, que contém as frequências relativas de cada Nível de Qualidade, para cada firma de distribuição. Comparando os valores para as várias firmas, pode-se verificar que a firma "B" é aquela com melhor registo (aprox. 68% de entregas perfeitas e 11% em mau estado), enquanto o pior registo é verificado na empresa "C" (com 37,5% de entregas perfeitas e 25% para as entregas em mau estado). Idêntica informação se pode retirar, mais rapidamente, da análise do diagrama circular estratificado por firma, apresentado na Figura 4.4.

Com esta informação em mãos, o chefe de serviços poderá apresentar ao seu director não só um diagnóstico da situação presente (Figura 4.1 e Figura 4.2), mas também informação que, após validada e confirmada (eventualmente com a recolha de mais dados; Figura 4.3 e Figura 4.4), permitirá tomar uma decisão sobre a política de avaliação e selecção de firmas de distribuição, no sentido de salvaguardar os interesses da sua companhia.

```
Rows: Firma   Columns: Nível de Qualidade

          Aceitável    Mau  Perfeito     All

A               10        8        21       39
             25,64    20,51    53,85   100,00
             58,82    66,67    56,76    59,09
             15,15    12,12    31,82    59,09

B                4        2        13       19
             21,05    10,53    68,42   100,00
             23,53    16,67    35,14    28,79
              6,06     3,03    19,70    28,79

C                3        2         3        8
             37,50    25,00    37,50   100,00
             17,65    16,67     8,11    12,12
              4,55     3,03     4,55    12,12

All             17       12        37       66
             25,76    18,18    56,06   100,00
            100,00   100,00   100,00   100,00
             25,76    18,18    56,06   100,00
```

1) Frequência absoluta para cada célula;
2) Frequência relativa percentual relativamente ao total da linha (firma transportadora);
3) Frequência relativa percentual relativamente ao total da coluna (nível de qualidade);
4) Frequência relativa percentual global (relativamente a todo os dados).

Frequências absolutas e relativas percentuais para o total de cada coluna.

Frequências absolutas e relativas percentuais para o total de cada linha.

Figura 4.3. Tabela de informação cruzada relativamente às variáveis "Firma" e "Nível de Qualidade", para o exemplo em análise (Minitab: *Stat > Tables > Cross Tabulation and Chi-Square*).

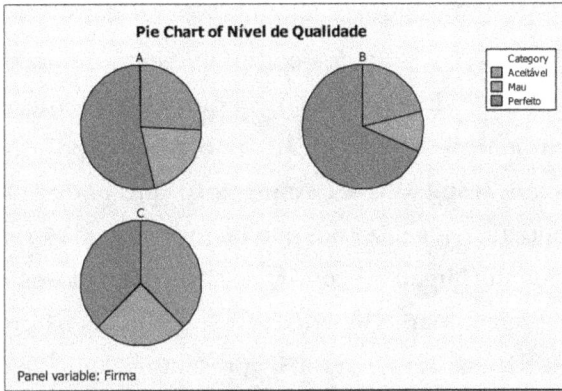

Figura 4.4. Estratificação da informação contida na Figura 4.2.b), segundo a firma de distribuição contratada: os diagramas circulares apresentados incluem somente informação relativa a cada firma (Minitab: *Stat > Graph > Pie Chart*).

Este exemplo demonstra o poder descritivo e a importância central em usar criteriosamente a segmentação dos dados durante a sua análise, na medida em que daí pode resultar a identificação da origem de problemas ou oportunidades de melhoria. No entanto, tal só é possível se as tabelas de dados originais contemplarem as variáveis de estratificação potencialmente mais interessantes (i.e., com impacto no problema), o que reforça, mais uma vez, a importância do planeamento inicial que antecede o processo de recolha de informação. Um bom analista deve, sem dúvida, dominar as opções de estratificação para as várias ferramentas de AED, as quais são hoje em dia colocadas facilmente à sua disposição através das várias soluções de *software* disponíveis.

4.3.2. Diagramas de Pareto

Na análise de variáveis qualitativas, frequentemente o interesse reside em identificar as classes que apresentam, sob o ponto de vista de algum critério estabelecido, maior importância. Por exemplo, quando se procede ao registo contínuo dos vários tipos de problemas que vão surgindo nos produtos em montagem, o objectivo passará por, uma vez recolhida informação em quantidade suficiente, hierarquizar os vários tipos de defeitos quanto à sua importância relativa ou impacto nos resultados da empresa (o que pode ser efectuado contabilizando a frequência com que ocorrem ou, preferencialmente, o correspondente impacto económico, e ordenando-os depois por ordem decrescente), para então decidir sobre quais os problemas de resolução prioritária. Na Figura 4.5, apresenta-se um exemplo de um diagrama de Pareto para o registo de vários defeitos encontrados em produtos fabricados numa linha de montagem. Pode-se verificar rapidamente, que a maior parte dos defeitos assinalados dizem respeito a falhas na documentação que acompanha o produto e na sua pintura: estas duas causas (20% dos problemas totais), representam 73,4% do volume total de registos recolhidos.

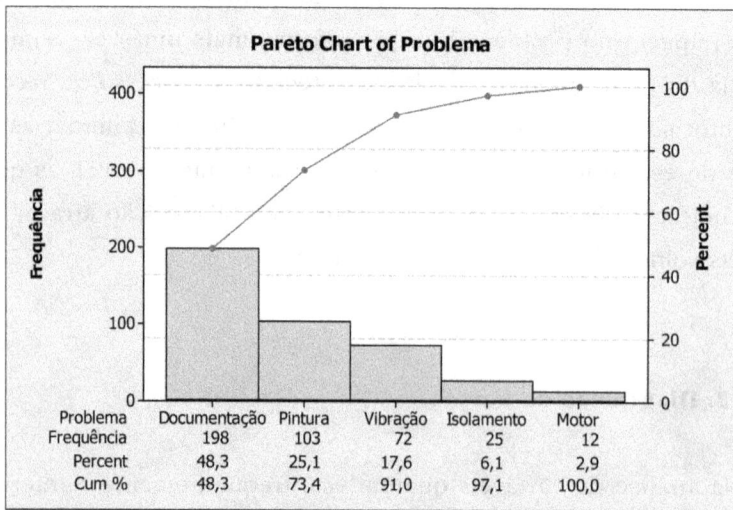

Figura 4.5. Exemplo de um diagrama de Pareto, para o registo de defeitos encontrados nos produtos numa linha de montagem (Minitab: *Stat > Quality Tools > Pareto Chart*).

No gráfico acima, o eixo das ordenadas corresponde à frequência com que os vários problemas se verificam durante o período em que a informação é recolhida. Como foi dito anteriormente, se houver possibilidade para tal, deve-se usar preferencialmente informação de natureza económica, pois nem sempre os problemas mais frequentes são os que mais interferem e prejudicam os resultados da empresa. Considere-se por exemplo, que o problema mais frequente diz respeito a falhas na documentação que acompanha um produto; no entanto, apesar de menos frequente, a reparação do motor pode, facilmente, ter maiores consequências económicas, e merecer por isso uma prioridade mais alta na sua resolução. Assim, nas ordenadas do diagrama deveria figurar, nestes casos, os custos globais associados a cada tipo de problema, pois tal potenciaria uma tomada de decisão mais assertiva.

O nome deste gráfico deriva do sociólogo e economista italiano Vilfredo Pareto que, em 1897 constatou que "20% da população mundial aufere cerca de 80% dos rendimentos", princípio que passou a ter o seu nome como designação (princípio de Pareto). Desde então, têm-se verificado que esta relação quantitativa permanece aproximadamente válida noutros contextos, nomeadamente em vários tipos de processos, onde frequentemente se verifica que aproximadamente 80% dos problemas são devido a cerca de 20% das causas. Nesta situação, o esforço aplicado é bem mais efectivo quando direccionado à resolução deste número mais reduzido de causas, pois tal terá um impacto mais significativo na melhoria da Qualidade do processo relativamente a uma situação onde todas as causas merecessem idêntica atenção. O diagrama de Pareto procura precisamente colocar em evidência estas causas, as *vital few*, evitando que as equipas dispersem a sua atenção, recursos e energia pelas outras que podem potencialmente afectar o processo, as *trivial many* (usando a linguagem do influente autor, Dr. Joseph Juran, 1904-2008).

4.4. Analisando a distribuição dos dados recolhidos

Dados do tipo quantitativo contínuo, contêm potencialmente mais informação sobre o processo e devem ser preferencialmente adquiridos, relativamente a alternativas de natureza qualitativa, sempre que tal for possível e exequível (nomeadamente, sempre que existir um sistema de medição capaz e disponível). Quando os dados recolhidos são desta natureza (quantitativa contínua), a informação básica a que se procura aceder numa análise exploratória é mais diversificada. Ao contrário dos dados de natureza discreta (qualitativos e quantitativos), onde o interesse reside essencialmente na distribuição de frequências (relativas ou absolutas) pelas diferentes entidades discretas (classes ou números), agora cada valor recolhido tem uma menor probabilidade de aparecer repetido (dada a maior precisão com que estes são registados) e o que interessa relevar não é pois o número de vezes que cada valor se repete, mas propriedades mais globais do conjunto de dados recolhidos. Assim, em primeira instância estaremos interessados em analisar em redor de que valor os dados tendem a agregar-se e com que dispersão o fazem. A forma da sua distribuição é também um aspecto frequentemente analisado. Em resumo, tendência central (ou localização), dispersão e forma, são os aspectos básicos e mais frequentemente analisados em AED sobre dados contínuos.

4.4.1. Histograma

Uma boa forma de iniciar um estudo desta natureza, consiste em construir um histograma para o conjunto de dados em análise. Este gráfico (Figura 4.6) tem algumas semelhanças com um gráfico de barras, na medida em que também consiste num conjunto finito de barras que quantificam o número de ocorrências em determinadas classes. No entanto, estas classes são agora definidas por intervalos de valores (e não por entidades discretas isoladas, como classes ou números inteiros), registando-se o número de ocorrências (valores) localizados no interior desses intervalos. Assim, um histograma constitui um resumo da distribuição de valores, envolvendo alguma perda de informação (não se sabe *quais* os valores que caíram em cada intervalo, mas apenas *quantos*), em prol da obtenção de uma leitura global dos aspectos essenciais da variabilidade dos dados, nomeadamente a sua tendência central, dispersão e forma.

Um histograma permite analisar os padrões essenciais de variabilidade dos dados, resumindo graficamente o comportamento global e acumulado do processo. Da sua análise, com estratificação por subclasses ou não, pode-se por vezes identificar anomalias que devem ser investigadas de forma mais cuidada (presença de "outliers", distribuições multimodais, distribuições truncadas ou com assimetrias inesperadas, valores com frequências demasiado elevadas ou baixas, etc.) e aspectos que carecem de acções de melhoria. Por outro lado, quando se sobrepõem ao histograma os limites de especificação da variável em análise, tal representação traduz graficamente a capacidade do processo (secção 7.8), i.e., a sua capacidade de produzir "outputs" dentro dos limites estabelecidos ou exigidos por uma terceira parte (clientes, projectista, etc.).

Exemplo: *Tensão de ruptura de peças de alumínio-lítio.*

Registaram-se sucessivamente os valores obtidos em testes de ruptura efectuados a peças de uma nova liga de alumínio-lítio, cuja adopção está a ser considerada por parte dos responsáveis pela unidade fabril (Tabela 4.3). Pretendendo para já analisar sumariamente os resultados obtidos na bateria inicial de 80 testes, começou-se por observar visualmente os aspectos essenciais da sua variabilidade, recorrendo a um histograma (Figura 4.6).

105	221	183	186	121	181	180	143
97	154	153	174	120	168	167	141
245	228	174	199	181	158	176	110
463	131	154	115	160	208	158	133
207	180	190	193	194	133	156	123
134	178	76	167	184	135	229	146
218	157	101	171	165	172	158	169
199	151	142	163	145	171	148	158
160	175	149	87	160	237	150	135
196	201	200	176	150	170	118	149

Tabela 4.3. Tensão de ruptura (MPa) de uma sequência de 80 peças formadas por uma liga alumínio-lítio.

O histograma obtido indica que a tendência central dos dados se situa aproximadamente nos 160 MPa, e que a sua dispersão é tal que se encontram valores, grosso modo, entre os 80 e os 240 MPa, com uma forma unimodal e aproximadamente simétrica. Esta é a leitura essencial que se faz rapidamente da análise do histograma, a qual seria muito difícil de reproduzir da observação directa dos valores tabelados. A sua utilidade está pois na forma expedita como permite aceder a aspectos globais da variabilidade e não na análise detalhada de aspectos particulares dos dados. Deve-se por isso resistir à tentação de fazer uma análise muito fina, detalhada e quantitativa de um histograma, quando se resume o que este transmite, procurando-se em alternativa transmitir, em linguagem simples e directa, os aspectos da variabilidade que ele seguramente evidencia.

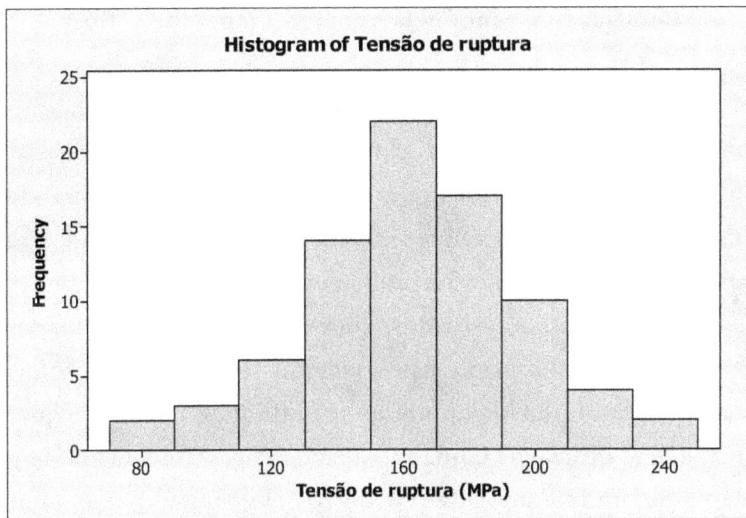

Figura 4.6. Histograma para os dados de tensão de ruptura (Minitab: *Stat > Graph > Histogram*).

Note-se que uma análise mais consistente de um histograma requer que o processo esteja a operar em condições estáveis. De outro modo, a distribuição de valores variaria ao longo do tempo, e o que se estaria a obter num histograma para a globalidade dos dados seria o resultado acumulado de todas as oscilações verificadas ao longo do tempo, e não a situação corrente das operações. Para avaliar sobre a estabilidade do processo existem várias ferramentas disponíveis, nomeadamente as cartas de controlo apresentadas no Capítulo 7, mas na secção seguinte já se apresenta uma ferramenta gráfica simples que permite começar a analisar este aspecto (gráficos de tendência). Antes porém, apresentam-se mais algumas ferramentas de AED utilizadas na análise da tendência central, dispersão e forma de um conjunto de dados expressos numa escala contínua.

4.4.2. Estatísticas de tendência central, dispersão e forma

Já foi referido que o histograma segrega alguma informação de forma a colocar em evidência aspectos globais e relevantes da variabilidade dos dados. Esta lógica é levada ao extremo, quando se utilizam estatísticas (i.e., valores calculados a partir dos dados recolhidos numa amostra) para resumir, num só valor, um determinado aspecto da distribuição dos dados, quer este se trate da sua tendência central, dispersão ou forma. Apesar de tal compressão de informação, os valores produzidos poderão ter utilidade relevante, quando correctamente utilizados e quando a sua análise é efectuada de uma forma enquadrada e apoiada por outros elementos que assegurem a sua consistência (por exemplo, terá pouca utilidade falar de uma média quando os valores apresentam uma distribuição bimodal ou mesmo de um desvio padrão, quando a distribuição é assimétrica). Assim como um alfaiate consegue atingir o seu objectivo de produzir um belo fato ou vestido a partir de um conjunto bastante reduzido de valores que caracterizam os vários aspectos do perfil tridimensional e complexo do nosso corpo, também um analista procura, através de um conjunto limitado de estatísticas, caracterizar a variabilidade dos dados de forma a atingir o seu propósito, o qual pode passar, em última instância, por tomar uma decisão sobre medidas a aplicar no sentido de resolver algum problema ou melhorar um processo.

4.4.2.1. Estatísticas de tendência central (ou localização)

As estatísticas mais conhecidas e utilizadas para caracterizar a centralidade de um conjunto de dados são a média e a mediana, sendo a moda também referida neste contexto, embora a sua utilização, na prática, não seja tão extensa como no caso das duas primeiras.

A média amostral é o valor que ocupa uma posição equidistante de todos os pontos no conjunto de dados. De facto, sendo definida por,

$$\bar{x} = \frac{\sum_{i=1}^{n} x_i}{n} \qquad (4.3)$$

(n é o número total de pontos, i.e., a dimensão da amostra), é fácil de concluir que o somatório de todos os desvios relativamente à média amostral, $d_i = x_i - \bar{x}$ terá de ser nulo:

$$\sum_{i=1}^{n} d_i = \sum_{i=1}^{n} (x_i - \bar{x}) = \sum_{i=1}^{n} x_i - n \cdot \bar{x} = n \cdot \bar{x} - n \cdot \bar{x} = 0 \qquad (4.4)$$

Este facto justifica a sua escolha frequente como medida de tendência central mas, por outro lado, origina uma fragilidade, que se traduz numa sensibilidade a valores extremos desviantes, ou *"outliers"*. Outliers, é o termo anglo-saxónico comummente utilizado para designar observações que, de uma forma evidente e significativa, não seguem os padrões de variabilidade exibidos pela grande maioria das restantes observações. Podem resultar de erros no registo dos valores ou serem simplesmente tão legítimos como os demais em termos da sua validade. No caso em que se analisa uma só variável, estas observações desviantes aparecem nos extremos ou caudas da distribuição de dados, correspondendo a valores bastantes inferiores ou superiores, quando comparados com os demais. Ao colocar-se numa posição de equidistância relativamente a todos os valores, a média vai ser muito afectada por este pequeno número de observações extremas, deixando de representar de uma forma adequada a maioria das observações. A existência de *outliers* é uma situação particularmente comum no início das actividades de AED, numa fase em que as tabelas de dados ainda não foram convenientemente depuradas de todas as situações anómalas e valores pontualmente mal inseridos. Se, ainda assim, se pretender calcular desde logo algumas grandezas que caracterizem aspectos da variabilidade dos dados, como a sua tendência central, então a média não será uma opção a privilegiar nestas condições, devido à sua falta de robustez perante a eventual presença de *outliers*. Uma solução alternativa por vezes usada consiste em eliminar uma dada percentagem dos valores mais baixos e mais altos (e.g., 1% ou 5%), onde estariam potencialmente localizados os valores extremos, e calcular a média com os restantes. Esta opção, em que se "podam" ou "aparam" as caudas da distribuição de valores antes do cálculo da média, é usualmente conhecida pela designação anglo-saxónica de "*trimmed mean*".

Outra solução alternativa para caracterizar a tendência central dos dados, passa por um estágio preliminar em que os valores são ordenados por ordem crescente de magnitude. Estatísticas baseadas numa tal ordenação, designam-se por "estatísticas de ordem". Consideremos o seguinte conjunto de valores original, na ordem em que foram registados:

$$\{x_1, x_2, x_3, ..., x_n\} \qquad (4.5)$$

Um exemplo seria o conjunto $\{1, 7, 6, 5, 9, 12\}$. Reordenando agora a sequência em (4.5), de modo a formar uma outra em que os valores aparecem dispostos por ordem crescente das suas magnitudes, obtêm-se:

$$\{x_1^*, x_2^*, x_3^*, ..., x_n^*\} \qquad (4.6)$$

Ou seja, para o exemplo apresentado, resultaria, $\{1, 5, 6, 7, 9, 12\}$, onde $x_1^* = 1$ (a observação com número de ordem 1, é o 1), $x_2^* = 5$

(a observação com número de ordem 2, é o 5), ..., $x_6^* = 12$ (a observação com número de ordem 6, é o 12). As estatísticas de ordem são calculadas com base nesta sequência. Um exemplo é a mediana, que corresponde ao valor central da sequência, i.e., aquele para o qual existem tantos valores de magnitude inferior, como de magnitude superior à sua. Assim, a mediana para conjuntos de dados com um número ímpar de elementos, n, corresponde ao elemento com número de ordem $(n+1)/2$ (só há um valor central), enquanto para conjuntos com um número par de elementos, é dada pela média entre as observações com número de ordem $n/2$ e $n/2+1$. No exemplo acima apresentado, onde o conjunto de dados contém 6 elementos, a mediana é dada pela média das observações com números de ordem $6/2 = 3$ e $6/2+1 = 4$, i.e., $x_3^* = 6$ e $x_4^* = 7$, correspondendo portanto a 6,5. Relativamente à média, verifica-se facilmente que a mediana é menos influenciada por valores extremos de magnitude muito desviante. Por exemplo um valor máximo de magnitude 1000 ou 1 000 000, não implica qualquer alteração no valor da mediana, o que não sucede obviamente com a média. Por outro lado, a mediana está mais próxima do valor mais observado (moda) em distribuições assimétricas, estando portanto mais enquadrada com a noção geral de tendência central nestes casos (a média seria, mais uma vez, afectada pela magnitude dos valores mais distantes, da cauda mais extensa da distribuição). Para distribuições simétricas, média e mediana coincidem, tendo por isso o mesmo mérito como medidas de tendência central nesta situação particular. Por estes motivos, a mediana é uma estatística útil para caracterizar a centralidade em conjuntos de dados, especialmente quando existe a possibilidade destes conterem *outliers*, quer estes sejam legítimos quer resultem de erros de registo.

A moda é também uma estatística referida na literatura para caracterizar a centralidade dos dados, a qual corresponde ao seu valor mais frequente. Quando a distribuição apresenta vários "picos" ou máximos locais, a distribuição é designada por multimodal (bimodal no caso de existirem dois máximos locais, ou seja, duas modas).

4.4.2.2. Estatísticas de dispersão

A forma mais simples de avaliar o grau de dispersão de valores num conjunto dados, consiste em calcular a diferença entre o valor de maior magnitude (x_n^*, onde n representa o número total de observações) e o de menor magnitude (x_1^*). A esta quantidade designa-se amplitude da amostra, A, e é outro exemplo de uma estatística de ordem.

$$A = x_n^* - x_1^* = \max\{x_1, x_2, x_3, \ldots, x_n\} - \min\{x_1, x_2, x_3, \ldots, x_n\} \quad (4.7)$$

A amplitude amostral, no caso do pequeno conjunto de dados anteriormente referido, $\{1, 7, 6, 5, 9, 12\}$, é de $12 - 1 = 11$. No exemplo do conjunto de dados relativos à tensão de ruptura de peças de uma liga alumínio-lítio (Tabela 4.3) a amplitude é de 245-76=169.

Embora simples e intuitiva, é fácil reconhecer nesta medida de dispersão uma excessiva sensibilidade a valores desviantes, uma vez que os valores extremos do conjunto de dados determinam, só por si, o seu valor final, sem que se contemple de qualquer forma a distribuição dos restantes valores da amostra. A falta de robustez associada a esta estatística pode ser contornada, mais uma vez, deixando de lado uma dada fracção das observações de magnitude mais baixa e de magnitude mais elevada, calculando posteriormente a amplitude dos valores remanescentes. É nesta linha de argumentação que surge a medida de dispersão conhecida como amplitude interquartis, AIQ. Esta medida é definida como a diferença entre a observação correspondente ao percentil 75, e aquela correspondente ao percentil 25, ou seja, pela diferença entre o valor que, numa ordenação crescente de magnitudes, possui 75% dos valores abaixo de si (também conhecido como o 3.º Quartil, Q_3), e a observação que, na mesma ordenação crescente, ocupa uma posição em que 25% dos valores têm magnitudes inferiores (o 1.º Quartil, Q_1).[2] Com algum abuso de notação, esta estatística tem a seguinte definição:

$$AIQ = Q_3 - Q_1 = x^*_{75\%} - x^*_{25\%} \qquad (4.8)$$

A relação entre quartis e percentis é a seguinte:

- 1.º Quartil (Q_1) ↔ Percentil 25 ($x^*_{25\%}$);
- 2.º Quartil (Q_2) ↔ Percentil 50 ($x^*_{50\%}$) ↔ Mediana da amostra
- 3.º Quartil (Q_3) ↔ Percentil 75 ($x^*_{75\%}$).

O valor correspondente a uma dado percentil, digamos *pctil*, é aquele que, numa ordenação crescente de magnitudes, possui o número de ordem, *no(pctil)*, dado por:

$$no(pctil) = \frac{pctil}{100} \times n + 0,5 \qquad (4.9)$$

Por outro lado, utilizando esta expressão, a um dado valor com um número de ordem *no(pctil)*, corresponde o percentil:

$$pctil = \frac{no(pctil) - 0,5}{n} \times 100\% \qquad (4.10)$$

Se o número de ordem obtido para um dado percentil estipulado não for um algarismo inteiro, o seu valor é determinado por interpolação linear entre os valores correspondentes aos números de ordem imediatamente adjacentes. De notar que existe na literatura

---

[2] A designação de "Quartil" advém da divisão do conjunto de dados em quatro partes de igual dimensão.

e nas diversas aplicações de *software*, diferentes definições para o cálculo de percentis que podem conduzir a valores ligeiramente distintos entre si.

A amplitude interquartis possui uma interpretação muito simples que decorre imediatamente da sua definição: corresponde à amplitude que contém exactamente 50% dos valores centrais da amostra. Sabe-se assim qual a fracção de valores que está contida no intervalo cuja magnitude se calcula.

Retornando ao exemplo do conjunto de dados relativos à tensão de ruptura de peças de uma liga alumínio-lítio, pode-se verificar que, neste caso:

$$\left.\begin{matrix} Q_1 = 144^* \\ Q_3 = 181^* \end{matrix}\right\} \Rightarrow AIQ = 37 \qquad (4.11)$$

(* valores obtidos por interpolação linear, uma vez que os números de ordem correspondentes aos percentis 25 e 75, são 20,5 e 60,5, respectivamente). Pode-se pois dizer que 50% dos valores da tensão ruptura, que ocupam uma posição central numa escala crescente de magnitude, estão contidos num intervalo com amplitude de 37MPa.

Uma outra estatística usada com bastante frequência para caracterizar a dispersão dos dados, é o desvio padrão amostral:

$$s = \sqrt{\frac{\sum_{i=1}^{n}(x_i - \overline{x})^2}{n-1}} \qquad (4.12)$$

De facto, quanto mais distantes os valores estão da média, maiores serão os termos $(x_i - \overline{x})^2$, e bem assim a sua "média", obtida dividindo o seu somatório por n-1. A aplicação da raiz quadrada permite que o desvio padrão tenha as mesmas unidades da quantidade em análise (e não o seu quadrado), o que facilita a interpretação do seu valor. No entanto, tal interpretação é menos óbvia relativamente à proporcionada pela *AIQ*. De facto, agora não é possível conhecer de uma forma directa a fracção dos valores que poderão estar contidos num intervalo centrado na média, com semi-amplitude *s*. Tal só é de facto viável, quando se assume, adicionalmente, que os dados seguem uma dada função densidade de probabilidade, como se verá na secção 5.2.2. A utilidade do desvio padrão em AED é pois um tanto limitada ao nível da sua interpretação, uma vez que nesta fase da análise ainda não se avaliou com rigor qual o tipo de distribuição em causa. O desvio padrão dos dados relativos aos ensaios de ruptura (Tabela 4.3), é de 33,77MPa.

4.4.2.3. Estatísticas de forma

Embora de utilização menos frequente, indicam-se aqui duas estatísticas que permitem analisar aspectos relacionados com a forma da distribuição de dados.

Os coeficientes de assimetria, como o próprio nome indica, fornecem uma indicação da eventual natureza assimétrica da distribuição de dados e, neste caso, do sentido de tal assimetria. Estas estatísticas são definidas de tal forma que tomam um valor nulo se a distribuição dos dados for simétrica, são positivas se a distribuição for assimétrica à direita (i.e., se a cauda para valores maiores for mais longa que a cauda para valores menores), e negativas se a distribuição for assimétrica à esquerda (onde o inverso se verifica, relativamente à magnitude relativa das caudas). Um exemplo de um coeficiente de assimetria é o designado coeficiente de assimetria dos quartis, ou de Bowley, que toma valores no intervalo compreendido entre -1 e 1 e tem a seguinte definição:

$$Coeficiente\ de\ assimetria\ dos\ quartis = \frac{Q_3 + Q_1 - 2 \times Q_2}{Q_3 - Q_1} \qquad (4.13)$$

Para o exemplo dos ensaios de ruptura, este coeficiente toma o valor de 0,054, indicando que a sua distribuição é aproximadamente simétrica, como aliás já se constatou na análise da Figura 4.6.

A kurtose é uma medida do grau de concentração da distribuição em torno da sua tendência central. Quanto maior for este grau de concentração, maior será a kurtose da distribuição (utilizando linguagem metafórica, pode-se dizer que um pico "tem mais" kurtose que um planalto!). Uma forma de avaliar esta característica é através do coeficiente de kurtose amostral, γ_2, definido por:

$$\gamma_2 = \frac{m_4}{s^4} - 3 \qquad (4.14)$$

onde s é o desvio padrão amostral e m_4 o momento centrado de 4.ª ordem.

$$m_4 = \frac{\sum_{i=1}^{n}(x_i - \bar{x})^4}{n} \qquad (4.15)$$

Este coeficiente mede de facto o desvio da kurtose para a distribuição relativa ao conjunto de dados em análise, relativamente àquela de uma distribuição Normal ou gaussiana, cujo valor teórico é 3. Na Figura 4.7, apresentam-se três exemplos de distribuições com diferentes níveis de kurtose. Como referência, gerou-se um conjunto de dados aleatórios que segue uma distribuição Normal, o qual aparece representado nesta figura através do histograma com linha a negrito (o valor do coeficiente de kurtose é aproximadamente igual a zero para este caso).

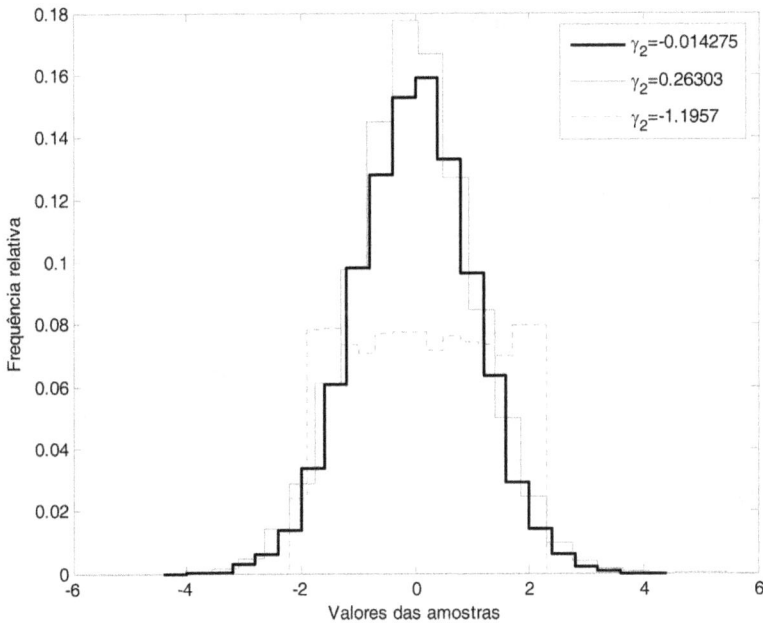

Figura 4.7. Coeficiente de kurtose amostral para vários conjuntos de dados. A negrito, apresenta-se o histograma para um conjunto de dados gerados aleatoriamente e que segue uma distribuição gaussiana (daí o seu valor ser próximo de zero neste caso). As restantes distribuições de dados possuem uma kurtose superior (linha contínua fina) ou inferior (linha a tracejado), relativamente à primeira situação.

No exemplo dos ensaios de ruptura, o coeficiente de kurtose amostral toma o valor de 0,15, indicando que a distribuição dos dados não é, neste aspecto da forma da distribuição, muito distinta de uma distribuição de dados gaussiana.

Existem várias formas de avaliar, de uma forma quantitativa, a assimetria e a kurtose de uma distribuição de dados. As expressões fornecidas nesta secção são apenas um exemplo das estatísticas que podem ser usadas para este fim. Deve-se pois, ter sempre o cuidado de verificar a expressão que em cada caso está a ser aplicada quando se recorre a *software* para suporte da análise estatística, de forma a assim poder interpretar correctamente os valores encontrados. No entanto, raramente estas estatísticas tem um papel decisivo em AED, servindo antes para complementar, de uma forma essencialmente qualitativa, a informação fornecida pelas demais.

4.4.3. Diagrama de caixa-e-bigodes

De forma a tirar partido da capacidade inata das pessoas em analisar informação gráfica de uma forma rápida e eficaz, em contraste com o seu limitado desempenho no processamento e interpretação de informação numérica, existe uma ferramenta que apresenta pictoricamente um conjunto seleccionado de estatísticas de localização e dispersão, para assim potenciar a apreensão rápida de informação essencial. Trata-se do gráfico de caixa-e-bigodes (tradução literal do termo anglo-saxónico, *box-and-whisker plot*). Neste gráfico, representam-se as seguintes grandezas:

- Mediana ou 2.º Quartil (usualmente representada por uma linha ou um ponto);
- Os 1.º e 3.º Quartis delimitam a caixa, cuja altura representa assim a AIQ;
- O mínimo e o máximo dentro da região "normal" (representados pelas linhas – os bigodes do gráfico –, que unem a caixa aos pontos em questão);
- Pontos que se situam na região de *outliers* (usualmente assinalados com alguma simbologia, como asteriscos);
- Pontos localizados na região de "*outliers* extremos" (usualmente assinalados com alguma simbologia diferente da anterior, em tipo ou cor).

A região "normal" acima referida, consiste no sector imaginário situado entre $Q_1 - 1,5 \times AIQ$ e $Q_3 + 1,5 \times AIQ$. A região de *outliers* corresponde à reunião dos dois sectores seguintes: um compreendido entre $Q_1 - 3 \times AIQ$ e $Q_1 - 1,5 \times AIQ$ e o outro entre $Q_3 + 1,5 \times AIQ$ e $Q_3 + 3 \times AIQ$. Finalmente, a região de *outliers* extremos, corresponde à reunião do sector situado abaixo de $Q_1 - 3 \times AIQ$ com o situado acima de $Q_3 + 3 \times AIQ$. A Figura 4.8 apresenta um exemplo de um gráfico de caixa-e-bigodes para o caso dos dados de tensão de ruptura (Tabela 4.3).

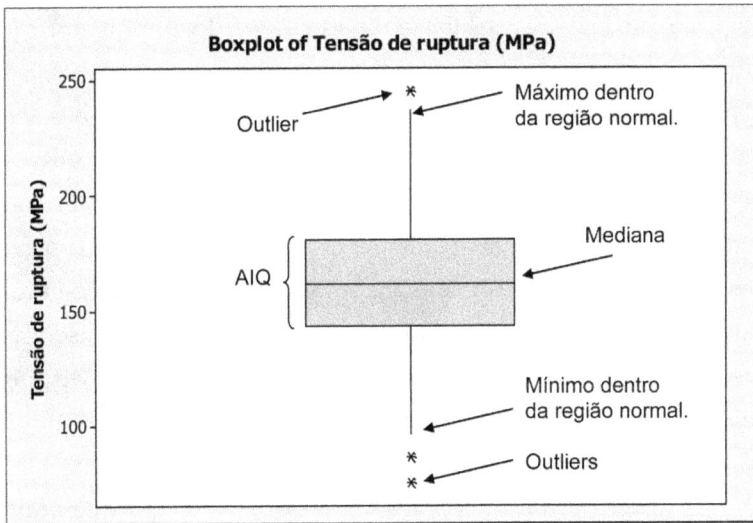

Figura 4.8. Gráfico de caixa-e-bigodes para o exemplo dos ensaios de ruptura, onde se indica também o significado das principais componentes que o constituem.

Na Figura 4.9, as diferentes regiões acima referidas aparecem esquematicamente representadas. A justificação da criação e designação de tais regiões é, de uma forma resumida, a seguinte. Uma vez que, por definição, 50% dos valores centrais estão compreendidos numa região com um comprimento correspondente à AIQ, seria de esperar que, na maioria das situações e em condições normais, metade destes valores, i.e., os 25% de valores inferiores ao 1.º Quartil, estivessem dispersos numa região cuja extensão é ainda

95

maior (50% maior), 1,5×AIQ, o mesmo se passando com os 25% de valores correspondentes à cauda superior da distribuição. Assim, valores que estão para além destas fronteiras artificiais, $Q_1 - 1,5 \times AIQ$ e $Q_3 + 1,5 \times AIQ$, são designados, no contexto deste raciocínio, por *outliers*. Aquelas observações que se desviem ainda mais do padrão definido pela maioria dos valores centrais, estando para além dos limites $Q_1 - 3 \times AIQ$ e $Q_3 + 3 \times AIQ$, serão chamadas de *outliers* extremos, dado o seu carácter ainda mais desviante relativamente ao padrão normal de variabilidade apresentado pela maioria das observações.

Apesar dos critérios usados para construir as várias regiões serem de natureza subjectiva, eles têm-se revelado úteis para despistar observações desviantes e não permitir que estas interfiram com a leitura geral do gráfico, nomeadamente no que concerne à dispersão dos dados. Por isso, os bigodes ligam os valores máximo e mínimo dentro da região "normal", não sendo afectados pela presença de valores anormalmente altos ou baixos. Como subproduto, dispõe-se também de um critério rápido (e subjectivo, mas ainda assim útil) para identificação de *outliers*.

A facilidade de leitura e variedade de informação que contêm sobre os vários aspectos da variabilidade dos dados, tornam estes gráficos numa ferramenta muito útil em AED, quer para análise de dados provenientes de uma amostra (Figura 4.8) ou de várias amostras (Figura 5.10), através dos quais a sua comparação pode ser também eficientemente conduzida.

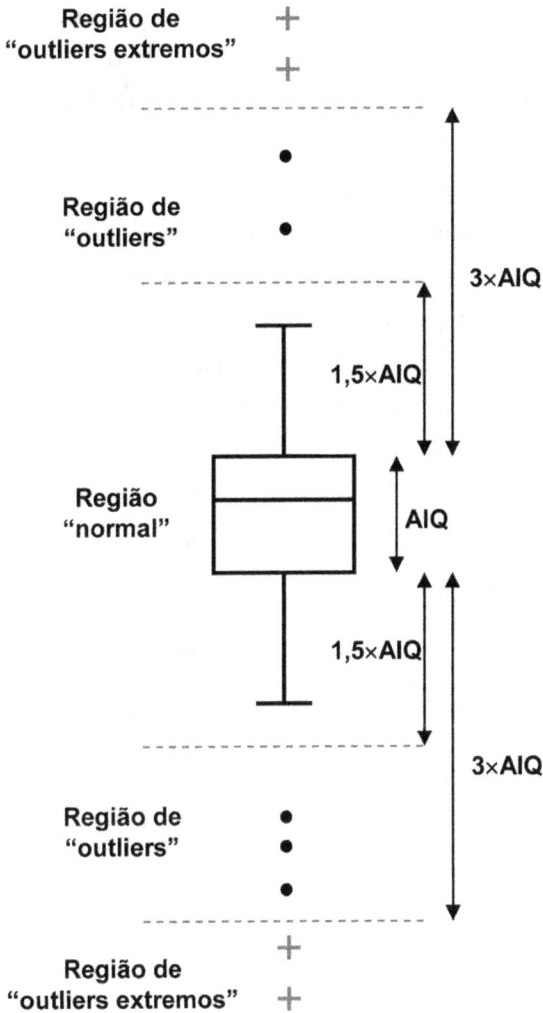

Figura 4.9. Representação esquemática de um gráfico de caixa-e-bigodes, e das várias regiões artificiais que este contempla: "normal", de *outliers*, e de *outliers* extremos.

4.5. Analisando sequências de valores (o efeito do tempo)

Representações gráficas como os histogramas ou diagramas de caixa-e-bigodes, permitem uma leitura rápida da variabilidade global apresentada por um processo. Nestes gráficos, a ordem pela qual os valores são recolhidos é irrelevante, apenas importando a sua magnitude. No entanto, o comportamento do processo ao longo do tempo é certamente um aspecto relevante a analisar, no sentido de avaliar, por exemplo, a sua estabilidade, presença de tendências ou outros padrões como ciclos, transições e pontos anormais, cuja origem frequentemente importa escrutinar melhor. Os gráficos de tendências (ou sequências temporais), procuram transmitir tal dependência temporal, consistindo apenas na representação sucessiva dos valores (ordenadas), pela sequência em que foram recolhidos (indicada no eixo das abcissas). Na Figura 4.10 apresenta-se o gráfico de tendência relativo ao exemplo dos testes de tensão de ruptura, o qual indicia estarmos na presença de um processo dominado por uma componente aleatória, não sendo óbvia a identificação de outras tendências ou padrões claros.

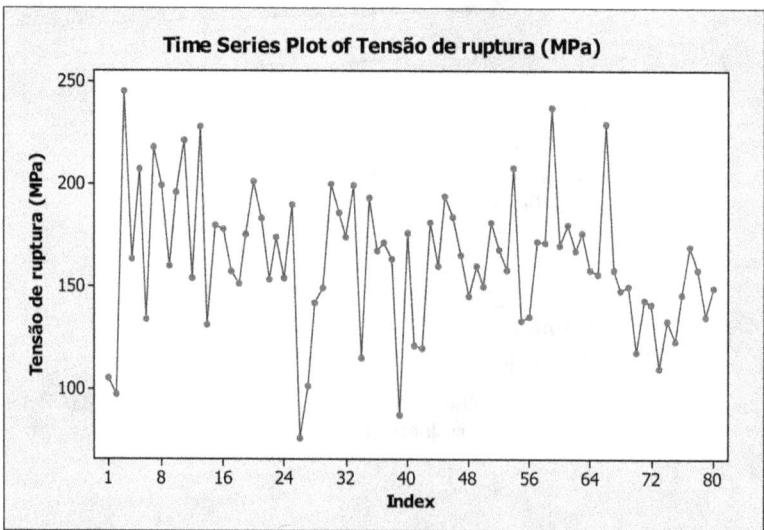

Figura 4.10. Gráfico de tendências ("time series plot") para os dados de tensão de ruptura (Minitab: *Stat > Graph > Time Series Plot*).

A análise dos gráficos de tendência permite também interpretar melhor alguns aspectos característicos apresentados num histograma, ou mesmo mascarados por este. Por exemplo, na Figura 4.11 apresenta-se uma situação em que o histograma apresenta duas modas, cuja origem pode ser facilmente escrutinada através da análise do respectivo gráfico de tendências. Por outro lado, na Figura 4.12 são apresentadas duas situações em que os histogramas apresentam níveis de tendência central e dispersão semelhantes, mas em que os dados são oriundos de processos com padrões temporais de variabilidade marcadamente distintos.

Por vezes, nos gráficos de tendências aparece também uma linha horizontal representando a média (ou a mediana) global dos dados em análise, a qual visa facilitar a identificação de eventuais padrões de variação presentes.

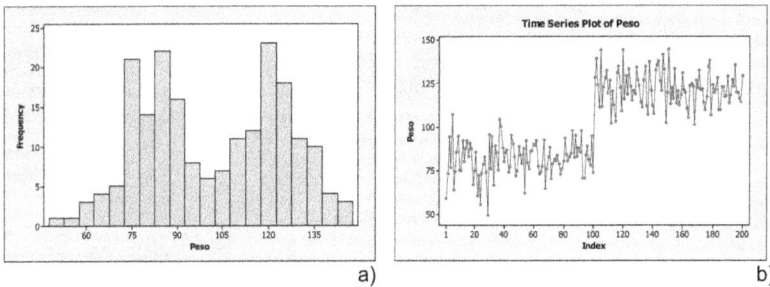

a)   b)

Figura 4.11. Exemplo de um conjunto de dados que origina um histograma com duas modas (a). Da análise do gráfico de tendências (b), é possível de identificar claramente a sua origem (uma alteração processual abrupta).

99

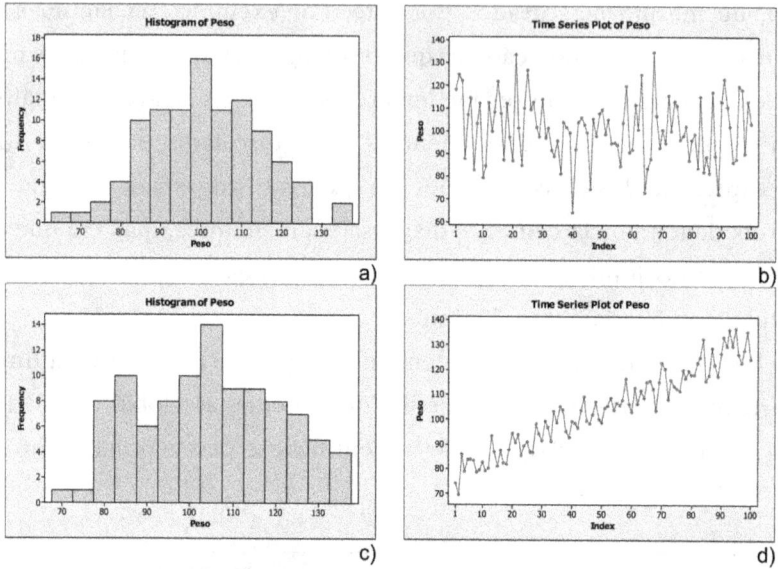

Figura 4.12. Dois conjuntos de dados com histogramas apresentando tendências centrais e níveis de dispersão idênticos, mas oriundos de processos com características dinâmicas completamente distintas: no caso a) e b) o processo é estacionário, enquanto no caso c) e d) apresenta uma tendência de subida.

4.6. Analisando associações entre variáveis

As ferramentas apresentadas nas secções anteriores destinam--se a caracterizar variáveis individuais de uma forma isolada, no que respeita a vários aspectos da sua variabilidade. Para variáveis quantitativas, estes aspectos passam frequentemente pela análise da tendência central dos dados, sua dispersão, forma da distribuição e padrão de variação ao longo do tempo. No entanto, o número de medições recolhidas simultaneamente para a mesma entidade em análise é, frequentemente, superior a um. Por outras palavras, cada observação de uma tal amostra é caracterizada por várias grandezas recolhidas. Por exemplo, num inquérito pode-se registar, para cada pessoa inquirida, o seu sexo, idade, altura, peso, etc. Amostras deste tipo designam-se por amostras multivariáveis (ou multivariadas, como já referido), em oposição às amostras univariáveis onde se recolhem valores relativos a apenas uma variável. As amostras multivariáveis são tipicamente organizadas numa tabela, em que as variáveis medidas aparecem em colunas diferentes e as entidades analisadas em linhas distintas. Assim, em cada linha figuram os valores recolhidos para as várias grandezas, relativos a uma mesma entidade em análise ou instante de amostragem. Nestas condições, a variabilidade a descrever passa não só pelo comportamento individual dos dados relativos a cada grandeza medida, mas também pela existência de eventuais associações entre as grandezas. Podendo existir associações interessantes entre duas, três ou mais variáveis, as metodologias de análise exploratória de dados concentram-se essencialmente, numa fase inicial, na análise de associações entre pares de variáveis. Neste sentido, os gráficos de dispersão e algumas medidas de associação (estatísticas) são frequentemente utilizadas, como a seguir se descreve.

4.6.1. Diagrama de dispersão

A forma mais simples e directa para inspeccionar a existência de uma possível associação entre pares de variáveis consiste em representar cada observação (linha da tabela de dados), como um ponto num gráfico com dois eixos ortogonais: no eixo dos XX' (abcissas) figura uma variável e no dos YY's (ordenadas) a outra. Cada ponto representado resulta assim da intercepção da linha vertical que passa sobre o valor da variável representada no eixo das abcissas, com a linha horizontal que passa sobre o respectivo valor da variável representada no eixo das ordenadas (Figura 4.13). Repetindo este procedimento para todas as observações, obtém-se o diagrama de dispersão ou diagrama (x,y) para as variáveis em causa.

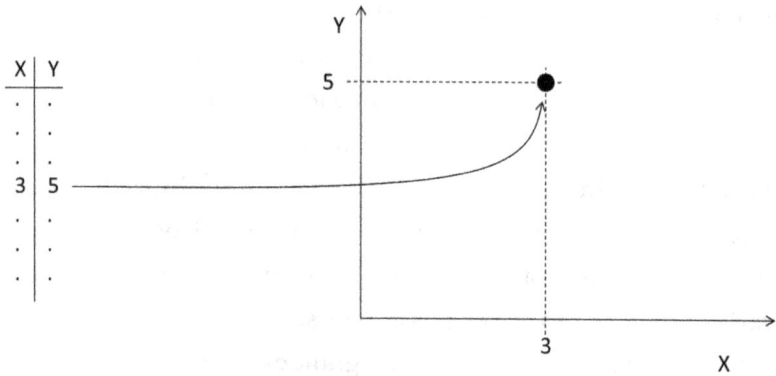

Figura 4.13. Construção de um diagrama de dispersão.

Analisando os padrões de distribuição dos pontos num diagrama de dispersão, é possível adquirir rapidamente uma ideia sobre a existência ou não de uma possível associação entre variáveis, sua intensidade e forma. Na Figura 4.14 apresentam-se diversas situações correspondentes a vários padrões de dispersão possíveis. Em (a) aparece representado um exemplo de uma associação positiva entre variáveis (quando uma variável aumenta de intensidade, a outra também o faz) e em (b) uma associação negativa (um aumento numa variável é acompanhado por um decréscimo na outra). Já o exemplo (c) ilustra uma situação em que não há um padrão de associação evidente entre as duas variáveis, enquanto que (d) reporta a existência de uma associação clara, mas do tipo não-linear (ao contrário das duas primeiras que eram do tipo linear, embora com tendências de variação opostas).

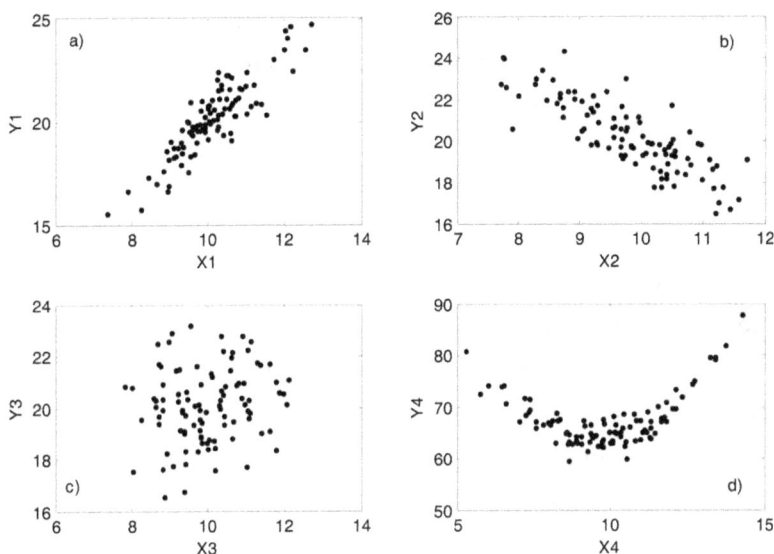

Figura 4.14. Gráficos de dispersão para diferentes tipos de associação entre variáveis:
a) associação positiva (quando uma variável aumenta de valor a outra também);
b) associação negativa (quando uma variável aumenta de valor a outra diminui);
c) ausência de uma relação aparente entre as variáveis em análise; d) relação não-linear
entre as variáveis.

Eventuais pontos desviantes, que fogem do padrão dominante de variabilidade exibido pela nuvem de pontos, são também facilmente detectados neste tipo de gráficos. Esta forma rápida de análise de eventuais associações entre pares de variáveis através de gráficos de dispersão, pode ser estendida a conjuntos de variáveis de dimensão limitada (usualmente envolvendo menos de 20 variáveis), através das chamadas matrizes de diagramas de dispersão. Nestas matrizes de gráficos, apresenta-se na célula localizada na linha i e coluna j, o diagrama de dispersão entre as variáveis com índices i e j, em que a variável i aparece no eixo dos YY' e a variável j no eixo dos XX'. Assim, a representação posicionada na linha i e coluna j, envolve as mesmas variáveis que aquela da linha j e coluna i, mas ocupando as variáveis posições distintas nos dois eixos ortogonais. Na diagonal desta matriz (posições *i,i*) aparecem por vezes o nome das variáveis em causa e/ou o seu histograma. O exemplo seguinte ilustra a aplicação de uma representação deste tipo.

Exemplo: *Análise do calor libertado na aplicação de cimento*
O seguinte conjunto de dados é relativo a medições efectuadas para a quantidade de calor libertada (cal/g) no período correspondente aos primeiros 180 dias após a aplicação de cimento. Este valor foi registado para 13 formulações de cimento, tendo-se também recolhido a respectiva composição (em percentagem mássica) dos vários componentes que integram a mistura, as quais foram obtidas por análise química (Tabela 4.4, trata-se do conjunto de dados de *Hald*).

3CaO.Al2O3	3CaO.SiO2	4CaO.Al2O3.Fe2O3	2CaO.SiO2	Calor libertado
7	26	6	60	78,5
1	29	15	52	74,3
11	56	8	20	104,3
11	31	8	47	87,6
7	52	6	33	95,9
11	55	9	22	109,2
3	71	17	6	102,7
1	31	22	44	72,5
2	54	18	22	93,1
21	47	4	26	115,9
1	40	23	34	83,8
11	66	9	12	113,3
10	68	8	12	109,4

Tabela 4.4. Dados para a composição do cimento (em percentagem mássica para cada componente) e respectivo calor liberado nos primeiros 180 dias (cal/g).

Para analisar a existência de possíveis relações entre as variáveis envolvidas, construiu-se a matriz de gráficos de dispersão, a qual possibilita uma rápida visualização dos padrões de associação existentes entre todos os pares de variáveis envolvidas. Da análise deste gráfico (Figura 4.15), pode-se verificar que diversas composições estão associadas entre si, como é o caso das percentagens de 3CaO.SiO2 e 2CaO.SiO2, enquanto que outras não apresentam nenhuma relação aparente, como acontece com 4CaO.Al2O3.Fe2O3 e 2CaO.SiO2. Pode-se ainda observar que existe alguma relação entre a percentagem de alguns compostos e o calor libertado, nomeadamente para 3CaO.SiO2, 3CaO.Al2O3 e 2CaO.SiO2, o que pode ser indicativo de que é possível construir um modelo para prever a quantidade de calor libertado, a partir da composição do cimento. Todas as associações relevantes observadas são essencialmente do tipo linear. Na verdade é de facto possível construir um modelo com uma elevada capacidade de ajuste, envolvendo somente duas destas variáveis. Mais à frente será apresentada a metodologia de regressão linear que permite construir modelos deste tipo (secção 5.4).

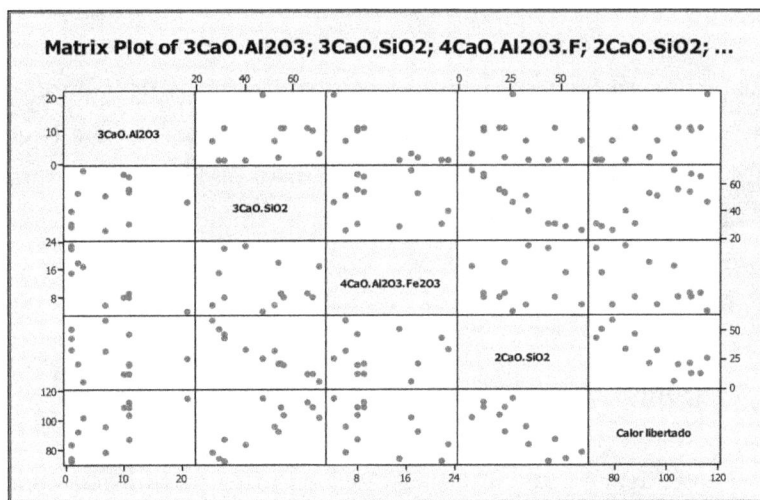

Figura 4.15. Matriz de gráficos de dispersão para o exemplo dos dados da aplicação de cimento (Minitab: Graph > Matrix Plot).

Note-se no entanto que a observação de uma associação entre variáveis, não significa que uma relação causa-efeito exista entre ambas. Por exemplo, por existir uma associação negativa entre o volume de facturação em vendas de gelados e em vendas de guarda-chuvas num supermercado, não significa que retirando os guarda-chuvas dos *stocks* de inverno se passe a vender mais gelados... Esta associação existe de facto, mas deve-se à influência de um terceiro factor que a induz, nomeadamente o clima associado às várias estações do ano. Para avaliar, de forma conclusiva, a existência de causalidade, é necessário recorrer a um planeamento estatístico de experiências (Capítulo 6), onde manipulando de forma controlada alguns factores, se verifica a existência (ou não) de possíveis efeitos nas variáveis de saída. Alternativamente, pode existir um conhecimento aprofundado dos fenómenos em curso num processo, que permita ao analista interpretar a natureza causal das associações.

Na análise de diagramas de dispersão deve-se ter algum cuidado com a eventual sobre-interpretação de tendências, quando as amostras são de dimensão reduzida. Na verdade, nestas condições é relativamente fácil obter alinhamentos aleatórios de pontos que indiciem uma certa tendência, mesmo quando não existe qualquer relação entre as variáveis. A mente humana é de facto muito perspicaz na detecção de padrões, mas eles não têm de significar sempre algo de profundo e sistemático ...

4.6.2. Medidas de associação

De entre as medidas de associação para pares de variáveis quantitativas, a mais popular é o coeficiente de correlação linear de Pearson, r_{XY}. Esta grandeza avalia o grau de aderência de uma associação entre duas variáveis a uma linha, e assume valores que variam entre -1 e 1.

$$r_{XY} = \frac{\sum_{i=1}^{n}(x_i - \overline{x})(y_i - \overline{y})}{\sqrt{\sum_{i=1}^{n}(x_i - \overline{x})^2}\sqrt{\sum_{i=1}^{n}(y_i - \overline{y})^2}} \tag{4.16}$$

Pares de variáveis cujo comportamento seja quase idêntico a uma recta, terão um coeficiente de correlação próximo de 1 (se a associação for positiva, como na Figura 4.14.a, onde $r_{XY} = 0,88$) ou de -1 (se a associação for negativa, Figura 4.14.b, $r_{XY} = -0,83$). Se não existir uma associação linear relevante entre as variáveis em análise, o coeficiente de regressão linear de Pearson terá um valor próximo de zero (Figura 4.14.c, $r_{XY} = 0,15$). Neste sentido, esta grandeza só deverá ser usada para caracterizar associações que, após uma prévia inspecção visual do respectivo diagrama de dispersão, aparentem ser do tipo linear, independentemente de poderem apresentar níveis distintos de dispersão em torno de uma possível recta. No MINITAB, o coeficiente de correlação linear de Pearson pode ser calculado usando a seguinte sequência de menus: Minitab: Stat > Basic Statistics > Correlation.

Quando a relação entre variáveis é do tipo não-linear, o coeficiente de regressão linear de Pearson não é adequado para descrever o nível de associação existente. Nestas condições, métodos alternativos deverão ser adoptados, um dos quais será apresentado mais à frente neste livro: o coeficiente de correlação ordinal de Spearman (secção 5.3.5.3.2).

CAPÍTULO 5 – ANÁLISE: METODOLOGIAS DE ANÁLISE CONFIRMATÓRIA OU INFERÊNCIA ESTATÍSTICA

5.1. Introdução

O seguimento natural da análise exploratória dos dados recolhidos do processo, passa por confirmar ou refutar as teorias e conjecturas formuladas nessa fase, através de uma análise confirmatória. Por vezes, a evidência observada na análise exploratória ou descritiva dos dados é de tal forma clara, que esta fase confirmatória não é absolutamente necessária. No entanto, a presença de variabilidade e incerteza nos dados recolhidos, bem como a existência frequente de amostras de pequena dimensão, criam o cenário para o uso destes métodos, dada a capacidade que estes apresentam para incorporar aqueles elementos explicitamente na análise, algo que um analista, mesmo experiente, dificilmente conseguirá reproduzir com igual eficácia usando somente ferramentas de estatística descritiva.

Neste sentido, introduzem-se neste capítulo de uma forma compacta os elementos teóricos fundamentais para uma correcta interpretação e uso das ferramentas de análise de dados pertencentes ao domínio da análise confirmatória ou inferência estatística. Faz-se referência ao conceito de probabilidade na descrição de fenómenos aleatórios e como estes podem ser descritos em situações reais, recorrendo a funções específicas para o efeito (funções de probabilidade para variáveis aleatórias discretas e funções densidade de probabilidade para variáveis aleatórias contínuas). De seguida, abordam-se sumariamente algumas das principais representantes deste tipo de funções e descrevem-se as suas propriedades fundamentais (Secção 5.2.2), após o que se apresenta um resultado da maior importância em estatística: o Teorema do Limite Central (Secção 5.2.3). Neste ponto, interpreta-se o conteúdo deste teorema e exploram-se as respectivas consequências, nomeadamente ao nível da utilização das ferramentas de inferência estatística, as quais requerem frequentemente a especificação de uma função que descreva o comportamento probabilístico do processo subjacente à geração dos dados a analisar. Segue-se então a apresentação de metodologias de utilização recorrente em projectos de resolução de problemas e de melhoria de processos, nomeadamente aquelas relativas à estimação de grandezas processuais (Secções 5.3.2 e 5.3.3), teste de hipóteses paramétricos (Secção 5.3.4), teste de hipóteses não-paramétricos (Secção 5.3.5) e, finalmente, de regressão linear (simples e múltipla; Secção 5.4).

5.2. Conceitos preliminares de inferência estatística

O ponto de partida da fase de análise é o estudo de uma ou várias amostras retiradas do processo. Uma amostra consiste num subconjunto dos valores possíveis de serem recolhidos do processo ou população em análise. No caso de se tratar de uma amostra aleatória, como é prática corrente nos processos de recolha e condição usualmente assumida na fase de análise, em cada estágio de recolha de dados este conjunto de valores poderá ser distinto, reflectindo a natureza do mecanismo aleatório que os gera e que é o alvo do nosso interesse. De facto, após uma fase preliminar e muito importante de análise dos dados contidos na amostra no sentido de recolher informação básica sobre a variabilidade do processo e identificar os padrões sistemáticos mais notórios, dirige-se agora o foco da análise para o processo/população que gerou os dados, no sentido de inferir, de uma forma mais concreta, certos aspectos do seu todo. Estes aspectos podem ser parcialmente acedidos usando a informação limitada contida na amostra, embora sempre com alguma incerteza associada, uma vez que a amostra consiste apenas na manifestação "visível" de uma pequena parte do processo/população em estudo.

No entanto, se a amostra é retirada observando todos os aspectos que garantem a sua representatividade para descrever o processo em questão, os seus valores podem ser usados para tecer inferências muito úteis sobre a natureza dos processos e populações em estudo e assim apoiar a tomada de decisões em ambientes onde a variabilidade e incerteza são componentes inerentes e incontornáveis. É este, de facto, o objectivo fundamental das metodologias de inferência estatística abordadas na Secção 5.3. No entanto, para percorrer o caminho "da amostra à população" é necessário compreender primeiro como é que estes dois aspectos estão relacionados. Para tal, começa-se por abordar brevemente os elementos conceptuais que permitem descrever, de uma forma sistemática coerente e quantitativa, a variabilidade dos valores passíveis de serem obtidos numa amostra aleatória do processo.

É neste ponto que a teoria da probabilidade dá um contributo importante para a compreensão dos fenómenos onde o aleatório e o imprevisível estão presentes, nomeadamente fornecendo modelos matemáticos para os descrever de forma adequada. Estes modelos ou funções permitem calcular a probabilidade associada à obtenção de determinados conjuntos de valores nas amostras, provenientes dos processos ou populações em estudo. Por exemplo, na inspecção de peças contidas num lote de material produzido numa linha de fabrico, onde estas são seleccionadas aleatoriamente e analisadas quanto à ocorrência de não-conformidades, o "número de não-conformidades detectadas" em cada conjunto de peças analisado é algo que não pode ser conhecido *a priori*. Diz-se, por esta razão, que se trata de uma variável aleatória. O modelo ou função que descreve o comportamento desta variável aleatória, permite o cálculo da probabilidade associada a todos os acontecimentos possíveis da experiência assim realizada (neste caso, a experiência é a inspecção de um conjunto peças recolhidas aleatoriamente de um lote, no sentido de apurar o número de não-conformidades). A especificação da probabilidade associada a todos os resultados possíveis de uma experiência aleatória, traduz a forma mais completa de definir o conhecimento que se pode ter sobre ela. Tratam-se pois dos elementos construtivos sobre os quais está alicerçada a inferência estatística, os quais permitirão inferir aspectos do todo da população, conhecendo a forma como a amostra pode ser obtida desta.

Por "probabilidade", entende-se (e obviando uma discussão mais profunda sobre os seus vários aspectos, definições e interpretações deste termo) uma medida da plausibilidade, credibilidade ou grau de certeza, associada a um dado resultado. A probabilidade de qualquer acontecimento, A, traduz-se por um número que varia entre 0 (acontecimento impossível) e 1 (acontecimento certo), $0 \leq P(A) \leq 1$, com a propriedade de, se A e B constituírem dois acontecimentos incompatíveis ou mutuamente exclusivos (i.e., se a sua intercepção for o conjunto vazio, $A \cap B = \varnothing$), então a probabilidade de acontecer A ou B é dada pela soma das respectivas propriedades associadas a cada um, individualmente, $P(A \cup B) = P(A) + P(B)$. Por vezes este número aparece também expresso em percentagem, variando neste caso entre 0 e 100%.

Existem dois tipos de funções ou modelos usados para descrever o comportamento aleatório (ou probabilístico) das variáveis aleatórias, sendo um dirigido para variáveis aleatórias discretas e outro para variáveis aleatórias contínuas. As funções ou modelos utilizadas para descrever o comportamento aleatório de variáveis discretas, designam-se funções de probabilidade, enquanto que aquelas dirigidas para variáveis contínuas, têm o nome de funções densidade de probabilidade. Designações alternativas, usadas num sentido mais lato e de forma indiferenciada para ambos os casos, são a de distribuição de probabilidade ou lei de probabilidade, devendo estar claro do contexto, qual a real natureza da variável a que se referem.

Uma função de probabilidade, $p(x)$, indica a probabilidade associada a cada valor possível que a variável aleatória discreta pode tomar, x_i :

$$p(x_i) = P(x = x_i) \qquad (5.1)$$

Podem por isso ser interpretadas como uma série de colunas ou de picos num gráfico em que no eixo dos XX' figuram os valores possíveis da variável aleatória X, designados genericamente por x, cuja altura indica a probabilidade que lhes está associada (na notação mais corrente, a variável aleatória é referida usando uma letra maiúscula, e os seus valores possíveis, ainda que não especificados, pela mesma letra minúscula). Uma função densidade de probabilidade, $f(x)$, por outro lado, é definida de tal forma que a área abaixo dela entre dois valores da variável aleatória contínua, digamos a e b, corresponde à probabilidade da variável assumir um valor entre a e b. Em termos matemáticos tal traduz-se pela seguinte expressão:

$$P(a \leq x \leq b) = \int_a^b f(x) dx \qquad (5.2)$$

Analisando a equação (5.2), verifica-se que $f(x)$ representa uma probabilidade por "unidade de x", i.e., a densidade de probabilidade concentrada entre x e $x + dx$, não se tratando, portanto, de valores efectivos de probabilidade. Para os obter, a função deve ser integrada entre dois limites, do que resultará a probabilidade associada ao correspondente intervalo. Na Figura 5.1 ilustra-se o cálculo de probabilidades associadas a acontecimentos usando funções de probabilidade (Figura 5.1.*a*) e funções densidade de probabilidade (Figura 5.1.*b*).

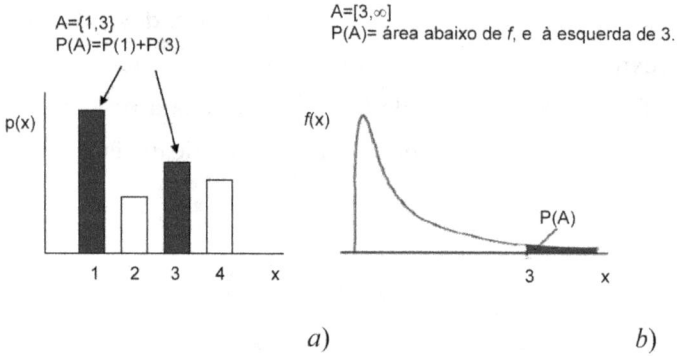

a) *b)*

Figura 5.1. Exemplo do cálculo associado a um acontecimento, aqui designado por "A", no caso de (a) uma variável aleatória discreta (recorrendo a uma função de probabilidade) e de (b) uma variável contínua (usando uma função densidade de probabilidade).

Uma outra função relacionada com estas é a função de probabilidade acumulada, $F_X(x)$, definida por $F_X(x) = P(X \le x)$, também conhecida como "função distribuição de probabilidade". Trata-se de uma função não decrescente, cujos valores variam também entre 0 e 1.

5.2.1. Breve referência a algumas funções de probabilidade

Referem-se nesta secção, algumas das funções de probabilidade de uso mais frequente no contexto das metodologias de inferência estatística.

Distribuição Binomial

Um dos processos aleatórios mais simples consiste na contagem do número de vezes que um resultado, entre dois possíveis, sucede numa série de experiências idênticas e realizadas de uma forma independente entre si. Como exemplos, podem-se referir: o número de vezes que sai "cara" numa sequência de 10 lançamentos de uma moeda ao ar ou o número de peças defeituosas numa amostra contendo 20 unidades retiradas aleatoriamente de um lote com um grande número de peças. Estes exemplos têm em comum as seguintes características:

i) A cada experiência realizada (por exemplo, a cada lançamento da moeda ao ar, ou a cada teste efectuado a uma peça da amostra), corresponde apenas um de entre dois resultados possíveis (cara/coroa, com defeito/sem defeito);

ii) A probabilidade de ocorrência de cada resultado mantém-se inalterada de experiência para experiência;

iii) Os resultados associados a cada experiência são independentes, ou seja, o facto de se ter obtido um dado resultado numa experiência, não condiciona, de qualquer forma, os resultados futuros, nem foi ele próprio condicionado pelos resultados anteriores.

Experiências aleatórias onde estas três condições são observadas, designam-se por experiências (ou provas) de Bernoulli. A função de probabilidade que descreve a probabilidade associada ao número de vezes que um dos dois estados possíveis da variável dicotómica é verificado, usualmente designado por número de "sucessos", numa sucessão de n experiências sucessivas, é a distribuição Binomial (sucesso é um termo utilizado apenas para traduzir um dos resultados possíveis; por exemplo, pode-se definir sucesso como sair "cara", ou retirar uma peça com "defeito"). A sua expressão matemática é:

$$P(x) = \begin{cases} \binom{n}{x} \cdot p^x \cdot q^{n-x}, & x = 0,1,2,\ldots,n \\ 0, & \text{outros } x \end{cases} \qquad (5.3)$$

onde p designa a probabilidade associada a um dado número de sucessos, x, (logo $0 < p < 1$) e $q = 1 - p$.

A distribuição Binomial possui dois parâmetros, n e p (q não é incluído neste conjunto, uma vez que pode ser obtido directamente de p, dado que $q = 1 - p$). A tendência central e dispersão desta função podem ser caracterizadas pela média populacional, μ, e variância populacional, σ^2, respectivamente. A primeira caracteriza a sua tendência central, correspondendo ao seu "centro de gravidade", enquanto a segunda fornece uma medida da sua dispersão. Estas grandezas são designadas por parâmetros populacionais e caracterizam as funções distribuição de probabilidade de variáveis aleatórias, à semelhança das estatísticas de localização e dispersão que caracterizavam os valores de uma amostra. No caso da distribuição Binomial, os parâmetros populacionais μ e σ^2 são dados por:

$$\mu = n \cdot p \qquad (5.4)$$
$$\sigma^2 = n \cdot p \cdot q \qquad (5.5)$$

Na Figura 5.2 apresenta-se a forma da distribuição Binomial para dois conjuntos de parâmetros.

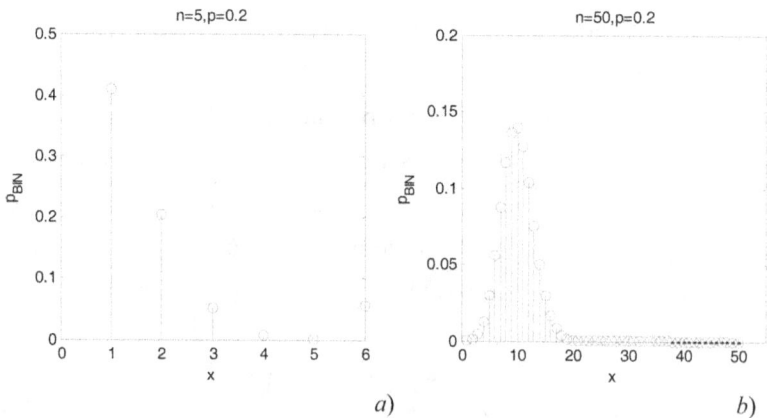

Figura 5.2. Distribuição Binomial: *a)* $n=5$; $p=0,2$; *b)* $n=50$; $p=0,2$.

Distribuição de Poisson

Esta distribuição aplica-se a situações envolvendo processos de contagem de ocorrências raras (por exemplo defeitos), cuja probabilidade associada é portanto baixa, mas o número de oportunidades onde tais ocorrências podem ter lugar é muito elevado. Um exemplo é o número de pessoas que acedem a um dado *site* da internet num dia (só uma pequena fracção de pessoas acederá, mas o número de pessoas que potencialmente o pode fazer é muito elevado). Esta distribuição pode ser considerada como um caso limite da distribuição Binomial, quando o número de experiências, n, tende para infinito mas o número médio de sucessos (np) se mantém constante (nestas condições, p deve necessariamente decrescer). Como na distribuição Binomial, também aqui existe o pressuposto segundo o qual todas as ocorrências são igualmente prováveis (ou seja, no exemplo da internet, todas as pessoas teriam *a priori* a mesma probabilidade de aceder ao site, algo que não é necessariamente verdadeiro fruto dos interesses e das actividades de cada pessoa). Outros exemplos onde esta distribuição é útil incluem processos de contagem de defeitos (por exemplo em pinturas de automóveis, fios de cobre, folhas de papel, etc.), acidentes de trabalho, reclamações, fluxos de automóveis em portagens, etc.

Uma diferença fundamental entre as condições de aplicação da distribuição de Poisson e da distribuição Binomial, é a seguinte: enquanto na distribuição Binomial é sempre possível e realizável contar o número de "sucessos" e "insucessos", no caso distribuição de Poisson, o número de vezes em que o designado sucesso *não ocorre* é impossível ou impraticável de ser quantificado (seria impossível saber exactamente quanto pessoas *não* acederam ao site num dia, ou quantos acidentes deixaram de suceder numa dado local e período de tempo). Assim, quando em dúvida entre usar uma ou outra distribuição como suporte para a análise de dados, uma questão clarificadora será: "podemos contar o número de insucessos ou de *não ocorrências?*".

A expressão matemática para a distribuição de Poisson, é a seguinte:

$$P(x) = \frac{e^{-\mu} \cdot \mu^x}{x!}$$ (5.6)

O único parâmetro da distribuição, μ, representa a taxa média de ocorrências, ou seja, o número médio de ocorrências por unidade da quantidade em análise (tempo, área, comprimento, etc., conforme a aplicação em que o processo de contagem decorre). Assim, se esta base de contagem variar, o parâmetro deve ser concomitantemente ajustado. Por exemplo, se a taxa média de avarias de uma máquina é de uma vez por mês ($\mu = 1$), esta passará a ser de 12 se o período de análise for de um ano ($\mu = 12$). A média e variância populacionais para a distribuição de Poisson correspondem ambas ao parâmetro μ da equação (5.6).

Na Figura 5.3, apresenta-se a distribuição de Poisson para dois conjuntos de parâmetros.

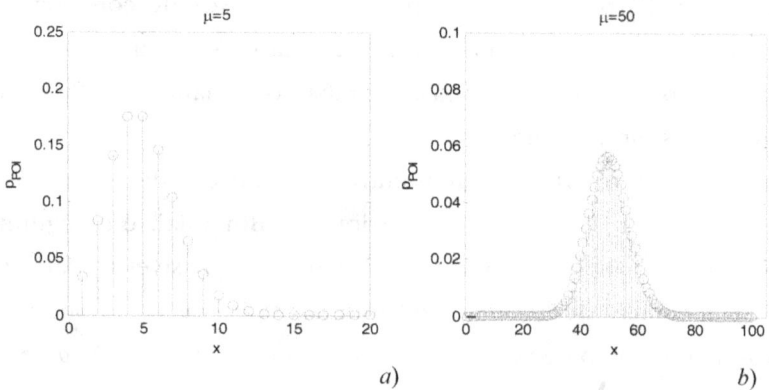

Figura 5.3. Distribuição de Poisson para : a) μ=5; b) μ=50.

5.2.2. Breve referência a algumas funções densidade de probabilidade

Faz-se agora alusão às funções densidade de probabilidade mais utilizadas na implementação de metodologias de inferência estatística, começando com a distribuição Normal, a mais conhecida e importante das distribuições contínuas.

A importância da distribuição Normal advém da sua utilidade numa ampla variedade de contextos e aplicações. De facto, muitos processos geram dados que são descritos com boa aproximação por esta distribuição (muitas vezes designada por "lei", dada a sua presença ubíqua em muitas aplicações), e mesmo naqueles onde tal não sucede, as respectivas médias amostrais tenderão a seguir uma distribuição Normal para dimensões de amostras suficientemente elevadas (um resultado decorrente do Teorema do Limite Central, abordado mais à frente nesta secção). É também uma distribuição limite para a qual muitas outras convergem, à medida que alguns dos seus parâmetros e/ou graus de liberdade aumentam (usualmente associados à dimensão das amostras cujo comportamento pretendem descrever), como acontece com as distribuições Binomial (quando n aumenta), Poisson (quando μ aumenta) e qui-quadrado (quando o número de graus de liberdade, v, aumenta).

A distribuição Normal é uma distribuição simétrica relativamente à sua média (i.e., a parte à direita da média corresponde à imagem num espelho da parte à esquerda da média), com a seguinte expressão matemática:

$$f(x) = \frac{1}{\sigma\sqrt{2\pi}} e^{-\frac{1}{2}\left(\frac{x-\mu}{\sigma}\right)^2} \tag{5.7}$$

Os seus parâmetros coincidem com a respectiva média populacional, μ, e desvio padrão populacional, σ, e a variável aleatória pode variar entre $-\infty$ e $+\infty$ (que é aliás uma das razões pela qual esta distribuição nunca é *rigorosamente* seguida). É por isso muitas vezes referida simplesmente como, $N(\mu,\sigma)$. A média populacional define a localização da tendência central da distribuição no eixo real, enquanto o seu desvio padrão define a magnitude da sua dispersão. No caso da distribuição Normal, o desvio padrão tem uma interpretação simples, dada através da probabilidade da variável aleatória estar contida em intervalos do tipo $\mu \pm k\sigma$:

- 68,26% para o intervalo $\mu \pm \sigma$;
- 95,46% para o intervalo $\mu \pm 2\sigma$;
- 99,73% para o intervalo $\mu \pm 3\sigma$.

Por ser uma distribuição simétrica, a sua média populacional coincide com a sua moda (ou seja, o seu valor mais provável) e com a sua mediana (i.e., o percentil 50%).

A distribuição Normal é frequentemente utilizada na sua forma padronizada, i.e., com média populacional nula e desvio padrão unitário, $N(0,1)$. A razão para tal é puramente de natureza prática e advém do facto de qualquer outra distribuição Normal com diferentes parâmetros μ e σ, poder ser facilmente convertida na distribuição Normal padronizada, usando a seguinte mudança de variável:

$$z = \frac{x - \mu}{\sigma} \qquad (5.8)$$

Com esta transformação, é possível consultar tabelas de valores que permitem determinar a probabilidade acumulada para um conjunto de valores particulares de z, obtendo-se assim indirectamente aquela correspondente a um dado x. Esta prática era muito útil antes do advento das ferramentas computacionais que permitem, hoje em dia, calcular directamente as probabilidades associadas a qualquer distribuição Normal, entre quaisquer limites.

Alguns valores de z são particularmente referidos com mais frequência em aplicações (os quais podem depois ser convertidos nas unidades em questão, usando a transformação inversa de variáveis, $x = z \cdot \sigma + \mu$). Um exemplo, são os valores de z tais que a probabilidade da variável aleatória lhes ser superior, é pré-definida e toma valores específicos de α (por exemplo $\alpha = 0,025, 0,05; ...$): define-se z_α como sendo aquele valor de z tal que a probabilidade à sua direita é, precisamente, α, i.e., $z_\alpha = z : \Pr(Z > z) = \alpha$ (Figura 5.4).[3] Por outras palavras, z_α é o percentil $(1-\alpha) \times 100\%$ da função de probabilidade acumulada Normal padronizada.

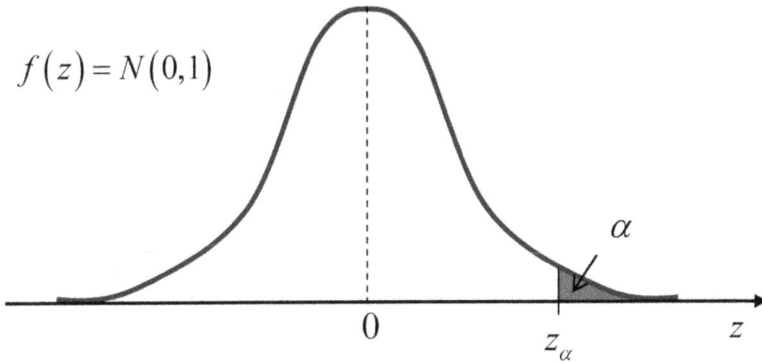

Figura 5.4. Definição do ponto z_α para uma distribuição Normal padronizada.

De notar que o ponto que à sua direita contempla uma probabilidade α corresponde àquele que à sua esquerda tem uma probabilidade $1-\alpha$. Uma vez que a distribuição Normal é simétrica relativamente à origem, tem-se que o percentil $\alpha \times 100\%$ corresponde a: $z_{1-\alpha} = -z_\alpha$.

---

[3] Esta convenção será usada, de forma uniforme, para todas as outras distribuições, como por exemplo a t de Student com v graus de liberdade, $t_{\alpha,v}$, a qui-quadrado com v graus de liberdade, $\chi_{\alpha,v}$, e a distribuição F com v_1 e v_2 graus de liberdade, F_{α,v_1,v_2}.

Outras funções surgem também no contexto de aplicações de inferência estatística (nomeadamente no estabelecimento de intervalos de confiança e no teste de hipóteses), envolvendo estatísticas calculadas a partir de amostras provenientes de populações normais, como a média amostral e a variância amostral. Estas distribuições são por isso frequentemente designadas por "distribuições amostrais" das correspondentes estatísticas e aparecem sumariamente descritas na Tabela 5.1, onde também se indica as suas características essenciais, como o domínio, a simetria e respectivos parâmetros.

Distribuição	Domínio da variável aleatória	Simetria	Descrição	Parâmetros
Normal, N	$-\infty < x < +\infty$	Simétrica	Distribuição usada para descrever o comportamento de médias e outras estatísticas	μ, σ^2 (média e variância populacionais)
T de Student, T	$-\infty < x < +\infty$	Simétrica	Distribuição usada para descrever o comportamento de médias em populações normais	v (número de graus de liberdade)
Qui-quadrado, χ^2	$x \geq 0$	Assimétrica à direita (simetria positiva)	Distribuição usada para descrever o comportamento da variância amostral em populações normais	v (número de graus de liberdade)
F (de Snedcor), F	$x \geq 0$	Assimétrica à direita (simetria positiva)	Distribuição usada para descrever o comportamento da razão entre duas variâncias amostrais de populações normais	v_1, v_2 (número de graus de liberdade associados ao numerador e denominador, resp.)

Tabela 5.1. Tabela resumo das principais distribuições amostrais contínuas.

A determinação dos pontos percentuais correspondentes a um determinado valor de probabilidade α, era, como já referido, uma tarefa que envolvia a consulta de tabelas estatísticas. Hoje em dia, esta tarefa é bastante facilitada com o recurso a *software* estatístico, o qual permite calcular, de uma forma expedita, diversas quantidades envolvendo funções de probabilidade e funções densidade de probabilidade (Figura 5.5).

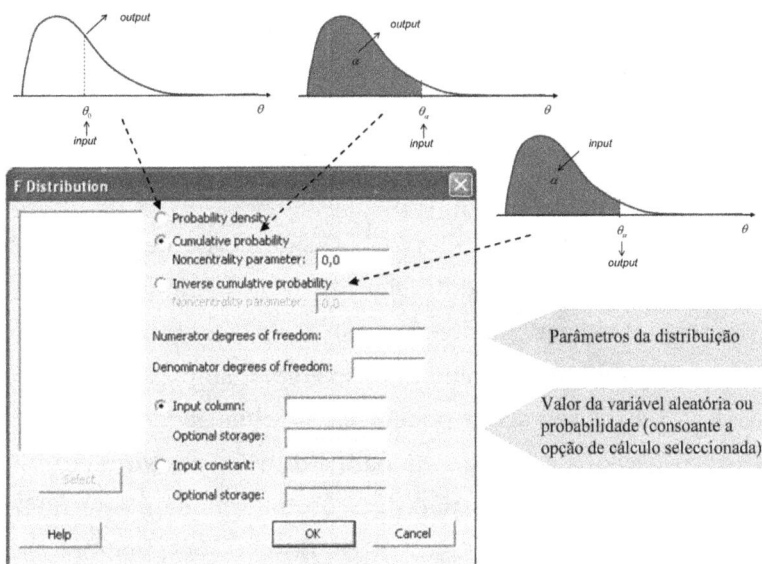

Figura 5.5. Exemplificação do cálculo de diversas grandezas relacionadas com distribuições (neste caso a distribuição *F*) usando *software* estatístico (Minitab: *Calc>Probability distributions*).

5.2.3. O Teorema do Limite Central

O Teorema do Limite Central constitui um resultado da maior importância na medida em que permite generalizar significativamente o uso de ferramentas estatísticas, independentemente da natureza da distribuição dos dados. O seu grande impacto está portanto na utilidade que se pode fazer da sua tese e é pois por isso relevante e oportuno perceber o seu alcance.

O seu enunciado basicamente refere que "a soma ou média dos valores recolhidos numa amostra aleatória, proveniente de uma qualquer população com uma distribuição passível de ser encontrada na prática (nomeadamente, com variância finita), tende a seguir uma distribuição Normal. Quanto maior for a dimensão da amostra, mais próxima a distribuição da soma ou da média dos seus valores, estará de uma distribuição Normal."

Com este resultado pode-se estender o âmbito de aplicações de metodologias estatísticas desenvolvidas para dados provenientes de populações normais a situações mais gerais, contemplando distribuições não-normais, desde que se utilize para tal médias de valores recolhidos aleatoriamente e correspondentes a amostras de dimensão "suficientemente elevada". O significado de uma amostra de dimensão "suficientemente elevada" é no entanto dependente do contexto, nomeadamente do grau de não-normalidade que a distribuição original apresenta. Por exemplo, se para distribuições simétricas 5-10 observações podem ser suficientes para atingir, com boa aproximação, a convergência para a distribuição Normal, já para distribuições altamente assimétricas ou multimodais este número pode crescer (por exemplo para 20-30 observações, embora usualmente um número consideravelmente inferior seja suficiente para atingir uma convergência adequada).

Por outro lado, o Teorema do Limite Central permite também justificar o facto de distribuições amostrais que envolvam a soma de contribuições aleatórias na composição da sua estatística, convergirem para a distribuição Normal, como sucede, por exemplo, com as distribuições Binomial, Poisson e Qui-Quadrado. A título ilustrativo considere-se, por exemplo, a situação apresentada na Figura 5.6, onde se pode comprovar este facto para a distribuição Binomial, não obstante a sua natureza discreta. Assim, nas condições em que esta aproximação é aceitável ($n > 20$, $np > 7$ e $n(1-p) > 7$), pode-se usar a distribuição Normal em lugar da distribuição Binomial para conduzir, com boa aproximação, a análise em causa.

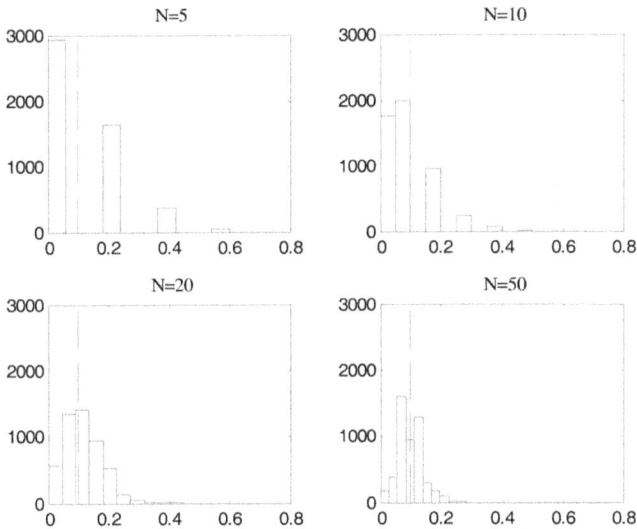

Figura 5.6. Histogramas para os resultados do cálculo da proporção Binomial amostral, quando se geram 5000 amostras aleatórias de uma distribuição Binomial com dimensões de 5, 10, 20 e 50. O tracejado vertical indica a localização da verdadeira proporção populacional (0,1). Pode-se verificar que, à medida que a dimensão da amostra aumenta, a forma da distribuição da estatística tende a ser mais simétrica e próxima de uma distribuição Normal.

5.3. Inferência Estatística

Com as ferramentas de inferência estatística procura-se retirar conclusões ou formular juízos mais rigorosos acerca de características do todo da população, com base nos valores de uma amostra recolhida da mesma, de uma forma adequada (o que usualmente significa tratar-se de uma amostra aleatória). Inserem-se pois num âmbito distinto daquele definido para as ferramentas de estatística descritiva ou análise exploratória de dados, as quais procuram fornecer, de uma forma visual, tabular ou numérica, informações claras sobre os aspectos essenciais e relevantes da variabilidade do processo, sem que haja nessa fase a preocupação em retirar conclusões definitivas – tal já não sucede com as ferramentas de inferência estatística. A flexibilidade na adopção de várias metodologias de visualização e sistematização de dados usadas em estatística descritiva, dá agora lugar a uma selecção mais restrita e formal das ferramentas adequadas para conduzir, com o rigor necessário, a análise confirmatória pretendida.

Apesar de, por vezes, os padrões identificados numa análise de estatística descritiva serem de tal forma claros que tornam redundante a condução de uma análise confirmatória subsequente no âmbito da inferência estatística, há frequentemente situações onde tal não sucede. Por exemplo, por vezes as conclusões não são óbvias da observação de representações gráficas ou tabelas, devido à presença de variabilidade ou ao facto das amostras em causa serem de pequena dimensão, situação em que a intuição humana nem sempre (ou quase nunca...) tem um mecanismo suficientemente desenvolvido para aceder à significância dos padrões observados nos dados, sobrevalorizando os que eventualmente sejam reconhecidos, apesar de tal poder ser relativamente comum e passível de ser explicado pela acção de uma fonte de variabilidade não estruturada.

A necessidade de retirar conclusões formais a partir de uma amostra recolhida de uma população (chamamos *população* ao conjunto total dos dados passíveis de ser recolhidos do processo em estudo, e *amostra* a um seu subconjunto) surge não só por limitações económicas associadas aos custos envolvidos numa análise ou à inspecção a 100%, mas também à impossibilidade de tal ser feito, como acontece em processos com operações contínuas, onde é impossível aceder, no presente, a valores futuros, mesmo que a inspecção seja integral ou conduzida a 100%.

Na secção seguinte faz-se referência aos principais tipos de problemas que surgem no âmbito da inferência estatística, nomeadamente: estimação pontual, estimação por intervalo (intervalos de confiança) e teste de hipóteses. Depois, nas secções subsequentes, referem-se várias ferramentas que se inserem em cada um destes grupos, de forma a ilustrar os objectivos que com elas se visam atingir e como tal pode ser concretizado na prática. A exposição aqui efectuada terá essencialmente o propósito de introduzir e descrever sumariamente a aplicação destas ferramentas em contextos práticos, nomeadamente no decurso de projectos seis sigma. Não será pois nem exaustiva na cobertura dos métodos disponíveis, nem será também efectuada com a profundidade teórica encontrada em livros de texto e na literatura técnica especializada. Proporciona, no entanto, uma visão equilibrada do papel destas ferramentas na prática, e uma introdução acompanhada à sua aplicação em situações concretas.

5.3.1. Tipologia dos problemas de inferência estatística

Para melhor ilustrar a tipologia diferenciada dos problemas passíveis de ser abordados por metodologias de inferência estatística, consideremos o seguinte exemplo.

Exemplo: *Ensaios de absorvência de toalhas*
O sector de desenvolvimento de produtos de uma companhia que comercializa toalhas, encetou esforços no sentido de melhorar os seus produtos. Para tal, começou por definir o que é de facto importante para o consumidor final, para depois desenvolver um teste destinado à sua quantificação (medição). A propriedade seleccionada foi, neste caso, a absorvência das toalhas, definida como a capacidade que estas apresentam para incorporar na sua estrutura a água existente numa superfície com a qual contactam. Assim, esta companhia desenvolveu testes laboratoriais para medição da absorvência, com base nos quais pretende caracterizar, quantitativamente, as três *grades* de toalhas que comercializa.

Os resultados obtidos para os três tipos de toalhas (ou *grades*) aparecem resumidos na tabela seguinte.

Grade X	Grade Y	Grade Z
501	410	488
475	398	467
495	391	483
490	412	484
478	391	498
493	404	491
474	382	481
481	411	502
499	407	511
499	430	524

Tabela 5.2. Resultados dos testes de absorvência (em gramas), para as três *grades* de toalhas comercializadas.

Várias questões relevantes se podem colocar nesta fase, nomeadamente:

- Como caracterizar, quantitativamente, cada tipo de toalha com base numa só quantidade numérica?
- Qual a incerteza em que se incorre ao proceder a tal caracterização? (i.e., ao utilizar um único número para caracterizar o objecto de estudo, neste caso a absorvência da toalha de uma dada *grade*).
- Poderá a absorvência dos diferentes tipos de toalhas ser considerada igual?

Todas estas questões envolvem aspectos ao nível do todo da população de toalhas de cada tipo, e não somente da amostra recolhida. De facto, ao abordar a sua caracterização (primeira e segunda questões), estaremos interessados em fazê-lo de uma forma global (para cada tipo de toalhas), o mesmo acontecendo relativamente ao problema da eventual existência de diferenças entre as várias *grades* de toalhas (terceira questão), para o qual se pretende uma decisão formal, num sentido ou noutro. Analisemos agora cada questão individualmente.

Quanto à primeira questão, há que definir, exactamente, que quantidade ao nível da população dos valores de absorvência relativos a cada *grade* de toalhas deverá ser usada para as caracterizar. Neste contexto, uma vez que se pretende, com uma só grandeza, caracterizar ainda que de forma parcial uma distribuição valores, a quantidade usualmente seleccionada para tal efeito é a média da população ou média populacional. Com este parâmetro populacional caracteriza-se a *localização* ou *tendência central* da distribuição de valores. Por *parâmetro populacional* entende-se uma quantidade fixa que caracteriza um aspecto específico da população (fixa, à luz da teoria de probabilidade convencional ou "frequencista", que será aqui adoptada). Outros parâmetros existem que caracterizam outros aspectos da distribuição, como aqueles destinados a caracterizar a sua *dispersão* (por exemplo, a variância populacional) e a sua *forma* (por exemplo, a assimetria e a kurtose). De entre estas categorias, certamente a mais indicada para caracterizar, numa primeira instância, a absorvência das toalhas de cada *grade* é a relativa à sua localização, e de entre os vários parâmetros populacionais de localização possíveis, seleccionou-se então a média populacional.

Seleccionado o parâmetro populacional relevante para o problema, a próxima questão é como o estimar a partir dos dados contidos na amostra disponível? De facto, o que se dispõe é de uma amostra da população, a qual é constituída por alguns valores recolhidos de objectos (toalhas) seleccionados de uma forma adequada (por exemplo, de modo aleatório para evitar qualquer enviesamento nos resultados). O problema levantado na primeira questão é então o de como, a partir destes valores, fornecer uma estimativa para o parâmetro populacional em causa.

Trata-se de um problema de *estimação pontual*.

Fixemo-nos agora num dado tipo de toalhas. Recolhendo uma nova amostra de toalhas deste tipo e conduzindo os respectivos ensaios de absorvência, é de esperar que os valores obtidos sejam distintos dos obtidos na amostra anterior. Consequentemente, a estimativa pontual que se avance para o parâmetro populacional em causa com base em tal amostra, usando um *estimador* adequado para o referido parâmetro populacional, será ela também distinta. Um *estimador* é portanto uma *estatística*, ou seja, uma quantidade calculada ou definida a partir de uma amostra da população, que fornece uma estimativa para um dado parâmetro populacional. Como estatística que é, o estimador apresenta variabilidade (é na verdade uma variável aleatória), e, como tal, as estimativas que proporciona para o parâmetro populacional em causa, apresentam um grau de incerteza associado. Esta incerteza é melhor caracterizada através de um intervalo que contém a estimativa fornecida pelo estimador e cuja magnitude reflecte a sua precisão.

A definição desta banda de incerteza
consiste num problema de *estimação por intervalo*.

À semelhança da primeira questão, a terceira também necessita de um esclarecimento prévio, desta feita sobre a natureza da diferença a apurar entre as populações em causa. Neste caso, pretende-se saber se a absorvência associada aos diferentes tipos de toalhas pode ser considerada igual, ou se pelo contrário esta é distinta. Uma vez que se está a falar de populações, com as suas respectivas distribuições de valores, que aspecto destas se pretende realçar com esta questão? Analisando um pouco o problema colocado somos levados a concluir que, numa primeira instância, a diferença que interessa analisar coloca-se ao nível da localização ou tendência central das distribuições de valores de absorvência para cada tipo de toalha, a qual pode ser caracterizada, mais uma vez, pelas respectivas tendências centrais. Neste sentido, pode-se reescrever a questão da seguinte forma: "as médias populacionais das distribuições de valores de absorvência para os diferentes tipos de toalhas podem ser consideradas iguais, ou existe alguma diferença entre elas?"

Esta questão deve ser respondida com base nos dados disponíveis, i.e., nas amostras recolhidas, uma para cada *grade*. No entanto sabemos que, mesmo que as amostras sejam provenientes da mesma população e portanto com o mesmo valor para o parâmetro populacional em causa, os valores recolhidos são com grande probabilidade distintos, e bem assim o serão as estimativas fornecidas pelo estimador da média populacional. Logo, a eventual e esperada diferença existente entre duas estimativas, provenientes de duas amostras, não pode ser motivo para, só por si, decidir sobre a eventual diferença no parâmetro populacional em apreço. Há de facto uma "gama de diferenças" considerada normal, mesmo que as duas distribuições coincidam exactamente. Esta variabilidade subjacente aos processos e presente nos dados deve ser incorporada então no processo decisão relativo à questão delineada.

Tal consegue-se através da metodologia
de inferência estatística designada por *teste de hipóteses*.

Cada uma destas categorias de problemas de inferência vai ser esplanada nas secções seguintes, onde se dará continuidade à resolução deste exemplo, para além de outros que ilustram as ferramentas aí apresentadas.

5.3.2. Estimação Pontual

Enquanto as estatísticas abordadas no domínio da estatística descritiva visavam, essencialmente, caracterizar e descrever a variabilidade dos dados recolhidos no sentido de averiguar a eventual presença de tendências, relações entre variáveis ou padrões de variação com interesse para o problema em análise, agora, no contexto da inferência estatística, tratam-se de quantidades que procuram caracterizar a população de onde os dados em análise provêm ou o processo que os gera. Por exemplo, pode-se estar interessado em estimar, especificamente, o valor dos parâmetros da distribuição que por hipótese está a gerar os dados, ou outras grandezas gerais, como a sua "média populacional" (medida de localização) ou a sua variância (medida de dispersão).

No exemplo dos ensaios de absorvência de toalhas, o parâmetro populacional seleccionado para proporcionar uma caracterização unidimensional da característica em apreço, para cada *grade* de toalhas, foi a média populacional, usualmente designada por μ. Os parâmetros populacionais são normalmente representados por letras do alfabeto grego, enquanto os seus estimadores são referidos através da colocação de um acento circunflexo, "∧", sobre a letra indicativa do parâmetro populacional ou, alternativamente, referidos pela notação já adoptada aquando da sua apresentação no âmbito da estatística descritiva. Por exemplo, para a média populacional, o estimador de utilização mais comum é a média amostral:

$$\hat{\mu} = \overline{X} = \frac{\sum_{i=1}^{n} X_i}{n} \qquad (5.9)$$

Letras maiúsculas indicam que a correspondente variável é aleatória. Quando a experiência aleatória é realizada, esta variável passa a assumir um valor específico, sendo tal representado por uma letra minúscula. Por exemplo, a estimativa da média populacional para a toalha do tipo "Z", é:

$$\bar{x}_Z = \frac{488 + 467 + 483 + \cdots 511 + 524}{10} = 492,9 \qquad (5.10)$$

Em geral, um estimador de um parâmetro populacional, digamos θ, é uma variável aleatória, $\hat{\Theta}$, pois é calculado a partir de valores recolhidos de uma amostra aleatória da população (sendo por isso também uma estatística):

$$\hat{\Theta} = f(X_1, X_2, X_3, \ldots X_n) \qquad (5.11)$$

onde X_i, representa o valor recolhido na observação i da variável em análise, na amostra aleatória. A forma da expressão f em (5.11) é determinada, e pode ser analisada, no quadro da teoria da estimação pontual (a forma de f para o caso do estimador de μ é dada pela expressão (5.9)). Existem neste âmbito vários métodos que orientam a forma como as observações recolhidas da amostra devem ser combinadas de forma a fornecer uma estimativa para o parâmetro populacional em causa. Um exemplo é o "método da máxima verosimilhança", o qual consiste basicamente em determinar o valor dos parâmetros que maximiza a probabilidade de observar uma amostra com valores iguais aos recolhidos, tendo como base uma dada função distribuição de probabilidade. Outros métodos também usados são: o "método dos momentos", o "método da estimação linear com variância mínima" e o "método dos mínimos quadrados" (utilizado mais à frente na estimação dos parâmetros do modelo de regressão linear).

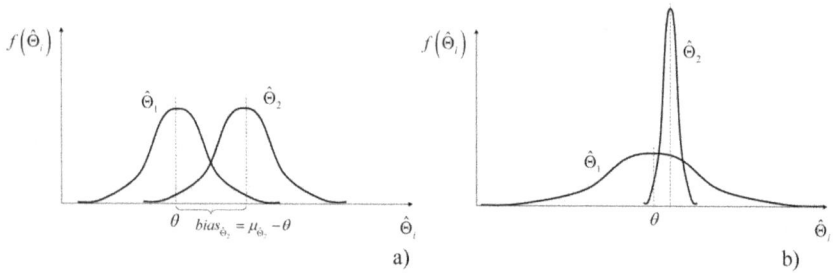

Figura 5.7. Análise de estimadores: a) O estimador $\hat{\Theta}_1$ é não enviesado, enquanto que o estimador $\hat{\Theta}_2$ apresenta enviesamento (*bias*); b) apesar de $\hat{\Theta}_2$ apresentar *bias*, o erro quadrático médio incorrido pelo seu uso na estimação do valor de θ é inferior ao de $\hat{\Theta}_1$, que é não enviesado – por outras palavras, $\hat{\Theta}_2$ é um estimador mais eficiente que $\hat{\Theta}_1$.

Independente do método usado para derivar a fórmula do estimador, f, este deve possuir um conjunto de características consideradas desejáveis. Por exemplo, é desejável que seja "não-enviesado", i.e., que a média populacional da variável aleatória estimador, $\hat{\Theta}$, ou seja, a sua esperança matemática, $E\left(\hat{\Theta}\right) = \mu_{\hat{\Theta}}$, coincida com o valor do parâmetro a estimar, θ (a esperança matemática de uma grandeza aleatória corresponde ao valor esperado ou médio para essa grandeza, considerando a distribuição de probabilidade que esta segue). Outro aspecto a atender é a sua "consistência", i.e., a propriedade que traduz a característica favorável da sua distribuição estar progressivamente mais concentrada em torno do valor do parâmetro a estimar, quando a dimensão da amostra aumenta. Um estimador dito "consistente", apresenta este atributo. Finalmente, outro conceito muito utilizado na caracterização de estimadores, é a sua "eficiência". Trata-se de uma medida do erro quadrático médio incorrido no seu uso, e que portanto pondera a contribuição proveniente de um eventual enviesamento (na terminologia anglo-saxónica, *bias*) para além da contribuição da variância que tem associada:

$$Eficiência_{\hat{\Theta}} = E\left[\left(\hat{\Theta} - \theta\right)^2\right] = \sigma_{\hat{\Theta}}^2 + \left(\mu_{\hat{\Theta}} - \theta\right)^2 \qquad (5.12)$$

Estes diferentes aspectos na caracterização de um estimador aparecem ilustrados na Figura 5.7. Já se fez referência ao estimador para a média populacional, μ – a média amostral, $\overline{X}$, equação (5.9). Abordam-se agora exemplos de estimadores pontuais para outros parâmetros populacionais com relevância na análise de problemas de melhoria de processos, nomeadamente em projectos seis sigma.

Tomemos, por exemplo, a situação em que se pretende estimar a fracção de peças com defeito, produzidas numa dada máquina de montagem. O parâmetro populacional em causa é, naturalmente, a "verdadeira" taxa de defeitos da máquina (assumindo que esta é constante no período em análise), ou a proporção Binomial populacional, p ("Binomial", pois só há dois resultados possíveis para a variável em apreço, neste caso "falha" ou "normal"). O estimador para a proporção populacional é a proporção (Binomial) amostral, $\hat{P}$, definida pela razão entre o número de itens que satisfazem uma dada condição (normalmente designados como "sucessos", significando sucesso o cumprimento da referida condição, ainda que esta seja conducente à atribuição do estado "falha" ao item sob análise) e o total de itens analisados, numa amostra aleatória:

$$\hat{P} = \frac{\sum_{i=1}^{n} X_i}{n} \qquad (5.13)$$

onde X_i é agora uma variável que assume o valor 1 se o item i satisfaz a condição de "sucesso" e 0, caso contrário (ou seja, no numerador da expressão faz-se a contagem do número de sucessos numa amostra aleatória de dimensão n).

Os parâmetros populacionais até agora referidos caracterizam a localização ou tendência central de uma distribuição de probabilidade. No entanto, frequentemente o interesse passa também pela dispersão que esta exibe. Tal acontece frequentemente em projectos focalizados na redução da variabilidade exibida por variáveis críticas para a qualidade dos produtos e processos. Neste contexto, um parâmetro populacional frequentemente usado para caracterizar este aspecto é a variância populacional, σ^2, a qual consiste no valor esperado (ou esperança matemática) para o desvio quadrático existente entre a média populacional e os valores observados da distribuição:

$$\sigma^2 = E\left[(X-\mu)^2\right] \tag{5.14}$$

De acordo com (5.14), quanto maior for a dispersão dos dados, maior será o desvio quadrático e bem assim o seu "valor médio" ou esperança matemática, i.e., σ^2. A teoria dos estimadores fornece, como estimador não-enviesado e consistente para σ^2, a variância amostral:

$$S^2 = \frac{\sum_{i=1}^{n}(X_i - \bar{X})^2}{n-1} \tag{5.15}$$

Refira-se que o estimador relacionado em cujo denominador figura "n" em lugar de "$n-1$", apresenta um pequeno enviesamento, o qual decai com o aumento da dimensão da amostra, n, sendo por isso um estimador "assimptoticamente não-enviesado".

Os parâmetros populacionais envolvidos na análise do problema podem também ser relativos a duas ou mais populações, processos ou condições. De facto, é comum ver o nosso interesse recair não sobre um parâmetro isolado de uma população, mas, por exemplo, sobre parâmetros de duas populações, nomeadamente para analisar a existência de uma eventual diferença entre elas, a qual se repercute nos parâmetros em causa. Nestas circunstâncias é muito importante distinguir, claramente, entre duas situações possíveis no que concerne ao processo de amostragem subjacente à recolha de dados, uma vez que os procedimentos subsequentes serão distintos. No exemplo dos ensaios de absorvência em toalhas de várias *grades*, recolheram-se, de forma aleatória e independente, amostras de dimensão $n = 10$ para os vários tipos de toalhas. Com base nestas pode-se, por exemplo, averiguar se no que respeita à tendência central dos valores recolhidos para as toalhas do tipo X e Z, as suas médias populacionais podem ser consideradas iguais, ou não. Tratam-se portando de duas "amostras independentes", uma vez que foram recolhidas de forma independente em cada uma das populações em análise. A grandeza populacional a inferir será, neste caso $\mu_X - \mu_Z$, a qual terá como estimador natural e decorrente do que já foi apresentado para a estimação de parâmetros de uma só população,

$$\hat{\mu}_X - \hat{\mu}_Z = \overline{X}_X - \overline{X}_Z \qquad (5.16)$$

Situação bem diferente é a relatada no seguinte exemplo clássico [12].

Exemplo: *Boy's shoes*

Um produtor de sapatos utiliza o material "A" nas solas de sapatos que fabrica. Querendo avaliar-se uma nova formulação, "B", conduzirá, ou não, a uma melhoria significativa nas propriedades das solas (nomeadamente a sua resistência à abrasão), procedeu a um planeamento de experiências no sentido de recolher informação útil que suportasse uma decisão sobre este assunto.

De acordo com este planeamento, foram distribuídos por 10 rapazes, pares de sapatos contendo o material "A" numa sola e o material "B" na outra. A atribuição do material "A" ou "B" à sola esquerda ("E") ou direita ("D") foi efectuada aleatoriamente, para evitar qualquer enviesamento (*bias*) decorrente de um efeito sistemático relativo a um eventual maior desgaste num dos pés.

Os dados recolhidos são apresentados na Tabela 5.3.

Rapaz	Material "A"	Pé	Material "B"	Pé
1	13,2	E	14	D
2	8,2	E	8,8	D
3	10,9	D	11,2	E
4	14,3	E	14,2	D
5	10,7	D	11,8	E
6	6,6	E	6,4	D
7	9,5	E	9,8	D
8	10,8	E	11,3	D
9	8,8	D	9,3	E
10	13,3	E	13,6	D

Tabela 5.3. Desgaste (expresso em gramas) para cada sola com material do tipo "A" ou "B", testada no pé esquerdo (E) ou direito (D), de cada rapaz incluído no estudo.

O que se pode concluir sobre esta questão com base nos dados experimentais recolhidos? Será que o material "B" origina alguma variação sensível nas propriedades de resistência da sola?

Da análise deste exemplo parece resultar, mais uma vez, que os parâmetros populacionais de interesse envolvem as médias populacionais relativas aos desgastes obtidos com os materiais do tipo "A" e "B". No entanto, e apesar do interesse estar de facto centrado na diferença entre os parâmetros populacionais de localização, a amostragem foi conduzida de uma forma muito distinta daquela seguida nos ensaios de absorvência em toalhas. De facto, agora as amostras não foram recolhidas de forma independente para cada tipo de material "A" e "B" (como sucederia se as pessoas fossem escolhidas de forma aleatória e a elas fossem atribuídas, de forma também aleatória, um e um só tipo de material para a sola), mas, pelo contrário, os seus valores (os valores das duas amostras), foram recolhidos aos pares, i.e., de forma dependente e emparelhada. Diz--se por isso que as duas amostras são dependentes ou emparelhadas. Tal processo de amostragem é vantajoso neste caso, pois permite eliminar a componente da variabilidade decorrente dos diferentes perfis de desgaste dos utilizadores (os que desgastam mais e os que usam menos os sapatos, desgastando-os menos), através do cálculo da diferença, para cada pessoa, dos desgastes medidos na sola com o material "A" e "B". O estimador para a diferença entre as médias populacionais, $\mu_A - \mu_B$, é dado pela média das diferenças entre os pares de valores recolhidos na amostra:

$$\bar{D} = \frac{\sum_{i=1}^{n} d_i}{n} = \frac{\sum_{i=1}^{n} \left(X_{A,i} - X_{B,i} \right)}{n} \tag{5.17}$$

Consegue-se assim aumentar a capacidade de discriminação de uma eventual diferença existente entre a resistência à abrasão das solas do tipo "A" e "B", caso ela de facto exista. Na presente situação, a estimativa para o desgaste diferencial entre os materiais do tipo "A" e "B" é de $\bar{d}_{A-B} = -0,41 g$. Verifica-se portanto uma tendência no sentido de haver um maior desgaste nas solas do tipo B. Este exemplo será continuado mais à frente, quando se introduzir a metodologia que permite abordar a questão essencial e que passa pela análise da significância efectiva desta diferença.

Feita esta ressalva sobre a natureza dos processos de amostragem subjacentes à recolha dos valores que conduzirão às estimativas dos parâmetros populacionais, apresentam-se apenas mais dois estimadores de grandezas populacionais com interesse na análise de dados de processos em projectos seis sigma, e não só. Ambos são referentes a amostras recolhidas de forma aleatória e independente:

- O estimador para a diferença entre a proporção Binomial da característica em apreço na população A e B, $p_A - p_B$, é dado pela diferença entre as proporções amostrais nas respectivas amostras, $\hat{P}_A - \hat{P}_B$;

- O estimador para a razão entre a variância de duas populações, A e B, σ_A^2 / σ_A^2, é a razão entre as variâncias amostrais das respectivas amostras, S_A^2 / S_B^2.

Na Tabela 5.4, apresenta-se um quadro resumo dos principais estimadores pontuais usados em problemas de análise de dados.

Parâmetro populacional, θ	Estimador, $\hat{\Theta}$	Estimativa, $\hat{\theta}$
μ	$\overline{X}$, Eq. (5.9)	$\overline{x}$
p	$\hat{P}$, Eq. (5.13)	$\hat{p}$
σ^2	S^2, Eq. (5.15)	s^2
$\mu_A - \mu_B$ (amostras independentes)	$\overline{X}_A - \overline{X}_B$	$\overline{x}_A - \overline{x}_B$
$\mu_A - \mu_B$ (amostras emparelhadas)	$\overline{D}$, Eq. (5.17)	$\overline{d}$
$p_A - p_B$ (amostras independentes)	$\hat{P}_A - \hat{P}_B$	$\hat{p}_A - \hat{p}_B$
$\dfrac{\sigma_A^2}{\sigma_B^2}$ (amostras independentes)	$\dfrac{S_A^2}{S_B^2}$	$\dfrac{s_A^2}{s_B^2}$

Tabela 5.4. Quadro resumo de estimadores de parâmetros populacionais.

5.3.3. Estimação por intervalo: intervalos de confiança

Certamente não se espera que as estimativas produzidas pelos estimadores apresentados na secção anterior sejam absolutamente rigorosas, uma vez que estes, sendo estatísticas, apenas usam uma quantidade limitada de informação sobre a população: aquela que pode ser extraída da análise dos dados amostrais. Na verdade, para medições expressas numa escala contínua, a única certeza que temos de facto é que a estimativa calculada estará errada, pois uma das propriedades das funções densidade de probabilidade refere precisamente que a probabilidade associada a um valor pontual, tal como uma estimativa pontual certeira, $P\left(\hat{\Theta}=\theta\right)$, é zero! As estimativas pontuais têm por isso, só por si, um valor muito limitado. É precisamente devido a tal constatação, que estas devem ser adequadamente complementadas com informação que quantifique a incerteza que têm associada. Esta informação é normalmente estabelecida através de intervalos, cuja amplitude maior ou menor, fornece uma indicação da também maior ou menor incerteza que afecta a referida estimativa. É neste contexto que surgem os chamados "intervalos de confiança", i.e., intervalos de valores que permitem apreciar a incerteza em que se incorre na estimativa de um dado parâmetro populacional, num sentido que abaixo se definirá mais precisamente.

Um intervalo de confiança tem usualmente a forma: $i \leq \theta \leq s$, onde i indica um limite inferior e s um limite superior. Trata-se de um exemplo de um intervalo de confiança bilateral. Os limites i e s são calculados de tal forma que,

$$P\left(i \leq \theta \leq s\right)=1-\alpha \qquad (5.18)$$

para algum valor de α, designado por nível de significância, ou equivalentemente, para um dado nível de confiança, definido por $(1-\alpha)\times100\%$. Trata-se pois de um intervalo tal que, se fosse possível repetir a experiência um número infinito de vezes e construí-lo a partir de cada amostra recolhida, conteria o verdadeiro valor do parâmetro em causa em $(1-\alpha)\times100\%$ das ocasiões. Dito de uma forma mais compacta, é um intervalo que contém o verdadeiro valor do parâmetro populacional com uma dada probabilidade (expressa pelo nível de confiança). Concretizemos esta noção com um exemplo.

Retomando o caso de estudo dos ensaios de absorvência em toalhas, complementa-se agora a estimativa efectuada para a média populacional dos valores de absorvência relativos às toalhas do tipo Z, $\hat{\mu}_Z = \bar{x}_Z = 492,9$, com a especificação do respectivo intervalo de confiança no sentido de lhe conferir uma interpretação mais completa, por explicitação da incerteza associada a uma tal inferência pontual. Assumindo que os valores da absorvência deste tipo de toalhas seguem uma distribuição de probabilidade Normal (à frente se abordará como tal pressuposto poderá ser formalmente verificado), i.e., $X_Z \sim N(\mu_Z, \sigma_Z^2)$, então sabe-se que a sua média, para amostras aleatórias de dimensão n, apresenta uma distribuição Normal, $\bar{X}_Z \sim N(\mu_Z, \sigma_Z^2/n)$. Tratando-se da função densidade de probabilidade associada a um estimador, esta também é conhecida pela designação de "função densidade amostral" ou "distribuição amostral" do estimador. Colocando a variável aleatória $\bar{X}_Z$ em termos padronizados, i.e., procedendo a uma transformação linear que a transforma numa variável que segue a mesma função densidade de probabilidade Normal, mas agora com média nula e variância unitária (variável Normal padronizada), tem-se:

$$ Z = \frac{\bar{X}_Z - \mu_Z}{\sigma_Z/\sqrt{n}} \sim N(0,1) \tag{5.19} $$

Definindo $z_{\alpha/2}$ como sendo aquele valor de z tal que a probabilidade à sua direita (correspondente a valores superiores) é, precisamente, $\alpha/2$, i.e., $z_{\alpha/2} = z : \Pr(Z > z) = \alpha/2$, a seguinte igualdade decorre então de forma natural desta definição:

$$ P(z_{1-\alpha/2} \leq Z \leq z_{\alpha/2}) = 1 - \alpha \tag{5.20} $$

onde $z_{1-\alpha/2}$ tem significado análogo, para uma probabilidade à direita de $1-\alpha/2$. Como a função densidade Normal padronizada é simétrica relativamente à origem, $z_{1-\alpha/2} = -z_{\alpha/2}$, pelo que a equação (5.20) pode ser reescrita na seguinte forma,

$$P\left(-z_{\alpha/2} \le Z \le z_{\alpha/2}\right) = 1 - \alpha \qquad (5.21)$$

Introduzindo (5.19) em (5.21),

$$P\left(-z_{\alpha/2} \le \frac{\overline{X}_Z - \mu_Z}{\sigma_Z/\sqrt{n}} \le z_{\alpha/2}\right) = 1 - \alpha \qquad (5.22)$$

e explicitando relativamente ao parâmetro populacional, μ_Z, de forma a obter uma expressão do tipo (5.18), obtém-se, sucessivamente:

$$P\left(-z_{\alpha/2} \frac{\sigma_Z}{\sqrt{n}} \le \overline{X}_Z - \mu_Z \le z_{\alpha/2} \frac{\sigma_Z}{\sqrt{n}}\right) = 1 - \alpha \qquad (5.23)$$

$$\Leftrightarrow P\left(-\overline{X}_Z - z_{\alpha/2} \frac{\sigma_Z}{\sqrt{n}} \le -\mu_Z \le -\overline{X}_Z + z_{\alpha/2} \frac{\sigma_Z}{\sqrt{n}}\right) = 1 - \alpha \qquad (5.24)$$

$$\Leftrightarrow P\left(\overline{X}_Z - z_{\alpha/2} \frac{\sigma_Z}{\sqrt{n}} \le \mu_Z \le \overline{X}_Z + z_{\alpha/2} \frac{\sigma_Z}{\sqrt{n}}\right) = 1 - \alpha \qquad (5.25)$$

(de notar que a sequência de passos seguidos acima equivale a resolver, simultaneamente, um sistema de duas inequações ou desigualdades). A equação (5.25) traduz portanto a expressão pretendida para o intervalo de confiança para a média populacional, μ_Z, o qual pode ser também apresentado na seguinte forma:

$$IC\left[\mu_Z, (1-\alpha) \times 100\%\right] = \left[\overline{X}_Z - z_{\alpha/2} \frac{\sigma_Z}{\sqrt{n}}, \overline{X}_Z + z_{\alpha/2} \frac{\sigma_Z}{\sqrt{n}}\right] \qquad (5.26)$$

O intervalo de confiança depende assim:

• do nível de confiança especificado, através do termo $z_{\alpha/2}$;
• da variabilidade ou incerteza do estimador, através do termo $\sigma_Z/\sqrt{n}$.

É também possível utilizar o conceito de intervalo de confiança para seleccionar a dimensão da amostra a usar, de forma a limitar o erro máximo envolvido na estimação. Definindo o erro da estimativa como $\left| \bar{X}_Z - \mu_Z \right|$, então de (5.26) pode-se verificar que este é inferior a $z_{\alpha/2} \sigma_Z / \sqrt{n}$ com probabilidade $(1-\alpha)$. Assim, se pretendermos que este erro, para um dado nível de confiança, seja, no máximo, E_{max}, teremos apenas que assegurar que a semi-amplitude do intervalo de confiança ($z_{\alpha/2} \sigma_Z / \sqrt{n}$) corresponda, no máximo, a este valor, i.e. que:

$$z_{\alpha/2} \frac{\sigma_Z}{\sqrt{n}} \leq E_{max} \Leftrightarrow n \geq \left(\frac{z_{\alpha/2} \cdot \sigma_Z}{E_{max}} \right)^2 \qquad (5.27)$$

Ou seja a dimensão da amostra, n, não deverá ser inferior ao valor indicado em (5.27), sendo aconselhável proceder ao seu arredondamento para o inteiro imediatamente superior.

A expressão (5.26) poderia ser usada no exemplo em análise, se o desvio padrão dos valores de absorvência, $\sigma_Z = \sqrt{\sigma_Z^2}$, fosse conhecido, ou se a amostra tivesse dimensão suficientemente elevada para assegurar uma estimativa rigorosa, passível de ser considerada (aproximadamente) "verdadeira". Tratando-se de uma amostra de pequena dimensão $n = 10$, nenhuma destas condições é satisfeita. No entanto, sabe-se que a seguinte estatística,

$$T = \frac{\bar{X}_Z - \mu_Z}{S_Z / \sqrt{n}} \qquad (5.28)$$

segue, nas condições do exemplo, uma distribuição t de Student com $n-1$ graus de liberdade (se de facto se puder assumir que $X_Z \sim N(\mu_Z, \sigma_Z^2)$). Nestas condições, todo o procedimento anterior poderia ser repetido, resultando, de forma perfeitamente análoga, na seguinte expressão para o intervalo de confiança:

$$P\left(\overline{X}_Z - t_{\alpha/2,n-1}\frac{S_Z}{\sqrt{n}} \leq \mu_Z \leq \overline{X}_Z + t_{\alpha/2,n-1}\frac{S_Z}{\sqrt{n}}\right) = 1 - \alpha \quad (5.29)$$

ou, seja,

$$IC\left[\mu_Z,(1-\alpha)\times 100\%\right] = \left[\overline{X}_Z - t_{\alpha/2,n-1}\frac{S_Z}{\sqrt{n}}, \overline{X}_Z + t_{\alpha/2,n-1}\frac{S_Z}{\sqrt{n}}\right] \quad (5.30)$$

O significado desta expressão, e de um intervalo de confiança em geral, pode ser melhor apreciado recorrendo à Figura 5.8. Para a elaboração desta figura, procedeu-se à recolha aleatória de amostras com a mesma dimensão, num total de 100 amostras sucessivas. Para cada uma das amostras recolhidas estimou-se a média populacional e calculou-se o respectivo intervalo de confiança a 95%, o qual aparece indicado na forma de barras de erro, indicando-se também a estimativa pontual obtida para cada amostra por um ponto. Como se pode verificar, nem todos os intervalos de confiança calculados a partir de amostras aleatórias recolhidas da mesma população, contêm o "verdadeiro" valor da média populacional (indicado pela linha horizontal a tracejado). A fracção de situações em que tal sucede depende do nível de confiança considerado na sua elaboração. Assim, pode dizer-se que o intervalo de confiança para um nível de confiança de, por exemplo, 95%, se trata de uma região que, quando construída segundo um dado procedimento, nomeadamente aquele acima descrito, conterá o "verdadeiro" valor do parâmetro populacional em causa, em 95% das situações.

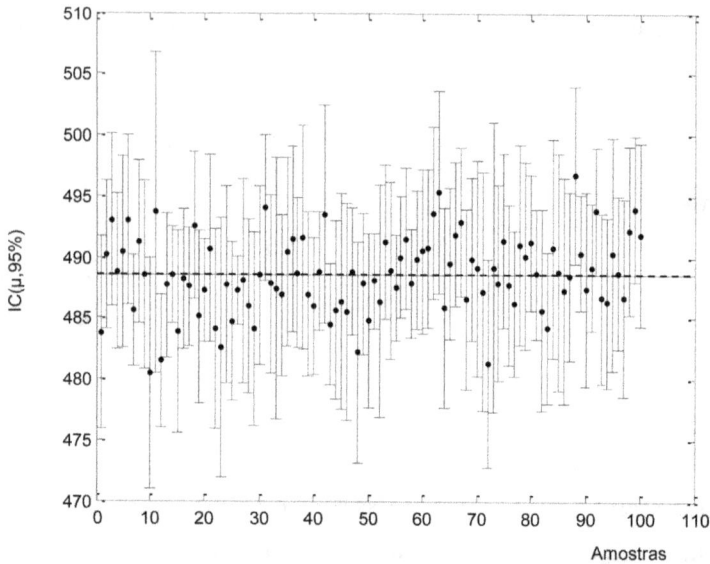

Figura 5.8. Intervalos de confiança para a média populacional, com um nível de confiança de 95%, determinados para 100 amostras aleatórias da mesma dimensão. O valor "verdadeiro" do parâmetro populacional é indicado pela linha horizontal, a tracejado. Como se pode verificar, nem todos os intervalos de confiança construídos a partir das amostras aleatórias recolhidas, contêm o verdadeiro valor do parâmetro: na sequência acima, existem 3 intervalos em que tal não sucede. Em média, este número é de 5 em sequências de 100 amostras aleatórias, para o nível de confiança escolhido.

Regressando ao exemplo dos testes de adsorvência e concretizando com os dados recolhidos para a amostra de toalhas do tipo "Z", obtém-se, de (5.30) para um nível de confiança de 95%,

$$IC\left(\mu_z, 95\%\right) = \left[492,9 - 2,26 \times \frac{16,4}{\sqrt{10}}, 492,9 + 2,26 \times \frac{16,4}{\sqrt{10}}\right] \quad (5.31)$$

$$\Leftrightarrow IC\left(\mu_z, 95\%\right) = \left[481,2\ ,\ 504,6\right] \quad (5.32)$$

Estes resultados são obtidos hoje em dia com facilidade recorrendo a *software* estatístico, como se ilustra na Figura 5.9.

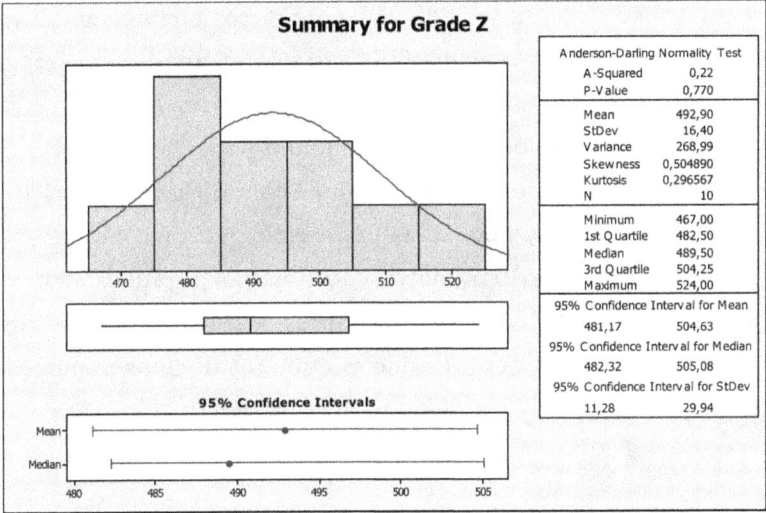

Summary for Grade Z

Anderson-Darling Normality Test
A-Squared 0,22
P-Value 0,770

Mean	492,90
StDev	16,40
Variance	268,99
Skewness	0,504890
Kurtosis	0,296567
N	10
Minimum	467,00
1st Quartile	482,50
Median	489,50
3rd Quartile	504,25
Maximum	524,00

95% Confidence Interval for Mean
481,17   504,63
95% Confidence Interval for Median
482,32   505,08
95% Confidence Interval for StDev
11,28   29,94

95% Confidence Intervals

Figura 5.9. Resultados do Minitab (Minitab: *Stat > Basic Statistics > Graphical Summary*) para a análise estatística individual dos valores de absorvência para os ensaios realizados à amostra de toalhas do tipo "Z". Nestes incluem-se, entre outros, o intervalo de confiança para a média populacional (*Confidence Interval for Mean*), bem como informação que permitirá averiguar a hipótese colocada ao nível da normalidade dos dados (*Anderson-Darling Normality Test*).

Analisando o procedimento seguido na construção do intervalo de confiança para a média populacional dos valores de absorvência para as toalhas da *grade* Z, verifica-se que este contemplou:

- A especificação do parâmetro populacional relevante para o problema em questão;
- A selecção de um estimador para o parâmetro populacional seleccionado;
- A análise da distribuição de probabilidade desse estimador (distribuição amostral) e verificação das hipóteses que a sustentam;

- O cálculo da estimativa pontual e do respectivo intervalo de confiança.

A utilização de *software* de análise de dados facilita sem dúvida a execução do 4.º passo acima indicado. No entanto, os passos anteriores são fundamentais para a correcta construção de intervalos de confiança. Nestes, o analista assume um papel central, pelo que deverá estar preparado para os executar com o rigor necessário.

Na Tabela 5.5, resumem-se as expressões para os intervalos de confiança envolvendo parâmetros de uma só população, de uso mais frequentemente. Na Tabela 5.6, apresentam-se expressões para intervalos de confiança envolvendo parâmetros de duas populações, as quais são referenciadas pelos índices "1" e "2".

Parâmetro populacional	Condições para a variável aleatória, X	Intervalo de Confiança
μ	• Distribuição Normal • σ conhecido	$\bar{x} - z_{\alpha/2}\dfrac{\sigma}{\sqrt{n}} \leq \mu \leq \bar{x} + z_{\alpha/2}\dfrac{\sigma}{\sqrt{n}}$
μ	• Distribuição Normal • $n<30$ • σ desconhecido	$\bar{x} - t_{\alpha/2,n-1}\dfrac{s}{\sqrt{n}} \leq \mu \leq \bar{x} + t_{\alpha/2,n-1}\dfrac{s}{\sqrt{n}}$
μ	• $n>30$ • σ desconhecido	$\bar{x} - z_{\alpha/2}\dfrac{s}{\sqrt{n}} \leq \mu \leq \bar{x} + z_{\alpha/2}\dfrac{s}{\sqrt{n}}$
p	• Distribuição Binomial, com $n>20$, $n \cdot p > 7$ e $n \cdot (1-p) > 7$	$\hat{p} - z_{\alpha/2}\sqrt{\dfrac{\hat{p}(1-\hat{p})}{n}} \leq p \leq \hat{p} + z_{\alpha/2}\sqrt{\dfrac{\hat{p}(1-\hat{p})}{n}}$
σ^2	• Distribuição Normal	$\dfrac{(n-1)s^2}{\chi^2_{\alpha/2,n-1}} \leq \sigma^2 \leq \dfrac{(n-1)s^2}{\chi^2_{1-\alpha/2,n-1}}$

Tabela 5.5. Quadro resumo de intervalos de confiança para parâmetros de uma só população (*n* representa a dimensão da amostra).

Parâmetro populacional	Condições para a variável aleatória, X	Intervalo de Confiança
$\mu_1 - \mu_2$	• Distribuições Normais • Amostras independentes • σ_1 e σ_2 conhecidos	$$\bar{x}_1 - \bar{x}_2 - z_{\alpha/2}\sqrt{\frac{\sigma_1^2}{n_1} + \frac{\sigma_2^2}{n_2}} \leq \mu_1 - \mu_2 \leq$$ $$\leq \bar{x}_1 - \bar{x}_2 + z_{\alpha/2}\sqrt{\frac{\sigma_1^2}{n_1} + \frac{\sigma_2^2}{n_2}}$$
$\mu_1 - \mu_2$	• Distribuições Normais • Amostras independentes • $\sigma_1=\sigma_2=\sigma$ (desvios padrões desconhecidos, mas iguais)	$$\bar{x}_1 - \bar{x}_2 - t_{\alpha/2,n_1+n_2-2}\,s_p\sqrt{\frac{1}{n_1} + \frac{1}{n_2}} \leq \mu_1 - \mu_2 \leq$$ $$\leq \bar{x}_1 - \bar{x}_2 + t_{\alpha/2,n_1+n_2-2}\,s_p\sqrt{\frac{1}{n_1} + \frac{1}{n_2}},$$ $$s_p = \sqrt{\frac{(n_1-1)s_1^2 + (n_2-1)s_2^2}{n_1+n_2-2}}$$
$\mu_1 - \mu_2$	• Distribuições Normais • Amostras independentes • σ_1 e σ_2 desconhecidos, mas não considerados iguais *a priori*	$$\bar{x}_1 - \bar{x}_2 - t_{\alpha/2,v}\sqrt{\frac{s_1^2}{n_1} + \frac{s_2^2}{n_2}} \leq \mu_1 - \mu_2 \leq$$ $$\leq \bar{x}_1 - \bar{x}_2 + t_{\alpha/2,v}\sqrt{\frac{s_1^2}{n_1} + \frac{s_2^2}{n_2}},$$ $$v = \frac{\left(\frac{s_1^2}{n_1} + \frac{s_2^2}{n_2}\right)^2}{\frac{(s_1^2/n_1)^2}{n_1-1} + \frac{(s_2^2/n_2)^2}{n_2-1}}$$
$\mu_1 - \mu_2$	• Amostras emparelhadas • Diferenças emparelhadas seguem uma distribuição Normal • n<30 • σ desconhecido	$$\bar{d} - t_{\alpha/2,n-1}\frac{s_d}{\sqrt{n}} \leq \mu_D \leq \bar{d} + t_{\alpha/2,n-1}\frac{s_d}{\sqrt{n}}$$
$p_1 - p_2$	• p_1 e p_2 seguem distribuições binomiais com $n_i > 20$, $n_i p_i > 7$ e $n_i(1-p_i) > 7$ (i=1,2)	$$\hat{p}_1 - \hat{p}_2 - z_{\alpha/2}\sqrt{\frac{\hat{p}_1(1-\hat{p}_1)}{n_1} + \frac{\hat{p}_2(1-\hat{p}_2)}{n_2}} \leq p_1 - p_2 \leq$$ $$\leq \hat{p}_1 - \hat{p}_2 + z_{\alpha/2}\sqrt{\frac{\hat{p}_1(1-\hat{p}_1)}{n_1} + \frac{\hat{p}_2(1-\hat{p}_2)}{n_2}}$$
$\dfrac{\sigma_1^2}{\sigma_2^2}$	• Distribuições Normais • Amostras independentes	$$\frac{s_1^2}{s_2^2}f_{1-\alpha/2,n_2-1,n_1-1} \leq \frac{\sigma_1^2}{\sigma_2^2} \leq \frac{s_1^2}{s_2^2}f_{\alpha/2,n_2-1,n_1-1}$$

Tabela 5.6. Quadro resumo de intervalos de confiança envolvendo parâmetros de duas populações (n_1 e n_2, representam as dimensões das amostras da população "1" e "2", respectivamente).

Como ilustração, suponhamos que se pretendia determinar o intervalo de confiança a 95% para a diferença entre a média populacional dos valores de absorvência para as tolhas do tipo "Y" e "Z". Nesta situação, uma vez que se desconhece o verdadeiro valor dos desvios padrões relativos a cada população, podemos considerar a 2.ª e 3.ª linhas da Tabela 5.6, como possibilidades a levar em conta na construção do intervalo de confiança para $\mu_Y - \mu_Z$. Analisando a Figura 5.10, não parece vislumbrar-se nenhuma diferença apreciável entre a dispersão dos valores de absorvências nas toalhas do tipo "Y" e "Z".

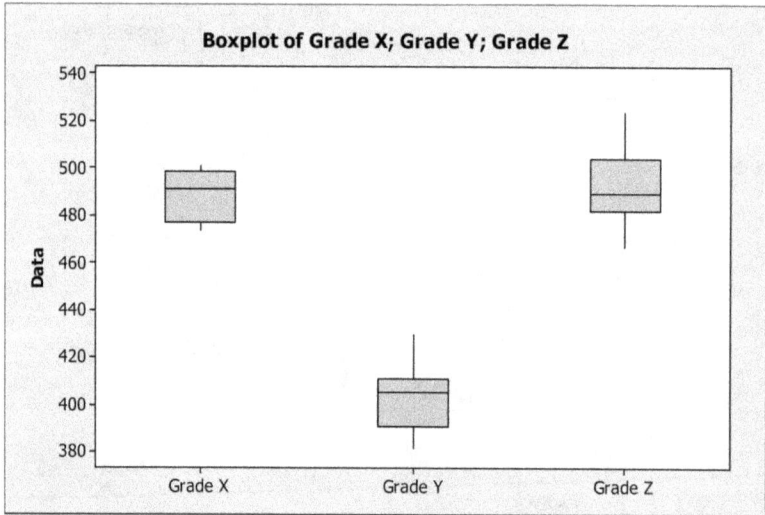

Figura 5.10. Gráfico de "caixa-e-bigodes" para as amostras relativas à absorvência de cada tipo de toalhas (Minitab: *Graph > Boxplot*).

De facto, utilizando a metodologia de "testes de hipóteses" a abordar na secção seguinte, poder-se-á constatar que a igualdade de variâncias, $\sigma_Y^2 / \sigma_Z^2 = 1 \Leftrightarrow \sigma_Y^2 = \sigma_Z^2$, é de facto uma possibilidade bastante plausível face aos dados recolhidos, pelo que pode ser aqui adoptada como hipótese de trabalho. Outro pressuposto a ser verificado, prende-se com a necessidade das amostras seguirem uma lei Normal. Este problema será abordado na secção seguinte. Aplicando a fórmula da 2.ª linha da Tabela 5.6, ou recorrendo a *software* especializado (e.g., Minitab: *Stat > Basic Statistics > 2-Sample t*), obtém-se o seguinte resultado para o intervalo de confiança $\mu_Y - \mu_Z$:

$$IC\left(\mu_Y - \mu_Z, 95\%\right) = \left[-103,5, -75,1\right] \qquad (5.33)$$

Este intervalo de confiança atesta a significância registada para a estimativa pontual de $\mu_Y - \mu_Z$, $\hat{\mu}_Y - \hat{\mu}_Z = \bar{x}_Y - \bar{x}_Z = -89,3$, fornecendo garantias acrescidas que a absorvência das tolhas "Z" é de facto superior àquela das tolhas "Y".

Intervalos de Confiança e Intervalos de Previsão

Existe um outro tipo de intervalos também usados para expressar a incerteza associada a um tipo particular de inferências. Trata-se de situações em que não se procura estimar o valor de um parâmetro populacional, o qual é considerado fixo por definição, mas o de uma observação da referida distribuição, observação essa que é aleatória e, em larga extensão, imprevisível. São os chamados "intervalos de previsão".

Consideremos a situação em que se pretende prever a próxima medida a ser obtida num ensaio de absorvência realizado numa toalha do tipo Z. Qual o intervalo que traduz adequadamente a incerteza envolvida nesta situação? O intervalo de previsão em causa, previsivelmente contemplará, para além das fontes de incerteza consideradas na estimativa da média populacional (decorrente da variabilidade amostral), uma componente adicional decorrente da aleatoriedade de cada nova observação, cuja variância estimada é s^2. Assim, o intervalo de previsão tomará, neste caso, a seguinte forma:

$$IP\left[\hat{X}, (1-\alpha) \times 100\%\right] = \left[\bar{X}_Z - t_{\alpha/2, n-1}\sqrt{S_Z^2 + \frac{S_Z^2}{n}}, \bar{X}_Z + t_{\alpha/2, n-1}\sqrt{S_Z^2 + \frac{S_Z^2}{n}}\right] \quad (5.34)$$

$$\Leftrightarrow IP\left[\hat{X}, (1-\alpha) \times 100\%\right] = \left[\bar{X}_Z - t_{\alpha/2, n-1}S_Z^2\sqrt{1+\frac{1}{n}}, \bar{X}_Z + t_{\alpha/2, n-1}S_Z^2\sqrt{1+\frac{1}{n}}\right] \quad (5.35)$$

Finalmente, convém referir que para além dos intervalos de confiança bilaterais acima referidos, e que são usados na maioria das situações práticas, também é possível definir intervalos de confiança unilaterais, do tipo: $\theta \leq s$ ou $\theta \geq i$. A sua construção segue o raciocínio já utilizado para os intervalos de confiança bilaterais, mas, desta feita, um dos limites passa a não estar definido, i.e., a correspondente fronteira deixa de ser limitada por um valor finito. Os intervalos de confiança unilaterais preservam no entanto as mesmas propriedades exibidas pelos intervalos de confiança bilaterais, bem como têm a mesma interpretação.

5.3.4. Testes de Hipóteses

A terceira questão apresentada na secção dedicada à "Tipologia dos problemas de inferência estatística", prende-se com a questão de saber se as médias populacionais das distribuições de valores de absorvência para os diferentes tipos de toalhas são, ou não, iguais. Analisando a Figura 5.10, pode-se constatar que os dados recolhidos para a amostra das toalhas "Y" parecem indicar que a sua média populacional de valores da absorvência é de facto inferior à das toalhas das *grades* "X" e "Z". No entanto, a análise da diferença entre as médias populacionais dos valores da absorvência para estes dois tipos de tolhas, μ_X e μ_Z, respectivamente, já não é óbvia. Verifica-se de facto uma extensa sobreposição nas gamas cobertas pelos valores das duas amostras, pelo que não existem fortes indícios para afirmar que possuem médias populacionais distintas. Esta análise baseia-se no gráfico da Figura 5.10, pertencendo ao âmbito de uma abordagem exploratória aos dados recolhidos. Trata-se de uma fase inicial e importante, que não deve ser subestimada ou preterida, pois proporciona o contacto necessário com a realidade do processo e sua variabilidade. A análise exploratória permite estruturar melhor as fases subsequentes de análise, durante as quais se procurará confirmar, de uma maneira mais formal e rigorosa, algumas das observações e indícios recolhidos.

Por exemplo, da observação dos dados da absorvência em toalhas, surge agora o interesse em perceber se, de facto, há ou não alguma diferença significativa na absorvência das toalhas do tipo "X" e "Z". Temos neste caso duas hipóteses possíveis sob análise: "os dois tipos de toalhas, 'X' e 'Z', têm a mesma média populacional para os valores de absorvência" *versus* "os dois tipos de toalhas, 'X' e 'Z', têm diferentes valores para as suas médias populacionais". O objectivo nesta fase é, portanto, decidir entre tais hipóteses alternativas e mutuamente exclusivas. A metodologia estatística de "Teste de Hipóteses" permite abordar problemas desta natureza, de uma forma consistente e rigorosa.

As metodologias de teste de hipóteses são frequentemente usadas no contexto de análises ou experiências "comparativas", nas quais o interesse reside, por exemplo, em verificar se os produtos produzidos estão a cumprir uma especificação imposta por um cliente, ou se o processo melhorou o seu desempenho após a implementação de uma acção de melhoria. No primeiro caso pretende-se saber se a média populacional assume um dado valor pré-especificado ou cai numa certa gama de aceitação, enquanto que na segunda situação, o objectivo passa por aferir se a média populacional dos valores provenientes de uma população é igual ao de outra população (como acontece no exemplo das toalhas).

Na metodologia estatística de teste de hipóteses, o tratamento dado às duas hipóteses complementares em análise não é idêntico, nem simétrico. Por outras palavras, as duas hipóteses não recebem igual apreciação e tratamento na sua análise. De facto, considera--se aqui como hipótese base ou "hipótese nula", designada por H0, aquela que constitui o cenário de referência do problema. Enquanto os dados recolhidos na amostra aleatória puderem, de uma forma plausível e legítima, ser explicados por esta hipótese, o seu estatuto de hipótese "válida" não é alterado – não necessariamente por esta ser "verdadeira", mas por não haver suficiente informação e evidência para decidir em sentido contrário, i.e., pela sua refutação. No entanto, quando os dados recolhidos estão em forte oposição ao que seria esperado considerando H0 como verdadeira, tal deve conduzir à sua rejeição e à consequente aceitação da hipótese complementar, dita "hipótese alternativa", designada por H1. Esta situação acontece quando H0 não é na realidade verdadeira, ou quando a amostra recolhida constitui um acontecimento "muito" raro sendo a hipótese H0 ainda verdadeira. Naturalmente, o que é raro, ou "muito" raro, carece de uma melhor definição. Em análise de dados, normalmente são considerados "raros", os acontecimentos cuja probabilidade de ocorrência é inferior a 5% e "muito" raros quando esta se encontra abaixo de 1% (por vezes utilizam-se também os termos "significante" e "altamente/muito significante", respectivamente, para fazer referência a acontecimentos que se enquadram nestas situações). Estes valores, ou melhor, as suas fracções equivalentes, 0,05 e 0,01, respectivamente, correspondem ao "nível de significância" do teste de hipóteses, designado por α. Assim, o nível de significância de um teste de hipóteses corresponde à probabilidade de erro em que se incorre ao rejeitar H0 quando esta hipótese é, de facto, verdadeira. Trata-se de um parâmetro definido pelo analista, de acordo com a importância que atribui aos vários interesses conflituantes, nomeadamente (mas não só) o de não rejeitar H0 quando esta é verdadeira (este é o aspecto mais preponderante), mas também o de não deixar de detectar desvios a H0, caso de facto existam.

Decisão	H0 é Verdadeira	H0 é Falsa
Não rejeitar H0	✓ Decisão Correcta $(1-\alpha)$	✗ Erro do Tipo II β
Rejeitar H0	✗ Erro do Tipo I α	✓ Decisão Correcta $(1-\beta)$

Tabela 5.7. Resultados possíveis de um teste de hipóteses e respectivas probabilidades.

Na verdade, como resultado de um teste de hipóteses, existem vários resultados possíveis, como sumariado na Tabela 5.7. A situação em que H0 é verdadeira já foi referida no parágrafo anterior, conduzindo a uma decisão acertada de aceitação com probabilidade $1-\alpha$, e à possibilidade de incorrer numa decisão errada de rejeição com uma probabilidade, α. A este tipo de erro designa-se por erro do Tipo I, por ser aquele que, com mais pertinência, se pretende evitar, e por isso se procura controlar com maior rigor e atenção, através da especificação da sua probabilidade de ocorrência, ou seja α (nível de significância). Desta forma controlam-se as condições em que a rejeição da hipótese base, H0, pode acontecer, quando esta é verdadeira. Já quando H0 é falsa, a análise da probabilidade envolvida nas várias decisões tomadas é mais complexa, uma vez que o verdadeiro valor do parâmetro em causa nem é sequer conhecido. No entanto, caso se conhecesse o seu valor, designaríamos como β a probabilidade de não rejeitar H0 quando de facto esta é falsa, o que constitui um erro do Tipo II. A probabilidade associada à situação em que se rejeita, acertadamente, H0, é $1-\beta$.

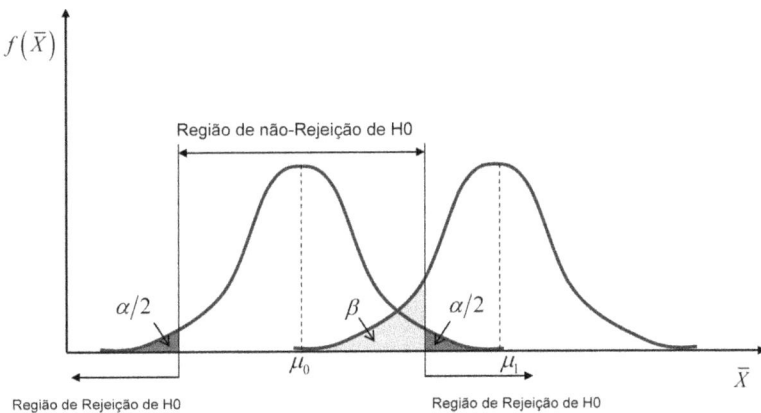

Figura 5.11. Regiões de rejeição e não-rejeição num teste de hipóteses e probabilidades associadas aos erros do Tipo I (α) e do Tipo II (β) (a situação retratada é referente a um teste de hipóteses bilateral, envolvendo a média populacional).

Para melhor interpretarmos as noções associadas aos tipos de erros e respectivas probabilidades envolvidas, analisemos a Figura 5.11, onde se representa uma situação típica num teste de hipóteses à média populacional, neste caso envolvendo somente uma população de valores. Esta figura foi elaborada para a situação em que, na hipótese nula, H0, se assume que o valor da média de uma população Normal é, digamos, μ_0, enquanto que a hipótese alternativa, H1, contempla a possibilidade deste valor ser diferente de μ_0 (teste bilateral). Tais hipóteses são escritas, normalmente, do seguinte modo:

$$H0 : \mu = \mu_0 \tag{5.36}$$

$$H1 : \mu \neq \mu_0 \tag{5.37}$$

Considere-se, no entanto, que, de facto, o "verdadeiro" valor de μ não é o assumido em H0, mas sim um outro, μ_1, usualmente desconhecido. A função densidade de probabilidade correspondente a este parâmetro está também representada na Figura 5.11. Considere-se ainda que se retira uma amostra desta população, amostra esta com pequena dimensão, $n < 30$ e que, com base nesta, se calcula uma estimativa para a média populacional, $\overline{x}$. Vamos então analisar o que se pode concluir a partir dos valores obtidos numa tal estimativa, de acordo com o raciocínio subjacente a um teste de hipóteses.

Na metodologia subjacente a um teste de hipóteses, considera-se, por defeito, i.e., como condição de partida, que H0 é verdadeira. Tomemos pois μ_0 como o verdadeiro valor da média populacional da população Normal em análise. Sendo sabido que, nestas circunstâncias, a estatística,

$$T = \frac{\overline{X}_Z - \mu_Z}{S_Z / \sqrt{n}} \tag{5.38}$$

segue uma função densidade t de Student com $n-1$ graus de liberdade, pode-se afirmar que:

$$P\left(-t_{\alpha/2,n-1} \leq \frac{\mu - \overline{X}}{S/\sqrt{n}} \leq t_{\alpha/2,n-1}\right) = 1-\alpha \qquad (5.39)$$

$$\Leftrightarrow P\left(\mu - t_{\alpha/2,n-1}\frac{S}{\sqrt{n}} \leq \overline{X} \leq \mu + t_{\alpha/2,n-1}\frac{S}{\sqrt{n}}\right) = 1-\alpha \qquad (5.40)$$

Ou seja, se H0 for verdadeira, então a média amostral deveria estar contida no seguinte intervalo, com uma frequência relativa que se traduz percentualmente por $(1-\alpha)\times 100\%$:

$$RA: \left[\mu - t_{\alpha/2,n-1}\frac{S}{\sqrt{n}}, \mu + t_{\alpha/2,n-1}\frac{S}{\sqrt{n}}\right] \qquad (5.41)$$

A este intervalo atribui-se frequentemente a designação de "região de aceitação" (RA), ou talvez mais adequadamente, atendendo à lógica subjacente ao teste de hipóteses, de "região de não-rejeição". O intervalo complementar é designado usualmente de "região de rejeição" (RR) ou "região crítica":

$$RR: \left]-\infty, \mu - t_{\alpha/2,n-1}\frac{S}{\sqrt{n}}\right[\cup \left]\mu + t_{\alpha/2,n-1}\frac{S}{\sqrt{n}}, +\infty\right[\qquad (5.42)$$

Para melhor compreender os motivos destas designações, tomemos a situação em que o nível de significância, α, toma o valor de $\alpha = 0,01$. Então, se a hipótese H0 for de facto verdadeira, os valores da média amostral, $\overline{X}$, deverão estar localizados no intervalo indicado em (5.41), o qual aparece também representado na Figura 5.11 ("Região de não-rejeição de H0"), em 99% das amostras. Tal significará que, se tal condição não for verificada, i.e., se a média calculada a partir de uma amostra aleatória recolhida cair na região (5.42) ("Região de rejeição de H0", na Figura 5.11), então, uma de duas situações pode estar a ocorrer: ou a amostra não provém de facto da distribuição assumida em H0, ou se trata de um acontecimento "muito raro". Em qualquer dos casos, como o nível de significância seleccionado (0,01) corresponde precisamente à fracção de situações em que se está disposto a admitir a possibilidade de, erradamente rejeitar H0, a decisão seria a de aceitar a hipótese alternativa como mais acertada e consistente, face aos dados recolhidos.

Se, por outro lado, o valor da média para a amostra, $\bar{x}$, cair na região de não-rejeição, a decisão será a de manter H0 como válida. Há no entanto, uma possibilidade de tal decisão estar errada. Por exemplo, considere-se o caso da Figura 5.11, onde se analisa a situação em que o "verdadeiro" valor para μ não é μ_0 mas, de facto, μ_1. Se assim for, há uma probabilidade associada ao facto de uma amostra proveniente de tal distribuição, originar valores da média amostral no interior da região de não-rejeição. O valor desta probabilidade é designado por β, e corresponde à probabilidade de um erro do Tipo II. Consequentemente, a probabilidade de, correctamente, detectar uma diferença no parâmetro em causa quando ela de facto existe, é dada por $1-\beta$, e designa-se de "potência" do teste de hipóteses. Assim, um teste é tanto mais potente, quanto maior for a sua capacidade em detectar desvios a H0 que de facto existam. Por outras palavras, a potência de um teste é uma medida da sua sensibilidade em assinalar, correctamente, alterações às condições estabelecidas em H0.

Erros do Tipo II são de análise mais complexa e controlo mais difícil, pois dependem, em larga medida, do valor desconhecido de parâmetros populacionais. Tal não impede porém que se estude o impacto destes valores desconhecidos e a sua interacção com outros factores envolvidos num teste de hipóteses. Por exemplo, um problema pertinente neste âmbito é, por exemplo, o de definir a dimensão da amostra a usar (n) de forma a ter a capacidade de detectar um determinado desvio no valor do parâmetro assumido na hipótese nula, digamos $\Delta = f\left(\theta_0 - \theta_1\right)$, com uma dada probabilidade que se ache adequada (correspondente a $1 - \beta$), quando se implementa um teste de hipótese a um nível de significância específico, α. De facto, a probabilidade β, depende somente dos seguintes factores:

- **Diferença entre o valor do parâmetro assumido em H0 e o seu "verdadeiro" valor (Δ)** – quanto maior for a sua grandeza, menor será o valor de β (i.e., mais fácil será a sua detecção);
- **Variabilidade inerente à população, que afecta também as estimativas dos seus parâmetros (σ)** – quanto maior for a variabilidade, mais difícil é detectar desvios nos parâmetros populacionais, e portanto maior será o valor de β ;
- **Nível de significância do teste de hipóteses (α)** – quanto menor for α, maior será também o valor de β;
- **Dimensão da amostra (n)** – quanto maior for a dimensão da amostra, menor será o valor de β (para um dado α).

A relação entre estes parâmetros, para um dado teste de hipóteses, é normalmente descrita através das chamadas "curvas características de potência" ou "curvas características operacionais" a ele associadas (para um exemplo, ver Figura 5.12). Com o apoio destas curvas, ou através do uso de *software* estatístico, bastará estabelecer o valor para três destas grandezas, para a quarta estar completamente definida e o seu valor poder ser retirado do gráfico.

No exemplo acima, a hipótese alternativa era do tipo "diferente" ("≠"), dando origem a uma região de rejeição que contempla duas sub-regiões, uma para cada lado da região de não-rejeição, com a mesma probabilidade associada, $\alpha/2$. Testes de hipóteses deste tipo designam-se por isso de "bilaterais". Se a hipótese alternativa contemplasse somente um sentido, a designação seria de teste unilateral – à direita, ou à esquerda, consoante o sentido da desigualdade da hipótese alternativa (">" e "<", respectivamente):

Teste de Hipóteses bilateral

$$H0 : \mu = \mu_0 \qquad (5.43)$$
$$H1 : \mu \neq \mu_0 \qquad (5.44)$$

Teste de Hipóteses Unilateral à Direita

$$H0 : \mu \leq \mu_0 \qquad (5.45)$$
$$H1 : \mu > \mu_0 \qquad (5.46)$$

Teste de Hipóteses Unilateral à Esquerda

$$H0 : \mu \geq \mu_0 \qquad (5.47)$$
$$H1 : \mu < \mu_0 \qquad (5.48)$$

O procedimento para definição das regiões de rejeição e não--rejeição para o caso de testes de hipóteses unilaterais, é análogo ao ilustrado anteriormente para o caso bilateral. A diferença essencial é que agora se concentra a probabilidade de acontecimento de um erro do Tipo I, α, de um só lado da distribuição assumida em H0, que é precisamente aquele estipulado em H1. De notar que, apesar de H0 contemplar, nestas situações, um intervalo de possíveis valores para o parâmetro populacional, assume-se, na implementação do teste, que este toma o valor estabelecido na fronteira que contém a igualdade de H0. A justificação é a seguinte: se H0 for rejeitada em tal situação, onde o parâmetro assume um valor mais próximo do obtido na amostra, também será rejeitada para todos os outros possíveis valores do parâmetro, que estão ainda mais distantes do valor obtido da amostra. Por esta razão, a hipótese nula contempla sempre uma igualdade (=, $\geq$, $\leq$) e a hipótese alternativa uma desigualdade, de natureza complementar ($\neq$, <, >, respectivamente).

5.3.4.1. Metodologias alternativas para elaboração de um teste de hipóteses

Na secção anterior, ilustrou-se o raciocínio seguido na derivação da região de não-rejeição ou aceitação (RA) e da região de rejeição (RR) para um teste de hipóteses, usando como exemplo um caso em que só um parâmetro populacional estava envolvido (a média populacional). Como condição de validade para as referidas regiões, figurou o pressuposto segundo o qual a amostra de pequena dimensão disponível era proveniente de uma população que seguia uma lei Normal. O mesmo raciocínio pode também ser conduzido para outro tipo de testes de hipóteses, envolvendo um ou mais parâmetros populacionais. Este consiste basicamente em:

i) Decidir o tipo de teste de hipóteses a efectuar e o respectivo nível de significância desejado;

ii) Identificar a estatística de teste e a sua distribuição de probabilidade;

iii) Determinar a RA e RR;

iv) Calcular o valor da estatística de teste;

v) Tomar a decisão de acordo com a sua localização na RA ou RR.

Para agilizar este processo, apresenta-se na Tabela 5.8 e na Tabela 5.9 uma compilação sistematizada deste tipo de regiões, correspondentes a diversos testes de hipóteses. Nestas tabelas, aparecem também especificadas as estatísticas de teste a usar e as condições assumidas para uma correcta implementação dos testes de hipóteses. Bastará então simplesmente procurar a entrada que mais se adeque à situação em análise, efectuar os cálculos indicados e concluir, sem esquecer a necessária verificação dos respectivos pressupostos. Existem ainda dois procedimentos alternativos que podem ser adoptados para concretizar um teste de hipóteses, nomeadamente aqueles baseados no uso de intervalos de confiança e no chamado "valor de prova" associado a um teste de hipóteses.

O procedimento baseado no intervalo de confiança consiste simplesmente em verificar se o valor do parâmetro populacional assumido na hipótese nula cai no intervalo de confiança construído para este parâmetro com base na amostra aleatória disponível (o mesmo se aplica, naturalmente, à situação em que há vários parâmetros populacionais em jogo). A justificação é a seguinte: se o intervalo de confiança tem uma cobertura de $(1-\alpha) \times 100\%$, i.e., se com esta probabilidade o intervalo deverá conter o "verdadeiro" valor do parâmetro populacional, então se o valor do parâmetro assumido em H0 não pertencer ao intervalo, ou ele de facto não é o seu verdadeiro valor, ou se trata de uma das situações "raras" que ocorrem com probabilidade α. Mas, como α é precisamente o nível de probabilidade de um erro do Tipo I que se está disposto a aceitar num teste de hipóteses, então, a hipótese nula deverá, nestas condições, ser rejeitada. Resumindo, deve-se manter H0 como válida se o parâmetro assumido em H0 pertencer ao intervalo de confiança calculado para o respectivo parâmetro populacional, e rejeitar H0 caso contrário.

Para ilustrar esta abordagem, regressemos ao exemplo dos ensaios de absorvência em toalhas, e procuremos avaliar se, na perspectiva da metodologia de um teste de hipóteses, existem de facto motivos para considerar que as médias populacionais dos valores da absorvência para as toalhas do tipo "Y" e "Z" são diferentes, como é aparente da análise gráfica da Figura 5.10. O teste de hipóteses em questão, é o seguinte

$$H0 : \mu_Y = \mu_Z \qquad (5.49)$$
$$H1 : \mu_Y \neq \mu_Z \qquad (5.50)$$

De notar que, segundo H0, $\mu_Y = \mu_Z$, o que é equivalente a considerar que, $\mu_Y - \mu_Z = 0$. Relembrando que o intervalo de confiança calculado anteriormente, a um nível de confiança de 95%, para a diferença entre a média populacional dos valores de absorvência para as tolhas do tipo "Y" e "Z", $\mu_Y - \mu_Z$ (ver (5.33)), era $IC(\mu_Y - \mu_Z, 95\%) = [-103,5\ ,\ -75,1]$, podemos facilmente verificar que este intervalo não contém o valor assumido em H0, $\mu_Y - \mu_Z = 0$, pelo que, a um nível de significância de 5%, a hipótese nula deverá ser rejeitada, aceitando-se a validade da hipótese alternativa, a qual é indicativa de que $\mu_Y \neq \mu_Z$.

Na Figura 5.12, apresenta-se a curva característica de operação, para o teste de hipóteses acima considerado (mesmo nível de significância e condições de aplicação). Nesta pode-se observar, por exemplo, que com amostras de dimensão 10, como as usadas neste exemplo, é possível detectar diferenças na média populacional das duas populações em análise com uma magnitude de 1 desvio padrão, em aproximadamente 80% das situações (potência do teste), uma vez que o correspondente valor de β é 0,2. Com amostras de dimensão 7, a potência seria de aproximadamente 60%, ou seja, o desempenho na detecção de diferenças entre médias populacionais de magnitude de um desvio padrão, decaía 20% em valor absoluto (25% em termos relativos, (80–60)/80=0,25).

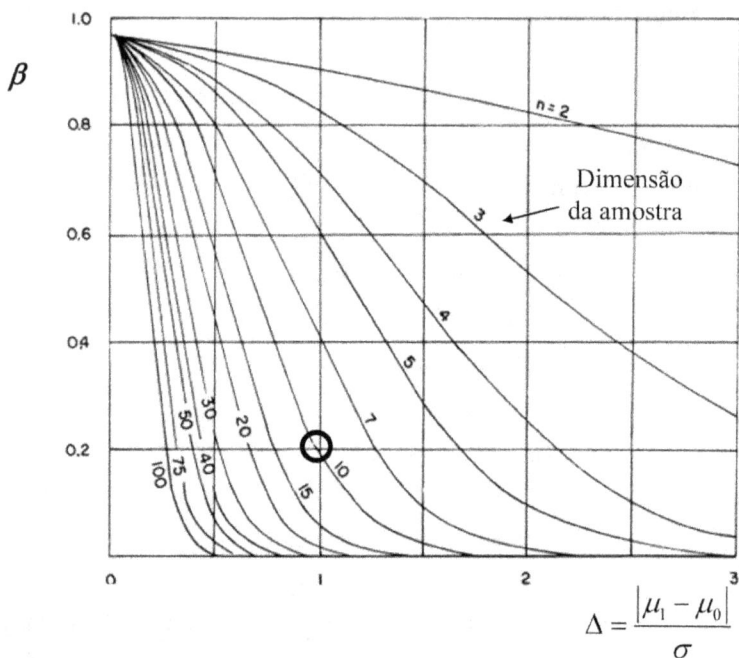

$$\beta$$

$$\Delta = \frac{|\mu_1 - \mu_0|}{\sigma}$$

Figura 5.12. Curva característica de operação para o teste de hipóteses indicado nas equações (5.49) e (5.50), a um nível de significância de 5%, conduzido nas condições delineadas no texto.

O terceiro procedimento para conduzir um teste de hipóteses é talvez o de utilização mais rápida e pragmática, quando se dispõe de *software* estatístico. O "valor de prova" (na terminologia anglo-saxónica, *p-value*) de um teste de hipóteses, corresponde à probabilidade de se obter um desvio para a estatística de teste maior ou igual ao observado para a amostra em questão, se a hipótese nula (H0) fosse verdadeira. Por outras palavras, traduz a probabilidade de obter um acontecimento tão ou mais extremo, do que o obtido para a amostra analisada, caso H0 fosse verdadeira. Desta forma, o valor de prova fornece uma medida quantitativa do quanto a presente amostra contradiz a hipótese nula: quanto menor for tal probabilidade, mais inverosímeis serão as condições consideradas na hipótese nula para explicar o valor da estatística de teste obtido. Consequentemente, se o valor de prova for suficientemente baixo, poderemos rejeitar H0 como descrição plausível para explicar os dados recolhidos e aceitar a explicação alternativa, H1. Para quantificar a expressão "suficientemente baixo", podemos mais uma vez recorrer aos valores já usados anteriormente para abordar o problema análogo da definição da significância de um desvio à hipótese nula, nomeadamente através do nível de significância do teste, α.

Assim, se o valor de prova for inferior a α, o acontecimento será considerado demasiado "raro" para sustentar a hipótese nula, pelo que esta deixa de ser uma explicação plausível para esta situação, passando-se então a aceitar a hipótese alternativa. Por outro lado, se o valor de prova for superior ao nível de significância adoptado, tal significa que a informação contida na amostra não contradiz, de forma significativa, H0, pelo que se opta pela sua manutenção, em detrimento de H1.

Outra interpretação para o valor de prova é a seguinte: "é o menor nível de significância (α) para o qual ainda se consegue rejeitar H0". Assim, quanto menor for o *p-value*, menor será também a probabilidade de ocorrência de um erro do Tipo I, na rejeição de H0.

A utilização do valor de prova em testes de hipóteses introduz assim uma dimensão muito prática na análise dos seus resultados pois, não só a aplicação da regra acima definida é simples e directa, como também fornece mais informação sobre a natureza dos desvios em causa, do que aquela obtida pelos métodos alternativos de condução de um teste de hipótese, essencialmente de natureza dicotómica (aceitar/rejeitar). Por exemplo, estaremos muito mais confortáveis em rejeitar H0, se soubermos que o *p-value* << 0,01 (<< significa "muito menor que") do que se for 0,048.

Consoante a natureza unilateral ou bilateral do teste de hipóteses, o cálculo do valor de prova é efectuado em consonância, de forma a reflectir o tipo de desvio considerado na hipótese alternativa, nomeadamente:

- Teste bilateral: $P\left(|ET| > ET_0 \,|H_0 \text{ Verdadeira}\right)$;
- Teste unilateral à esquerda: $P\left(ET < ET_0 \,|H_0 \text{ Verdadeira}\right)$;
- Teste unilateral à direita: $P\left(ET > ET_0 \,|H_0 \text{ Verdadeira}\right)$.

onde ET é a estatística considerada no teste, ET_0 o valor que esta toma para a amostra aleatória recolhida, e $P\left(\text{Condição 1}|\text{Condição 2}\right)$ significa a probabilidade associada à Condição 1, quando (ou "sabendo que") a Condição 2 é verificada.

Apliquemos estes conceitos ao teste de hipóteses anteriormente conduzido para avaliar a significância da diferença entre as médias populacionais dos valores de absorvência para as toalhas do tipo "Y" e "Z", tal como formalizado nas condições (5.49) e (5.50), recorrendo desta feita a *software* estatístico. Introduzindo no Minitab a informação relativa aos ensaios de absorvência e seleccionando o teste de hipóteses *t* de Student para duas amostras independentes, obter-se-ia o seguinte *output*:

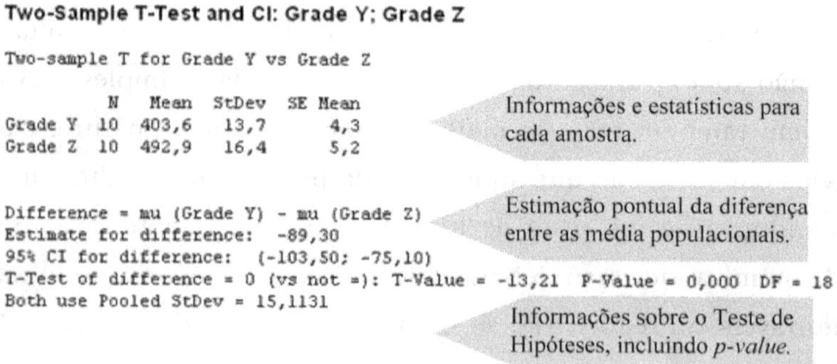

Two-Sample T-Test and CI: Grade Y; Grade Z

```
Two-sample T for Grade Y vs Grade Z

           N    Mean   StDev   SE Mean
Grade Y   10   403,6   13,7      4,3
Grade Z   10   492,9   16,4      5,2
```

Informações e estatísticas para cada amostra.

```
Difference = mu (Grade Y) - mu (Grade Z)
Estimate for difference:   -89,30
95% CI for difference:   (-103,50; -75,10)
T-Test of difference = 0 (vs not =): T-Value = -13,21  P-Value = 0,000  DF = 18
Both use Pooled StDev = 15,1131
```

Estimação pontual da diferença entre as média populacionais.

Informações sobre o Teste de Hipóteses, incluindo *p-value*.

Figura 5.13. Resultados do programa MINITAB para o teste de hipóteses à diferença entre as médias populacionais dos valores de absorvências para as toalhas do tipo "Y" e "Z" (Minitab: *Stat > Basic Statistics > 2-Sample t*).

Analisando os resultados apresentados na Figura 5.13, pode-se rapidamente verificar que, sendo o valor de prova obtido <0,001, a diferença é estatisticamente significativa a um nível de significância de $\alpha = 0,05$, e mesmo de $\alpha = 0,01$.

Repare-se que o intervalo de confiança para a diferença entre as médias populacionais coincide com o já apresentado (ver (5.33)), uma vez que o nível de significância assumido para o teste de hipóteses, $\alpha = 0,05$, é consistente com o nível de confiança usado na sua construção, $(1-\alpha) \times 100\% = 0,95$.

A análise da absorvência para as toalhas do tipo "X" e "Z", também pode ser facilmente conduzida nos mesmos moldes do exemplo anterior, através do teste de hipóteses análogo:

$$H0 : \mu_X = \mu_Z \qquad (5.51)$$
$$H1 : \mu_X \neq \mu_Z \qquad (5.52)$$

Desta feita, o resultado do teste de hipóteses indica que H0 não deve ser rejeitada, pois trata-se de uma hipótese bastante plausível para explicar os resultados decorrentes da amostra analisada: *p-value* = 0,485 (ver Figura 5.14). Tal está, naturalmente, em concordância com o intervalo de confiança obtido para o nível de significância correspondente, o qual contém no seu interior a condição estabelecida na hipótese nula: $\mu_X - \mu_Z = 0 \in [-17,35,\ 8,55]$.

Two-Sample T-Test and CI: Grade X; Grade Z

```
Two-sample T for Grade X vs Grade Z

          N    Mean   StDev   SE Mean
Grade X  10   488,5   10,5       3,3
Grade Z  10   492,9   16,4       5,2


Difference = mu (Grade X) - mu (Grade Z)
Estimate for difference:  -4,40
95% CI for difference:  (-17,35; 8,55)
T-Test of difference = 0 (vs not =): T-Value = -0,71  P-Value = 0,485  DF = 18
Both use Pooled StDev = 13,7869
```

Figura 5.14. Resultados do programa MINITAB para o teste de hipóteses à diferença entre as médias populacionais dos valores de absorvências para as toalhas do tipo "X" e "Z".

Ambos os testes de hipóteses acima efectuados, ilustram o aspecto prático e efectivo do uso do valor de prova na análise dos resultados produzidos. No entanto, é oportuno deixar, a este respeito, duas chamadas de atenção e reflexão:

- O uso de valores de prova torna muito fácil e rápido o retirar de conclusões sobre o resultado de um dado teste de hipóteses. No entanto, não se deve usar este seu aspecto positivo para "queimar" etapas importantes na análise de dados, atalhando rapidamente para as conclusões sem que se passe por todo o processo que deve preceder esta fase. Em particular, é fundamental fazer sempre a análise descritiva preliminar dos dados, preferencialmente usando ferramentas gráficas adequadas, de onde muitas vezes já se adquire uma forte sensibilidade sobre a natureza do problema e conclusões esperadas, especialmente em amostras de dimensão elevada – é para amostras de dimensão reduzida que os testes de hipóteses podem ser, potencialmente, mais úteis, pois é nestas situações que a "sensibilidade humana" para quantificar a probabilidade de obter um dado padrão observado na amostra, mais pode falhar, muito devido à nossa tendência inata de procurar e identificar padrões, atribuindo frequentemente e com alguma facilidade significância a factos perfeitamente explicáveis por mecanismos puramente aleatórios. Depois, o teste adequado deve ser seleccionado, tendo em conta a natureza da experiência e do processo de constituição da amostra, bem como a distribuição de probabilidade dos dados. Por fim, antes da aceitação dos resultados do teste de hipóteses, todas as hipóteses que delimitam o âmbito da sua aplicação devem ser analisadas e validadas, eventualmente usando para tal outros testes de hipóteses complementares.
- O facto de um teste de hipóteses resultar na rejeição de H0, assinalando assim que existe uma diferença significativa ao

nível dos parâmetros populacionais em teste, não quer necessariamente dizer que tal diferença tenha uma expressão visível e tangível no processo. Ou seja, existe uma diferença, subtil mas importante, entre "significância estatística" e "significância prática operacional". Por exemplo, suponhamos que num dado processo, as peças produzidas devem ter, como referência, um diâmetro de 55cm. É sabido que eventuais diferenças no valor do diâmetro das peças, desde que inferiores, em valor absoluto, a 0,05 cm, não provocam qualquer limitação na funcionalidade da peça, nem produzem qualquer alteração visível no desempenho dos processos onde estas são usadas. Por outras palavras, estes desvios são irrelevantes e não conduzem, só por si, à necessidade de qualquer reajuste no processo. Se a verdadeira média populacional dos diâmetros produzidos for então de 55,01 cm, tal não constitui, de ponto de vista prático, um facto com "significância prática ou operacional". No entanto, a teoria estatística garante que, por mais pequena que seja a diferença existente entre os parâmetros populacionais em estudo, esta será sempre passível de ser detectada com elevada probabilidade, desde que se use para tal uma amostra com dimensão suficientemente elevada. De facto, a potência dos testes de hipóteses convencionais cresce com a dimensão da amostra, um resultado que advém da consistência dos estimadores envolvidos. Assim, amostras com um número elevado de observações, ou seja, de "dimensão elevada", tenderão a proporcionar aos testes de hipóteses onde são empregues uma elevada potência, ou seja, uma alta capacidade de detectar desvios à hipótese nula, ainda que de magnitude (muito) reduzida, os quais, sendo "estatisticamente significativos", terão de ser avaliados sobre a sua "significância prática ou operacional", nomeadamente contrapondo o desvio observado na estimativa pontual, com o conhecimento existente sobre o processo.

Após esta introdução à metodologia de teste de hipóteses e a vários aspectos pertinentes com ela relacionados, abordam-se nas secções seguintes casos particulares de testes de hipóteses que envolvem parâmetros populacionais de "localização", como a média populacional, μ, ou a proporção Binomial, p, bem como de "dispersão", envolvendo a variância populacional σ^2 de uma ou mais populações de valores.

5.3.4.2. Testes de localização e dispersão para uma ou duas amostras

Na Tabela 5.8 e na Tabela 5.9 estão reunidos os principais elementos a considerar na selecção, realização e validação de um teste de hipóteses envolvendo parâmetros de uma ou duas populações, respectivamente.

Uma vez que a aplicação da metodologia de teste de hipóteses a situações envolvendo a média populacional já foi ilustrada nas secções precedentes, nomeadamente no tratamento de que foi objecto o exemplo dos ensaios de absorvência em toalhas, ilustram-se agora situações envolvendo outros parâmetros populacionais.

Por exemplo, foi atrás colocada a hipótese segundo a qual, $\sigma_Y^2/\sigma_Z^2 = 1$ ou, equivalentemente, $\sigma_Y^2 = \sigma_Z^2$. Vejamos o que resulta da aplicação do teste de hipóteses para esta situação (última entrada da Tabela 5.9). O resultado do software Minitab para esta situação indica que o valor de prova associado é de 0,601, o que consubstancia fortemente a manutenção de H0 (Figura 5.15). Idêntica conclusão se retira da aplicação de um outro teste, designado por teste de Levene, o qual pode ser aplicado à análise da igualdade de duas ou mais variâncias populacionais, apresentando alguma robustez a pequenos desvios à normalidade.

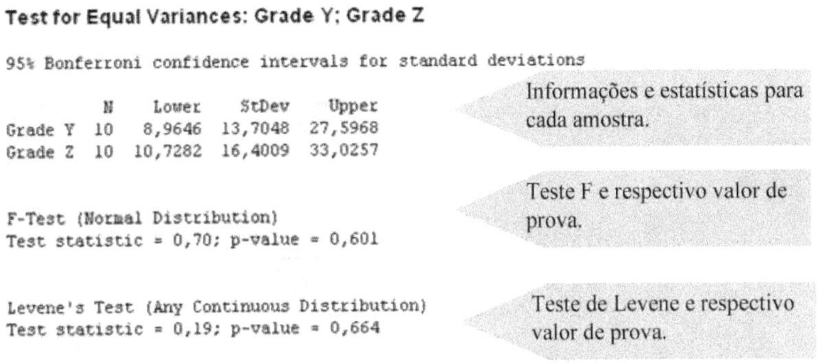

```
Test for Equal Variances: Grade Y; Grade Z

95% Bonferroni confidence intervals for standard deviations

              N   Lower    StDev   Upper
Grade Y   10   8,9646  13,7048  27,5968
Grade Z   10  10,7282  16,4009  33,0257


F-Test (Normal Distribution)
Test statistic = 0,70; p-value = 0,601


Levene's Test (Any Continuous Distribution)
Test statistic = 0,19; p-value = 0,664
```

Informações e estatísticas para cada amostra.

Teste F e respectivo valor de prova.

Teste de Levene e respectivo valor de prova.

Figura 5.15. Resultados do programa MINITAB para o teste de hipóteses à razão entre as variâncias populacionais dos valores de absorvências para as toalhas do tipo "Y" e "Z" (Minitab: *Stat > Basic Statistics > 2 Variances*).

Analisemos mais um exemplo da aplicação do formalismo de testes de hipóteses.

Exemplo: *Análise do desempenho de máquinas de café*

Uma equipa pretende avaliar o desempenho de duas máquinas de café, através das falhas registadas na sua operação. Numa amostra de 250 máquinas do tipo "A" registaram-se 17 falhas e numa amostra de 223 máquinas do tipo "B", registaram-se 9 falhas. Coloca-se agora a questão de decidir se há, ou não, alguma diferença significativa na taxa de falhas exibida pelos dois tipos de máquinas e, consequentemente, que modelo de máquina deveria ser recomendado sob este ponto de vista.

Trata-se de um problema cuja análise se pode transcrever no seguinte teste de hipóteses:

$$H0: p_A = p_B \qquad\qquad (5.53)$$
$$H1: p_A \neq p_B \qquad\qquad (5.54)$$

O problema pode ser abordado usando a penúltima entrada da Tabela 5.9, uma vez que $n_i > 20$ (250 e 223 para as máquinas do Tipo "A" e "B", respectivamente), $n_A \hat{p} = 13,7 > 7$ e $n_B \hat{p} = 12,3 > 7$, com

$$\hat{p} = \frac{x_A + x_B}{n_A + n_B} \Rightarrow \hat{p} = \frac{17 + 9}{250 + 223} = 0,055 \tag{5.55}$$

Nestas condições a aproximação Normal à distribuição Binomial pode ser considerada razoável. Introduzindo os dados no *software* Minitab como indicado na Figura 5.16.a), obtêm-se os resultados apresentados na Figura 5.16.b). Da análise do valor de prova associado a este teste de hipóteses (*p-value* = 0,181), conclui-se que não é possível identificar uma diferença significativa no desempenho das duas máquinas de café relativamente às suas taxas de falhas. Assim sendo, e uma vez que a conclusão aponta no sentido de não haver suficiente evidência factual para rejeitar a igualdade de taxas de defeitos entre as máquinas de café, qualquer uma delas seria igualmente boa nesta vertente, podendo passar o critério de selecção para outro nível, como, por exemplo, o preço.

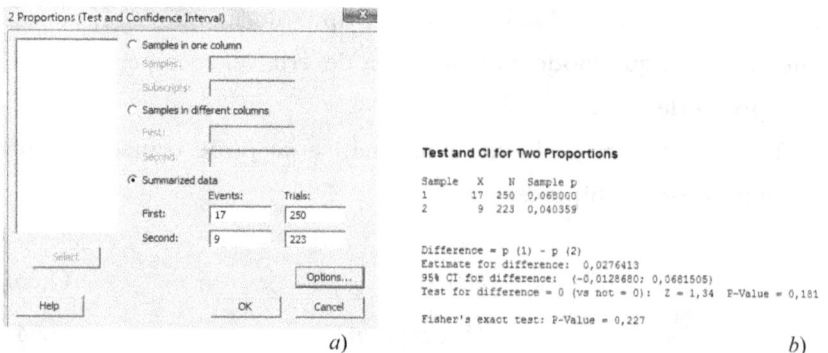

Figura 5.16. Introdução de dados no Minitab para o problema das máquinas de café (a) e respectivos resultados obtidos (b) (Minitab: *Stat > Basic Statistics > 2 Proportions*).

Parâmetro	Condições de aplicação	Hipótese nula	Estatística do teste	Hipótese alternativa	Critério de Rejeição
μ	• Distribuição Normal • σ conhecido	$H_0 : \mu = \mu_0$	$z_0 = \dfrac{\overline{x} - \mu_0}{\sigma/\sqrt{n}}$	$H_1 : \mu \neq \mu_0$ $H_1 : \mu > \mu_0$ $H_1 : \mu < \mu_0$	$\left| z_0 \right| > z_{\alpha/2}$ $z_0 > z_\alpha$ $z_0 < -z_\alpha$
μ	• Distribuição Normal • n<30 • σ desconhecido	$H_0 : \mu = \mu_0$	$t_0 = \dfrac{\overline{x} - \mu_0}{s/\sqrt{n}}$	$H_1 : \mu \neq \mu_0$ $H_1 : \mu > \mu_0$ $H_1 : \mu < \mu_0$	$\left| t_0 \right| > t_{\alpha/2,n-1}$ $t_0 > t_{\alpha,n-1}$ $t_0 < -t_{\alpha,n-1}$
μ	• n>30 • σ desconhecido	$H_0 : \mu = \mu_0$	$z_0 = \dfrac{\overline{x} - \mu_0}{s/\sqrt{n}}$	$H_1 : \mu \neq \mu_0$ $H_1 : \mu > \mu_0$ $H_1 : \mu < \mu_0$	$\left| z_0 \right| > z_{\alpha/2}$ $z_0 > z_\alpha$ $z_0 < -z_\alpha$
p	• Distribuição Binomial, com $n > 20$. $n \cdot p > 7$ e $n \cdot (1-p) > 7$	$H_0 : p = p_0$	$z_0 = \dfrac{p - p_0}{\sqrt{\dfrac{p_0(1 - p_0)}{n}}}$	$H_1 : p \neq p_0$ $H_1 : p > p_0$ $H_1 : p < p_0$	$\left| z_0 \right| > z_{\alpha/2}$ $z_0 > z_\alpha$ $z_0 < -z_\alpha$
σ^2	• Distribuição Normal	$H_0 : \sigma^2 = \sigma_0^2$	$\chi_0^2 = \dfrac{(n-1)s^2}{\sigma_0^2}$	$H_1 : \sigma^2 \neq \sigma_0^2$ $H_1 : \sigma^2 > \sigma_0^2$ $H_1 : \sigma^2 < \sigma_0^2$	$\chi_0^2 > \chi_{\alpha/2,n-1}^2 \cup \chi_0^2 < \chi_{1-\alpha/2,n-1}^2$ $\chi_0^2 > \chi_{\alpha,n-1}^2$ $\chi_0^2 < \chi_{1-\alpha,n-1}^2$

Tabela 5.8. Tabela-resumo dos principais testes de hipóteses de localização e dispersão, envolvendo uma amostra.

Parâmetros	Condições de aplicação	Hipótese nula	Estatística do teste	Hipótese alternativa	Critério de Rejeição
μ_1 e μ_2	• Distribuições Normais • Amostras independentes • σ_1 e σ_2 conhecidos	$H_0: \mu_1 - \mu_2 = \Delta_0$	$z_0 = \dfrac{\bar{X}_1 - \bar{X}_2 - \Delta_0}{\sqrt{\dfrac{\sigma_1^2}{n_1} + \dfrac{\sigma_2^2}{n_2}}}$	$H_1: \mu_1 - \mu_2 \neq \Delta_0$ $H_1: \mu_1 - \mu_2 > \Delta_0$ $H_1: \mu_1 - \mu_2 < \Delta_0$	$\lvert z_0 \rvert > z_{\alpha/2}$ $z_0 > z_\alpha$ $z_0 < -z_\alpha$
μ_1 e μ_2	• Distribuições Normais • Amostras independentes • $\sigma_1 = \sigma_2 = \sigma$ (desvios padrões desconhecidos, mas iguais)	$H_0: \mu_1 - \mu_2 = \Delta_0$	$t_0 = \dfrac{\bar{X}_1 - \bar{X}_2 - \Delta_0}{s_p\sqrt{\dfrac{1}{n_1} + \dfrac{1}{n_2}}}$ $s_p^2 = \dfrac{(n_1-1)s_1^2 + (n_2-1)s_2^2}{n_1 + n_2 - 2}$	$H_1: \mu_1 - \mu_2 \neq \Delta_0$ $H_1: \mu_1 - \mu_2 > \Delta_0$ $H_1: \mu_1 - \mu_2 < \Delta_0$	$\lvert t_0 \rvert > t_{\alpha/2, n_1+n_2-2}$ $t_0 > t_{\alpha, n_1+n_2-2}$ $t_0 < -t_{\alpha, n_1+n_2-2}$
μ_1 e μ_2	• Distribuições Normais • Amostras independentes • σ_1 e σ_2 desconhecidos, mas não são considerados iguais a priori	$H_0: \mu_1 - \mu_2 = \Delta_0$	$t_0 = \dfrac{\bar{X}_1 - \bar{X}_2 - \Delta_0}{\sqrt{\dfrac{s_1^2}{n_1} + \dfrac{s_2^2}{n_2}}}$	$H_1: \mu_1 - \mu_2 \neq \Delta_0$ $H_1: \mu_1 - \mu_2 > \Delta_0$ $H_1: \mu_1 - \mu_2 < \Delta_0$	$\lvert t_0 \rvert > t_{\alpha/2, \nu}$ $t_0 > t_{\alpha, \nu}$ $t_0 < -t_{\alpha, \nu}$, $\nu = \dfrac{\left(\dfrac{s_1^2}{n_1} + \dfrac{s_2^2}{n_2}\right)^2}{\dfrac{(s_1^2/n_1)^2}{n_1-1} + \dfrac{(s_2^2/n_2)^2}{n_2-1}}$
μ_1 e μ_2	• Distribuição Normal para as diferenças emparelhadas • Amostras emparelhadas • σ desconhecido	$H_0: \mu_D = \Delta_0$	$t_0 = \dfrac{\bar{d} - \Delta_0}{s_D / \sqrt{n}}$	$H_1: \mu_D \neq \Delta_0$ $H_1: \mu_D > \Delta_0$ $H_1: \mu_D < \Delta_0$	$\lvert t_0 \rvert > t_{\alpha/2, n-1}$ $t_0 > t_{\alpha, n-1}$ $t_0 < -t_{\alpha, n-1}$

p_1 e p_2	• p_1 e p_2 seguem distribuições binomiais com $n_i > 20$, $n_i p_i > 7$ e $n_i(1-p_i) > 7$ (i=1,2)	$H_0 : p_1 = p_2$	$z_0 = \dfrac{\hat{p}_1 - \hat{p}_2}{\sqrt{\hat{p}(1-\hat{p})\left(\dfrac{1}{n_1} + \dfrac{1}{n_2}\right)}}$, $\hat{p} = \dfrac{x_1 + x_2}{n_1 + n_2}$ (x_i é o número de "sucessos" na amostra i)	$H_1 : p_1 \neq p_2$ → $\lvert z_0 \rvert > z_{\alpha/2}$ $H_1 : p_1 > p_2$ → $z_0 > z_\alpha$ $H_1 : p_1 < p_2$ → $z_0 < -z_\alpha$
σ_1^2 e σ_2^2	• Distribuições Normais • Amostras independentes	$H_0 : \sigma_1^2 = \sigma_2^2$	$f_0 = \dfrac{s_1^2}{s_2^2}$	$H_1 : \sigma_1^2 \neq \sigma_2^2$ → $f_0 > f_{\alpha/2,\,n_1-1,\,n_2-1} \cup f_0 < f_{1-\alpha/2,\,n_1-1,\,n_2-1}$ $H_1 : \sigma_1^2 > \sigma_2^2$ → $f_0 > f_{\alpha,\,n_1-1,\,n_2-1}$ $H_1 : \sigma_1^2 < \sigma_2^2$ → $f_0 < f_{1-\alpha,\,n_1-1,\,n_2-1}$

Tabela 5.9. Tabela-resumo dos principais testes de hipóteses de localização e dispersão, envolvendo duas amostras.

5.3.4.3. Análise de Variância com um Factor: Teste ANOVA

Os testes de localização envolvendo a média populacional são bastante comuns em aplicações práticas. No entanto, aqueles apresentados na secção anterior apenas contemplam, no máximo, a comparação entre tais parâmetros para duas populações/condições distintas. Nesta secção apresenta-se uma metodologia que generaliza a sua utilização a situações que potencialmente poderão envolver mais populações/condições, das quais se procedeu à recolha de amostras independentes. Trata-se de facto de uma generalização pertinente e oportuna, uma vez que frequentemente nos deparamos com a análise de problemas com estas características, como por exemplo quando se pretende comparar os resultados obtidos em experiências realizadas em várias condições (>2), ou estudar o comportamento de vários grupos de indivíduos ou espécimes biológicos, ou ainda avaliar os resultados recolhidos de um processo que operou em diversos regimes operatórios. Consideremos o seguinte exemplo.

Exemplo: *Análise do impacto do hábito tabágico na capacidade pulmonar*

Um investigador pretende estudar o efeito do hábito de fumo no funcionamento pulmonar. Neste sentido, a população de pessoas foi classificada em quatro categorias, consoante o seu hábito de fumo no presente e no passado:

1. Não fumadores.
2. Fumadores antigos (fumadores que deixaram de fumar à mais de 2 anos).
3. Fumadores recentes (fumadores que deixaram de fumar à menos de 2 anos).
4. Fumadores.

Para cada um destes grupos, seleccionaram-se, de forma independente e aleatória, 6 pessoas. Formaram-se assim 4 amostras aleatórias independentes, cada uma relativa a um dado comportamento de fumo, contendo cada uma delas 6 pessoas. Cada pessoa foi submetida a um teste em que é medido o volume de ar expelido durante o primeiro segundo de uma expiração forçada (o denominado FEV1, do inglês *Forced Expiratory Volume in 1 second*). Os dados obtidos estão representados na Tabela 5.10.

Observação	1	2	3	4	5	6
Grupo						
1	4,41	4,96	3,5	3,66	4,68	4,11
2	3,69	3,9	3,82	4,08	3,76	4,38
3	3,54	4,4	3,28	2,28	3,34	3,92
4	2,98	2,95	2,15	3,41	3,97	3,86

Tabela 5.10. Resultados dos testes de FEV1 efectuados a todas as pessoas pertencentes aos 4 grupos em análise.

A questão essencial que se coloca agora é saber se estes dados indicam, ou não, a existência de algum efeito sensível do hábito tabágico na capacidade pulmonar, nomeadamente no que respeita aos valores do teste FEV1. Esta questão pode-se traduzir, utilizando uma terminologia mais próxima da usada em testes de hipóteses, em procurar saber se as médias populacionais dos valores de FEV1 para todos os grupos em análise, são iguais, ou se, pelo contrário, existe alguma diferença entre elas, quanto mais não seja somente em alguns dos grupos em análise:

$$H0 : \mu_1 = \mu_2 = \mu_3 = \mu_4$$
$$H1 : \text{Pelo menos um } \mu_i \ (i = 1, ..., 4) \text{ é diferente dos restantes} \tag{5.56}$$

Ao critério cuja influência na "resposta" (FEV1) está a ser estudada, chama-se "factor". Assim, neste caso, dispõe-se de um factor em análise, o "hábito de fumo", o qual assume vários "níveis". No presente exemplo, os níveis em consideração são: "1-Não Fumadores", "2-Fumadores Antigos", "3-Fumadores Recentes" e "4-Fumadores".

Estes "níveis" foram, neste caso, determinados ou fixados *a priori*, após o que se procedeu ao seu estudo, iniciado com um processo de amostragem aleatório e independente para cada um dos grupos considerados. Diz-se nestas circunstância que se tratam de efeitos "fixos". Alternativamente, poderíamos não restringir *a priori* o número de grupos em análise e proceder a uma amostragem aleatória de toda a população de pessoas, onde figurariam todos os grupos existentes, com o objectivo de estender as conclusões a todas as situações e não apenas àquelas consideradas no estudo. Nestas circunstâncias os efeitos resultantes de cada nível em estudo são variáveis aleatórias, pelo que se designam de efeitos "variáveis" ou "aleatórios".

Os dados representados na Tabela 5.10 estão dispostos na forma de uma matriz, $\mathbf{Y}$, onde cada linha, $i = 1, \ldots, a$ (neste caso, $a = 4$) representa um grupo em estudo (i.e., um nível do factor em estudo) e cada coluna, $j = 1, \ldots, n$ (neste caso, $n = 6$) se refere à j^a observação recolhida para cada grupo. Assim, o elemento $\mathbf{Y}(i, j)$ representa a medida de FEV1 recolhida para a j^a pessoa do grupo i. Por exemplo:

- $\{\mathbf{Y}(1,1), \mathbf{Y}(1,2), \mathbf{Y}(1,3), \mathbf{Y}(1,4), \mathbf{Y}(1,5), \mathbf{Y}(1,6)\}$ representa o conjunto de todas as observações recolhidas para o grupo 1;
- $\{\mathbf{Y}(2,1), \mathbf{Y}(2,2), \mathbf{Y}(2,3), \mathbf{Y}(2,4), \mathbf{Y}(2,5), \mathbf{Y}(2,6)\}$ representa o conjunto de todas as observações recolhidas para o grupo 2;
- $\mathbf{Y}(2,5) = 3,76$;
- $\mathbf{Y}(1,4) = 3,66$.

O modelo adoptado pela abordagem ANOVA (do inglês, *ANalysis Of VAriance*) para explicar os dados acima observados, assume a seguinte forma:

$$\mathbf{Y}(i,j) = \underbrace{\mu_i}_{\text{Média do grupo } i} + \underbrace{\varepsilon_{ij}}_{\text{Erro na obs. } j \text{ do grupo } i} \qquad (5.57)$$

$$\Leftrightarrow \mathbf{Y}(i,j) = \underbrace{\mu}_{\text{Média global}} + \underbrace{\alpha_i}_{\text{Efeito do grupo } i} + \underbrace{\varepsilon_{ij}}_{\text{Erro na obs. } j \text{ do grupo } i} \qquad (5.58)$$

Ou seja, o modelo ANOVA propõe uma estrutura em que a variabilidade dos dados num dado grupo apresenta uma tendência central característica desse grupo ($\mu_i = \mu + \alpha_i$) em redor da qual as observações se concentram de acordo com as características do termo, ε_{ij}, designado "erro", que tem uma natureza aleatória com os seguintes atributos:

- tem média nula e variância constante, σ^2 (e igual para todos os grupos, ao que se designa por homocedasticidade ou homogeneidade das variâncias);
- são mutuamente independentes;
- seguem uma distribuição Normal.

Em termos correntes (ver Figura 5.17), o modelo proposto na equação (5.58), considera que cada observação recolhida, $\mathbf{Y}(i,j)$, resulta da sobreposição de um efeito específico do nível em consideração relativamente à média global ($\mu_i = \mu + \alpha_i$), ao qual se junta um termo aleatório (ε_{ij}), que descreve a variabilidade existente em torno de tal patamar:

Valor observado = Média Global + Efeito do Nível i do Factor + Erro Aleatório $\quad (5.59)$

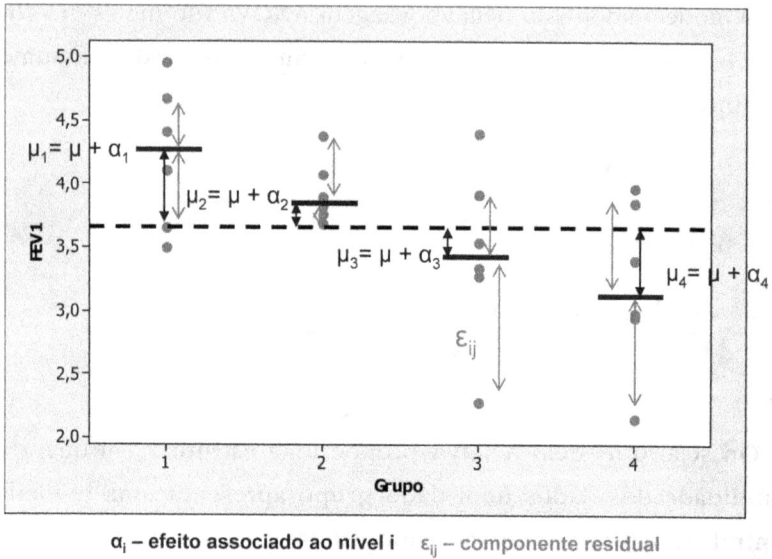

α$_i$ – efeito associado ao nível i   ε$_{ij}$ – componente residual

Figura 5.17. Ilustração da forma como a variabilidade exibida pelos dados é descrita pelo modelo ANOVA com um factor e efeitos fixos.

De notar que qualquer teste de hipóteses tem subjacente um modelo estatístico. Normalmente este é de percepção simples e a sua explicitação na forma de uma equação nem sempre é concretizada, devendo no entanto ser tacitamente subentendida. Esta explicitação é todavia oportuna agora, para melhor ilustrar a estrutura do modelo ANOVA e os seus pressupostos. Em termos da nomenclatura introduzida para o modelo ANOVA, o respectivo teste de hipóteses pode ser reescrito na seguinte forma:

$$H0: \alpha_1 = \alpha_2 = \alpha_3 = \alpha_4 = 0$$
$$H1: \alpha_i \neq 0, \text{ para pelo menos um } i$$

(5.60)

De uma forma geral, se o termo aleatório dominar a variabilidade, os efeitos específicos dos vários níveis serão imperceptíveis e a hipótese nula constitui uma explicação razoável para tal situação.

Por outro lado, se pelo menos um efeito específico, α_i, sobressair e puder ser considerado significativamente diferente de zero, então a hipótese alternativa deve ser aceite, indicando que há pelo menos uma média populacional para um dos grupos que é distinta das restantes (qual ou quais a(s) média(s) em questão, é algo que deve ser analisado num estágio subsequente).

O modelo contém vários parâmetros populacionais. Na Tabela 5.11 apresentam-se os respectivos estimadores pontuais.

Parâmetro populacional	Descrição	Estimativa
μ	Média global	$\hat{\mu} = \overline{Y}(:,:) = \dfrac{\sum_{i=1}^{a}\sum_{j=1}^{n} Y(i,j)}{a \times n}$
$\mu_i = \mu + \alpha_i$	Média do grupo i	$\hat{\mu}_i = \overline{Y}(i,:) = \dfrac{\sum_{j=1}^{n} Y(i,j)}{n}$
α_i	Efeito do grupo i	$\hat{\alpha}_i = \overline{Y}(:,:) - \overline{Y}(i,:)$ $\hat{\alpha}_i = \overline{Y}(:,:) - \overline{Y}(i,:)$
σ^2	Variância do erro	$\hat{\sigma}^2 = \dfrac{SSWG}{a \times (n-1)}$

Tabela 5.11. Estimadores pontuais dos parâmetros do modelo ANOVA com um factor e efeitos fixos (para amostras de igual dimensão, n; $SSWG$ é definido segundo (5.64)).

A metodologia ANOVA consiste em decompor a variabilidade total (corrigida pela média), SST (*Total Sum of Squares*), em termos da variabilidade entre grupos, $SSBG$ (*Sum of Squares Between Groups*), e da variabilidade dentro de cada grupo, $SSWG$ (*Sum of Squares Within Groups*), de acordo com a seguinte identidade:

$$SST = SSBG + SSWG \qquad (5.61)$$

onde,

$$SST = \sum_{i=1}^{a}\sum_{j=1}^{n} \left(Y(i,j) - \overline{Y}(:,:) \right)^2 \qquad (5.62)$$

$$SSBG = \sum_{i=1}^{a} \sum_{j=1}^{n} \left(\overline{Y}(i,:) - \overline{Y}(:,:) \right)^2 = n \sum_{i=1}^{a} \left(\overline{Y}(i,:) - \overline{Y}(:,:) \right)^2 \quad (5.63)$$

$$SSWG = \sum_{i=1}^{a} \sum_{j=1}^{n} \left(Y(i,j) - \overline{Y}(i,:) \right)^2 \quad (5.64)$$

Neste contexto, analisar a existência, ou não, de efeitos significativos no modelo ANOVA, traduz-se em avaliar se a variabilidade total é dominada pela componente "estrutural" devida à acção dos níveis considerados (*SSBG*) ou pela componente aleatória ou "residual" (*SSWG*). Se a componente estrutural dominar, a decisão deve ser de rejeitar H0. Caso contrário, esta hipótese é mantida. Neste sentido, a estatística de teste vai ser baseada nestas grandezas, *SSBG* e *SSWG*, devidamente corrigidas pelos respectivos graus de liberdade, o que dá origem aos correspondentes valores "médios", como indicado na Tabela 5.12.

Fontes de Variação	Somas de quadrados	Graus de Liberdade	Médias das Somas de Quadrados	Valores Esperados de	Estatística de Teste (F)
(1)	(2)	(3)	(4)	(4)(5)	(6)
Factor	SSBG	$a-1$	MSBG	$\sigma^2 + n\phi(\alpha)$	$\dfrac{MSBG}{\hat{\sigma}^2}$
Residual	SSWG	$a(n-1)$	$\hat{\sigma}^2$	σ^2	
Total	SST	$an-1$			

Tabela 5.12. Tabela ANOVA para o modelo com um factor de efeitos fixos (amostras independentes de igual dimensão).

onde,

$$\phi(\alpha) = \sum_{i=1}^{a} \frac{\alpha_i^2}{(a-1)} \quad (5.65)$$

$$MSBG = \frac{SSBG}{a-1} \quad (5.66)$$

$$\hat{\sigma}^2 = \frac{SSWG}{a \times (n-1)} \qquad (5.67)$$

Nesta tabela está também indicado o valor médio ou esperado das grandezas apresentadas, e a estatística de teste, a qual, quando as hipóteses do modelo ANOVA são verificadas, segue uma função densidade de probabilidade F com $a-1, a(n-1)$ graus de liberdade. O teste de hipóteses a conduzir é do tipo unilateral à direita, pelo que H0 é rejeitada se a estatística de teste assumir um valor superior a $F_{\alpha, a-1, a(n-1)}$ (onde, $F_{\alpha, a-1, a(n-1)} = f : \Pr\left(F_{a-1, a(n-1)} > f\right) = \alpha$), ou se o respectivo valor de prova for inferior ao nível de significância adoptado, α.

A Tabela 5.12, é relativa à situação mais desejável, em que todos os grupos estão igualmente representados, i.e., em que todas as amostras têm o mesmo número de elementos. Nestas circunstâncias, $\sum_{i=1}^{a} \alpha_i = 0$. No entanto, o tratamento do caso geral em que tal não sucede não difere muito deste, implicando agora que a condição verificada seja, $\sum_{i=1}^{a} n_i \alpha_i = 0$ (n_i é o número de elementos do grupo a). A correspondente tabela ANOVA, é a seguinte:

Fontes de Variação (1)	Somas de quadrados (2)	Graus de Liberdade (3)	Médias das Somas de Quadrados (4)	Valores Esperados de (4) (5)	Estatística de Teste (F) (6)
Factor	$SSBG$	$a-1$	$MSBG$	$\sigma^2 + \dfrac{\sum_{i=1}^{a} n_i (\alpha_i - \bar{\alpha})}{a-1}$	$\dfrac{MSBG}{\hat{\sigma}^2}$
Residual	$SSWG$	$N-a$	$\hat{\sigma}^2$	σ^2	
Total	SST	$N-1$			

Tabela 5.13. Tabela ANOVA para o modelo com um factor de efeitos fixos (amostras com diferentes dimensões).

onde,

$$SST = \sum_{i=1}^{a} \sum_{j=1}^{n_i} \left(Y(i,j) - \bar{Y}(:,:)\right)^2 \qquad (5.68)$$

$$SSBG = \sum_{i=1}^{a} \sum_{j=1}^{n_i} \left(\overline{Y}(i,:) - \overline{Y}(:,:) \right)^2 \qquad (5.69)$$

$$SSWG = \sum_{i=1}^{a} \sum_{j=1}^{n_i} \left(Y(i,j) - \overline{Y}(i,:) \right)^2 \qquad (5.70)$$

$$\hat{\sigma}^2 = \frac{(n_1 - 1)\hat{\sigma}_1^2 + (n_2 - 1)\hat{\sigma}_2^2 + \cdots + (n_a - 1)\hat{\sigma}_a^2}{N - a} \qquad (5.71)$$

$$N = \sum_{i=1}^{a} n_i \qquad (5.72)$$

Regressando ao exemplo do estudo da influência dos hábitos de fumo na capacidade pulmonar, averiguemos então se existe algum efeito significativo associado àquele factor. Recorrendo ao *software* Minitab para conduzir a análise ANOVA, obtém-se o seguinte *output* (Figura 5.18):

One-way ANOVA: FEV1 versus Categoria

```
Source      DF      SS      MS      F       P
Categoria   3    3,689   1,230   3,62   0,031
Error      20    6,788   0,339
Total      23   10,477

S = 0,5826    R-Sq = 35,21%    R-Sq(adj) = 25,49%
```

Figura 5.18. Resultados do programa MINITAB para a análise ANOVA relativamente ao exemplo do estudo da influência dos hábitos tabágicos no FEV1 (Minitab: *Stat > ANOVA > One-Way*).

Uma vez que o valor de prova é de 0,031, os dados consubstanciam a existência de, pelo menos, uma média de grupo distinta das demais, a um nível de significância de 0,05. No entanto, antes de aprofundar mais o estudo sobre tais diferenças, é necessário verificar se o valor de prova obtido pode ser de facto aceite como indicador da significância associada à rejeição de H0. Para tal, deve-se analisar se as hipóteses do modelo ANOVA estão a ser verificadas. Observando a Figura 5.19, pode-se ver que, aparentemente, o pressuposto de independência está assegurado (gráficos à direita) bem como o de normalidade (gráficos à esquerda), apesar de tal poder ser melhor aferido com meios complementares de diagnóstico. Estes meios passariam, por exemplo, pelo recurso a um teste de qualidade de ajuste à função densidade de probabilidade Normal (Figura 5.20.a) ou usando metodologias para análise da independência de resíduos, como a análise da sua autocorrelação (i.e., a correlação de uma série de valores consigo própria, mas desfasada no tempo – se o pressuposto de independência for válido, a autocorrelação deve ser residual para todos os desfasamentos ou *lags* diferentes de zero, o que facilmente se constata através do traçado de limites válidos para um dado nível de significância, Figura 5.20.b). De facto, analisando os resultados apresentados na Figura 5.20, pode-se verificar que o pressuposto de normalidade não está ameaçado (valor de prova de 0,483 para o teste de qualidade de ajuste de Anderson-Darling; ver secção relativa aos testes de qualidade de ajuste para mais detalhes a este respeito) nem o de independência.

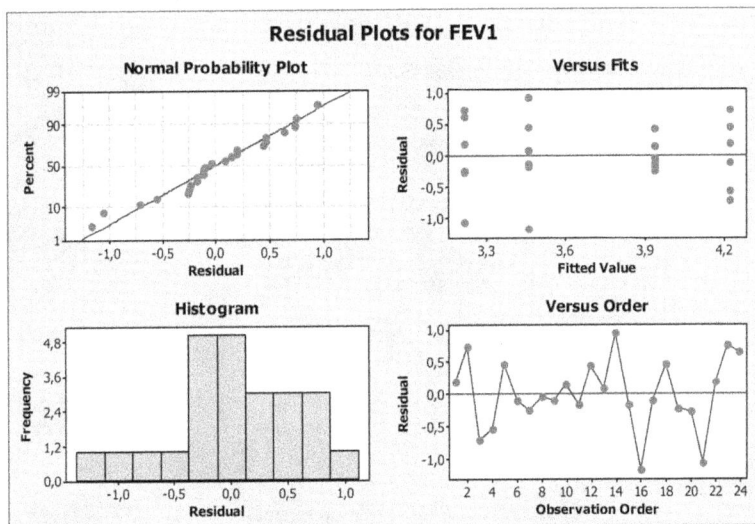

Figura 5.19. Alguns gráficos produzidos pelo programa MINITAB na análise ANOVA relativamente ao exemplo do estudo da influência dos hábitos tabágicos no FEV1.

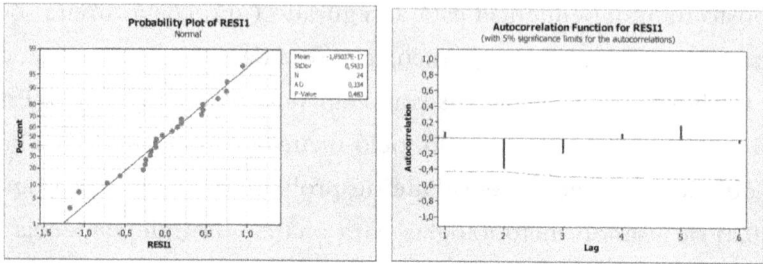

a)   b)

Figura 5.20. Análise mais detalhada do pressuposto de (a) normalidade dos resíduos
do modelo recorrendo ao teste de Anderson-Darling (Minitab: *Stat > Basic Statistics
> Normality Test*), e da sua (b) independência em série, recorrendo à análise da sua
autocorrelação (Minitab: *Stat > Time Series > Autocorrelation*).

No entanto, o pressuposto de homogeneidade de variâncias pode
ser questionado, uma vez que a dispersão dos resíduos das medições
para um dado grupo (o terceiro), parece ser inferior à observada
nos restantes. Conduzido então testes de hipóteses que contemplem,
como hipótese nula, a igualdade de variâncias nos diferentes grupos,
como acontece com os testes de Barlett e Levene (Figura 5.21), pode-
-se verificar que tal não pode de facto ser formalmente contestado a
um nível de significância de 0,05, pois os valores de prova obtidos
na aplicação destes testes são sempre superiores a 0,2.

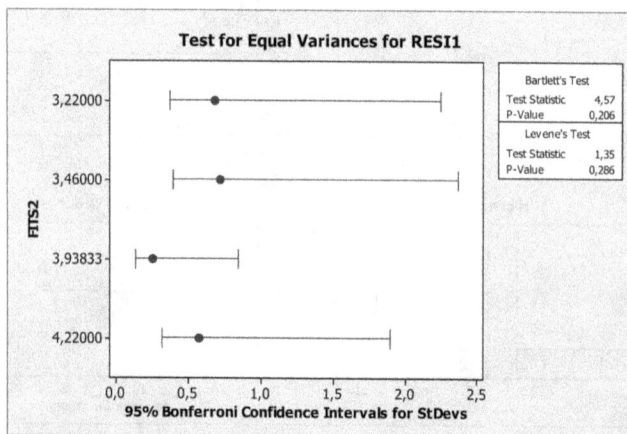

Figura 5.21. Análise do pressuposto de igualdade de variâncias, recorrendo a testes de
hipóteses com este fim (Minitab: *Stat > ANOVA > Test for Equal Variances*).

Conclui-se então que, estando os pressupostos do modelo ANOVA validados com alguma consistência, o valor de prova obtido para este teste pode também ser encarado como válido. A questão que se coloca agora é então a de saber qual a origem da diferença detectada nas médias populacionais.

Uma forma de abordar este assunto seria conduzir testes t de Student para duas amostras independentes, contemplando todas as combinações de grupos dois a dois. Em geral, existe o seguinte número total de combinações a considerar:

$$\binom{a}{2} = \frac{a!}{2!(a-2)!} \tag{5.73}$$

(leia-se combinações de a, 2 a 2). No entanto, ao realizarem-se vários testes de hipóteses simultaneamente, aumenta-se a probabilidade de, em pelo menos um deles, ocorrer um "falso alarme", o qual, individualmente, só aconteceria uma fracção α das vezes. Ou seja, quando se conduzem vários testes de hipóteses simultâneos, a significância global diminui, passando a ser $1-(1-\alpha)^n$, onde n é o número de testes em questão (esta expressão é válida no pressuposto dos testes realizados serem independentes entre si). Por exemplo, no presente caso, como o número de combinações de 4, 2 a 2, é 6, se o valor inicial for de $\alpha=0,05$, o seu valor final efectivo, quando se conduzem todos os testes de hipóteses simultaneamente, será de 0,265! Trata-se de facto de um nível de significância demasiado alto para ser usado em aplicações práticas.

Para corrigir esta inflação do nível da significância efectivo quando se conduzem testes de hipóteses simultaneamente, os valores iniciais de α devem ser ajustados (diminuídos), para que no final resulte o nível de significância pretendido. Existem vários métodos para efectuar esta correcção, como o método de Tukey e o método de Scheffé. O primeiro método é mais indicado para amostras equilibradas ou moderadamente desiquilibradas, enquanto o segundo é mais indicado para situações em que o número de elementos nas amostras é bastante diferente, nomeadamente, quando $\max\{n_i\} \geq 2 \times \min\{n_i\}$, ou seja, quando a amostra com mais elementos tem mais do dobro da dimensão da amostra com menos elementos. Estes ajustamentos podem também aparecer reflectidos quer nos intervalos de confiança para as médias populacionais de cada grupo, quer nos intervalos de confiança para as suas diferenças, duas a duas (Figura 5.22).

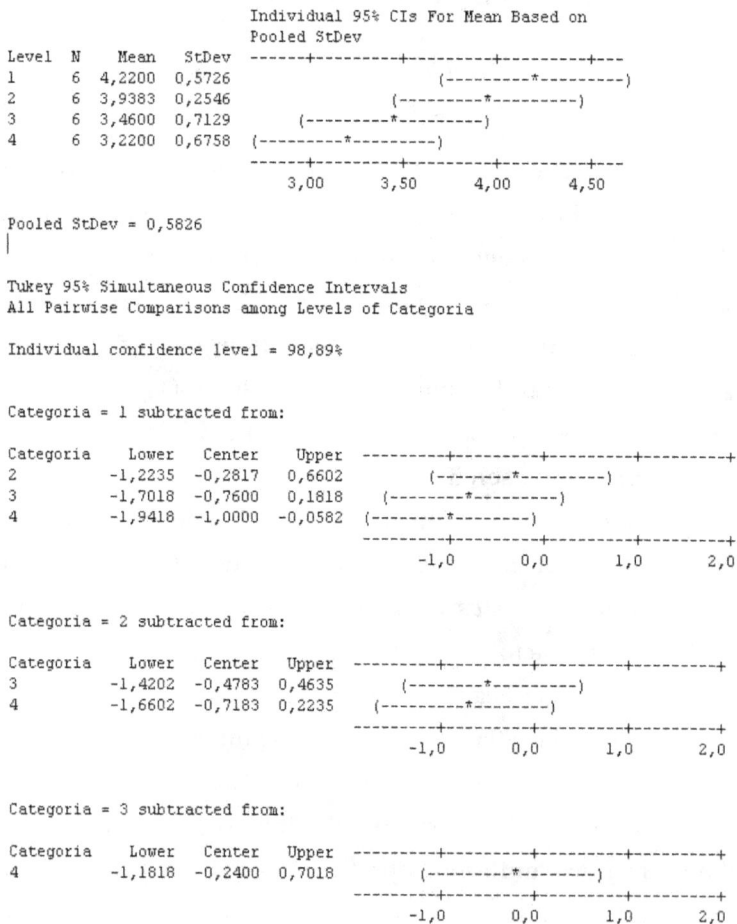

```
                                Individual 95% CIs For Mean Based on
                                Pooled StDev
      Level  N   Mean    StDev  ------+---------+---------+---------+---
      1      6   4,2200  0,5726                        (---------*---------)
      2      6   3,9383  0,2546                  (---------*---------)
      3      6   3,4600  0,7129        (---------*---------)
      4      6   3,2200  0,6758  (---------*---------)
                                ------+---------+---------+---------+---
                                   3,00      3,50      4,00      4,50

      Pooled StDev = 0,5826


      Tukey 95% Simultaneous Confidence Intervals
      All Pairwise Comparisons among Levels of Categoria

      Individual confidence level = 98,89%


      Categoria = 1 subtracted from:

      Categoria  Lower    Center   Upper   ---------+---------+---------+---------+
      2          -1,2235  -0,2817  0,6602            (--------*---------)
      3          -1,7018  -0,7600  0,1818      (--------*---------)
      4          -1,9418  -1,0000  -0,0582  (--------*--------)
                                            ---------+---------+---------+---------+
                                                  -1,0      0,0       1,0       2,0


      Categoria = 2 subtracted from:

      Categoria  Lower    Center   Upper   ---------+---------+---------+---------+
      3          -1,4202  -0,4783  0,4635           (--------*---------)
      4          -1,6602  -0,7183  0,2235     (---------*--------)
                                            ---------+---------+---------+---------+
                                                  -1,0      0,0       1,0       2,0


      Categoria = 3 subtracted from:

      Categoria  Lower    Center   Upper   ---------+---------+---------+---------+
      4          -1,1818  -0,2400  0,7018           (---------*--------)
                                            ---------+---------+---------+---------+
                                                  -1,0      0,0       1,0       2,0
```

Figura 5.22. Análise comparativa dos efeitos usando o método de Tukey (Minitab: *Stat > ANOVA > Test for Equal Variances*).

Da análise dos intervalos de confiança corrigidos pelo método de Tukey para o presente caso resulta que os únicos grupos para os quais se regista uma diferença estatisticamente significativa na média populacional do FEV1, são o grupo 1 – Não Fumadores e o grupo 4 – Fumadores, sendo os valores registados para o grupo 1 superiores aos do grupo 4. Assim, apesar de uma análise descritiva parecer indicar a existência de uma tendência de diminuição da capacidade pulmonar quando se avança do grupo 1 ao 4 (Figura 5.23), tal efectivamente só se pode afirmar no presente caso (onde as amostras são de dimensão reduzida), com rigor, i.e., em termos estatisticamente significativos, para os grupos 1 e 4.

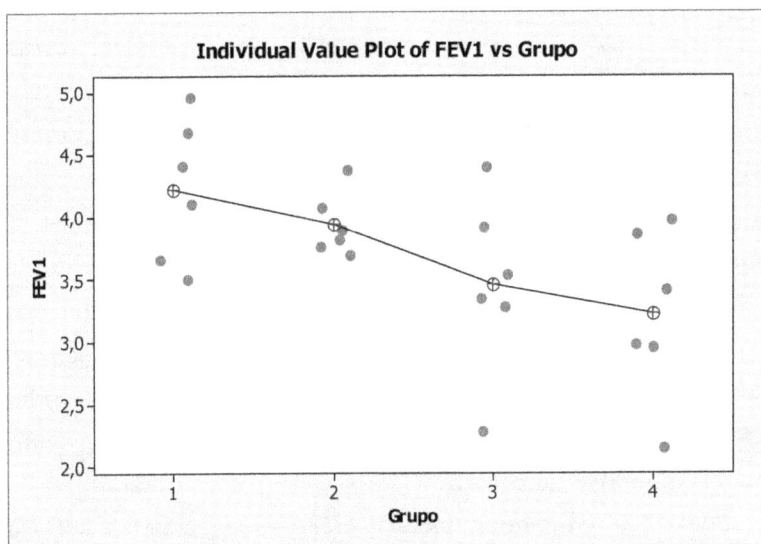

Figura 5.23. Gráfico de valores individuais para cada grupo em análise, com indicação do valor médio em cada grupo (Minitab: *Stat > ANOVA > Test for Equal Variances*).

O modelo ANOVA é de grande utilidade na interpretação de resultados decorrentes do planeamento estatístico de experiências (*design of experiments,* por vezes abreviado para *DOE ou DOX*), onde os factores considerados são feitos variar e se procuram identificar variações significativas na variável de saída.

No final desta secção pode-se compreender melhor a razão pela qual a designação ANOVA ou Análise de Variância, atribuída à metodologia apresentada, é frequentemente referida como não sendo "muito feliz". Na verdade, os objectos populacionais em análise são "médias" e não "variâncias". No entanto, pelo facto de contemplar a decomposição da variabilidade dos dados nas suas componentes "ortogonais" de variabilidade ou de variância, nomeadamente, aquela explicada pelos vários níveis dos factores, i.e., a sua parte "estrutural" e aquela originária de factores aleatórios, a parte "residual", foi-lhe atribuída tal designação, a qual já adquiriu um estatuto definitivo sendo usada de forma generalizada e sem qualquer ambiguidade. Mais à frente será feita referência a uma outra abordagem ANOVA, no contexto da análise do modelo de regressão linear, a qual também incide sobre duas componentes distintas de variabilidade, uma estrutural (explicada pelo modelo de regressão linear) e outra residual (semelhante à da presente situação), onde se procurará avaliar, mais uma vez, a significância de um modelo na explicação da variabilidade exibida pelos dados. Tratam-se de duas abordagens ANOVA aplicadas a situações distintas, mas que partilham entre si semelhanças metodológicas e conceptuais, das quais resulta a adopção da mesma designação base, ANOVA, fazendo-se a diferenciação pelos termos complementares usados. Por exemplo, enquanto a análise abordada nesta secção consiste na adopção de um modelo ANOVA com um factor e efeitos fixos, aquela a ser usada no contexto da metodologia de regressão linear consistirá num teste ANOVA à significância do modelo de regressão linear. Desta forma previne-se qualquer ambiguidade remanescente, a qual devia de facto já ser mínima dado o conhecimento do problema em questão, o que definiria, naturalmente, a abordagem a adoptar.

5.3.5. Testes de hipóteses não-paramétricos

Os testes de hipóteses apresentados até agora têm em comum o facto de incidirem sobre parâmetros de uma ou mais populações e/ou de colocarem hipóteses estritas relativamente às distribuições de probabilidade assumidas, com base nas quais se estabelecem os critérios de decisão dos testes. No entanto, há situações onde é conveniente ou mesmo imprescindível flexibilizar, de alguma forma, os pressupostos colocados relativamente à classe de distribuições de probabilidade que descrevem os dados, de forma a viabilizar a realização dos testes pretendidos em situações mais gerais. Os testes não-paramétricos surgem frequentemente neste contexto, proporcionando uma extensão natural dos testes paramétricos anteriormente abordados para situações menos restritivas, mas que incluem também, em particular, aquelas onde os testes paramétricos podem ser aplicados. Poder-se-á assim questionar, porque é que, se assim é de facto, se procuram aplicar primeiro os testes de hipóteses paramétricos, de âmbito mais restrito, em lugar de usar desde logo os correspondentes testes não-paramétricos. A resposta rápida e simples, consiste no seguinte: no domínio em que os testes paramétricos podem legitimamente ser aplicados, eles possuem uma potência superior aos correspondentes testes não-paramétricos. Por outras palavras, os testes paramétricos permitem detectar com maior sensibilidade desvios à hipótese nula (para as mesmas condições de teste), quando os seus pressupostos são verificados. Tal acontece porque estes testes se baseiam em mais informação sobre os dados (o conhecimento da sua distribuição), o que permite desenhar esquemas mais sensíveis para assinalar eventuais desvios existentes. O "preço a pagar" pela potência acrescida é a necessidade de especificar a distribuição assumida e a consequente perda de generalização da ferramenta. No entanto, verifica-se que a redução na potência para alguns métodos não-paramétricos quando usados em situações onde os testes paramétricos são também aplicáveis nem sempre é muito significativa, embora este aspecto não seja abordado neste texto.

Para além de permitirem expandir o âmbito de aplicação dos testes paramétricos (que incidem essencialmente sobre os aspectos de localização e dispersão da população/processo em análise), as abordagens não-paramétricas podem ser usadas em outros contextos de aplicação de testes de hipóteses, como por exemplo na análise dos seguintes aspectos:

- *Qualidade de ajuste*, onde se pretende aferir com que extensão uma dada distribuição de probabilidade pode ser legitimamente assumida para descrever os dados recolhidos;
- *Associação*, cujo objectivo passa por identificar a existência de uma eventual associação entre duas variáveis distintas, em oposição à condição segundo a qual estas são independentes;
- *Aleatoriedade*, onde se procura avaliar sobre a natureza aleatória (ou não) de sequências de valores.

Devido à diferente natureza e objectivos específicos dos testes de hipóteses não-paramétricos, estes são usualmente apresentados separadamente, de forma a proporcionar uma melhor "arrumação" das ferramentas de inferência estatística. Esta lógica de organização de conteúdos vai ser também seguida neste texto. No entanto, salienta-se que se trata apenas de uma estruturação conceptual de ferramentas que caiem no mesmo âmbito, o teste de hipóteses, podendo ser vistas de uma forma mais abrangente como pertencentes ao mesmo leque de abordagens, mas proporcionado soluções adequadas para situações específicas e diferenciadas daquelas onde as abordagens paramétricas são utilizadas.

Nas secções seguintes descrevem-se alguns dos testes de hipóteses pertencentes a estas categorias, de uso mais comum, bem como se ilustra a sua aplicação com recurso a exemplos concretos.

5.3.5.1. Testes de localização

Referem-se nesta secção um conjunto de testes não-paramétricos que incidem sobre aspectos de localização das populações, generalizando o âmbito de aplicação dos correspondentes testes paramétricos, na sua maioria dependentes da hipótese de normalidade colocada sobre os dados em análise. Os testes aqui apresentados baseiam-se em estatísticas calculadas a partir dos dados ordenados em sequências (segundo a ordem crescente dos valores), sendo por isso de cálculo relativamente simples e geral. Consequentemente, o parâmetro populacional tipicamente envolvido nestes testes é agora a mediana (η), em lugar da média (μ).

Na exposição que se segue, abordam-se em primeiro lugar os testes não-paramétricos envolvendo uma amostra, progredindo-se depois para os casos em que o número de amostras de diferentes populações envolvidas no estudo é superior. A apresentação incidirá essencialmente sobre o princípio subjacente ao teste e as suas hipóteses/limitações, bem como qual a estatística de teste envolvida. As conclusões poderão ser facilmente retiradas recorrendo a *software* estatístico disponível, usando por exemplo o valor de prova obtido para o tipo de teste seleccionado (bilateral, unilateral à esquerda ou unilateral à direita). O uso de tabelas estatísticas, embora seja sempre possível, constitui uma prática manifestamente residual hoje em dia, não sendo por isso aqui abordada.

5.3.5.1.1. *Teste do sinal*

Este teste é aplicável a situações em que se dispõe de uma amostra aleatória proveniente de uma população contínua. No seu formato bilateral, o teste de hipóteses implementado é o seguinte:

$$H0 : \eta = \eta_0 \qquad (5.74)$$
$$H1 : \eta \neq \eta_0 \qquad (5.75)$$

Como já foi referido, a mediana de uma amostra corresponde ao valor central de um conjunto de dados, ou seja, àquele valor que, após um alinhamento dos dados por ordem crescente, possui 50% dos valores ordenados abaixo de si, e outros tantos acima de si. Trata-se portando do percentil 50 (também designado por 2.º Quartil). Em termos populacionais, a mediana (populacional) mantém o seu significado fundamental, constituindo o valor central da população, i.e., aquele para o qual a probabilidade de se obter um valor inferior é 0,5 e a probabilidade de se obter um valor superior é também de 0,5: $P(X < \eta) = P(X > \eta) = 0,5$.

O teste do sinal consiste em primeiro calcular os valores para as seguintes diferenças:

$$d_i = x_i - \eta_0$$

(5.76)

Se H0 for verdadeira, o número de diferenças com valores superiores a zero, R^+ (correspondentes a valores acima da mediana), deve ser comparável ao número de diferenças com valores inferiores a zero, R^- (correspondentes a valores abaixo da mediana) — em particular, estes totais devem seguir uma lei Binomial com $p = 0,5$.

Exemplo: *Tensão de rotura em soldaduras*

Num dado processo de soldadura, pretende-se verificar se a mediana da resistência de rotura perante forças tangenciais é igual a 2000 psi, que é o valor nominal para esta propriedade. Para tal, seleccionaram-se aleatoriamente 20 peças, e mediu-se o valor da resistência em cada uma delas (Tabela 5.14).

Tensão Tangencial de Rotura (psi)	
2158,7	2165,2
1678,15	2399,55
2316	1779,8
2061,3	2336,75
2207,5	1765,3
1708,3	2053,5
1784,7	2414,4
2575,1	2200,5
2357,9	2654,2
2256,7	1753,7

Tabela 5.14. Valores da tensão tangencial de rotura para a soldadura em 20 peças seleccionadas aleatoriamente.

Aplicando o teste do sinal a esta situação, onde se pretende decidir entre,

$$H0 : \eta = 2000 \qquad (5.77)$$
$$H1 : \eta \neq 2000 \qquad (5.78)$$

obtém-se, recorrendo ao *software* Minitab, os resultados apresentados na Figura 5.24. Do valor de prova obtido (0,1153 > 0,05), verifica-se que não existe evidência suficiente para contrariar a hipótese nula, mantendo-se portanto como aceitável a condição segundo a qual a mediana dos valores da resistência para o processo em questão é ainda de 2000 psi.

Sign Test for Median: Tensão Tangencial de Rotura

```
Sign test of median = 2000 versus not = 2000

                                N  Below  Equal  Above       P  Median
Tensão Tangencial de Rotura    20      6      0     14  0,1153    2183
```

Figura 5.24. Resultados para a aplicação do teste do sinal (Minitab: *Stat > Nonparametrics > 1-Sample Sign*).

5.3.5.1.2. Teste de Wilcoxon

O teste de sinal, apresentado na secção anterior, não utiliza toda a informação disponível no conjunto de dados, apenas olhando para a posição de cada valor relativamente à mediana. Com base neste critério, a informação de natureza contínua é transformada em informação binária ou dicotómica, com menor resolução, a partir da qual o teste do sinal é conduzido. O teste de Wilcoxon incide sobre o mesmo conjunto de diferenças abordado no teste do Sinal, equação (5.76), mas, adicionalmente, retém a sua magnitude para além de simplesmente usar o seu sinal. O princípio deste teste é o seguinte: se a população for contínua e *simétrica*, e se a mediana populacional postulada na hipótese nula for de facto verdadeira, então a magnitude das diferenças com sinais positivos e negativos deverá ser idêntica.

O teste consiste então em calcular o valor absoluto das diferenças, $|d_i|$, e, simultaneamente, registar o sinal do desvio original entre o valor e a mediana, $sign(d_i)$:

$$sign(d_i) = \begin{cases} +, \text{se } d_i > 0 \\ 0, \text{se } d_i = 0 \\ -, \text{se } d_i < 0 \end{cases} \qquad (5.79)$$

Passa-se então a dispor de pares $(|d_i|, sign(d_i))$. De seguida, ordenam-se todos os pares por ordem crescente do valor absoluto das diferenças, $|d_i|$, e atribui-se a cada par o correspondente número de ordem (i.e., começando no número 1 para o par com menor valor absoluto para a diferença e terminando no número de ordem n, para o par com maior valor absoluto para a diferença, sendo n a dimensão da amostra). Calcula-se então a soma dos números de ordem para os pares com sinais +, dando origem à estatística W^+, e a soma dos números de ordem para os pares com sinais –, dando origem à estatística W^-. Chamemos a W, o menor destes dois valores: $W = \min\{W^-, W^+\}$.

Como a soma de todos os números de ordem de uma sequência com n elementos é dada por $n(n+1)/2$, se a função densidade for *simétrica* e se a mediana postulada na hipótese nula for verdadeira, então as somas dos números de ordem para as diferenças com sinal + e –, devem estar equilibradas e ser aproximadamente iguais a $n(n+1)/4$. A estatística de teste mede o desvio da amostra relativamente a esta hipótese. Para $n > 20$, o teste pode ser implementado recorrendo à seguinte estatística, que segue aproximadamente uma lei Normal padronizada $N(0,1)$:

$$Z_0 = \frac{W - n(n+1)/4}{\sqrt{n(n+1)(2n+1)/24}} \qquad (5.80)$$

Os valores correspondentes a $sign(d_i) = 0$, são normalmente ignorados e a dimensão da amostra reduzida de forma consistente. Por outro lado, situações em que ocorrem "empates" na atribuição dos números de ordem, decorrentes da existência de diferenças com igual magnitude, são resolvidas atribuindo a cada um deles o número de ordem médio que lhes corresponderia caso os valores não estivessem empatados: por exemplo, à sequência $\{2,4,4,7,8,9,9,9,10\}$, corresponde a seguinte atribuição de números de ordem: 1, 2,5, 2,5, 4, 5, 7, 7, 7, 9.

O facto do teste de Wilkoxon utilizar mais informação sobre dados recolhidos e colocar uma hipótese mais restritiva quanto à natureza das distribuições (devem ser simétricas), faz com que seja mais potente que o teste do Sinal, quando tais condições são verificadas.

Aplicando o teste de Wilcoxon ao mesmo exemplo usado para ilustrar o teste do Sinal (tensão de rotura em soldaduras), obtém-se os resultados apresentados na Figura 5.25. Apesar das conclusões a retirar da aplicação deste teste serem idênticas, pode-se verificar que o valor de prova é inferior, indicativo da maior potência deste teste, i.e., da sua capacidade acrescida em detectar desvios à hipótese nula quando os seus pressupostos são verificados.

Wilcoxon Signed Rank Test: Tensão Tangencial de Rotura

```
Test of median = 2000 versus median not = 2000

                                    N for   Wilcoxon            Estimated
                                N   Test  Statistic      P        Median
Tensão Tangencial de Rotura    20     20      150,0  0,097          2138
```

Figura 5.25. Resultados para a aplicação do teste de Wilcoxon (Minitab: *Stat > Nonparametrics > 1-Sample Wilcoxon*).

5.3.5.1.3. Amostras emparelhadas

Tanto o teste do sinal como o teste de Wilcoxon podem ser aplicados na análise de amostras emparelhadas. Basta para tal calcular as diferenças entre as observações associadas provenientes das duas populações, e analisar o conjunto de valores resultantes como se de uma única série de valores se tratasse. Neste caso, o interesse é frequentemente em saber se a mediana populacional associada às diferenças é, ou não, diferente de zero, à semelhança do que acontece no correspondente teste paramétrico:

$$H0 : \eta_D = 0 \qquad\qquad (5.81)$$
$$H1 : \eta_D \neq 0 \qquad\qquad (5.82)$$

Exemplo: *Comparação de caudalímetros para medição do consumo de combustível*

Pretende-se analisar e comparar o desempenho de dois tipos de caudalímetros (medidores de caudal, que avaliam a quantidade de um líquido que atravessa uma secção de tubo por unidade de tempo) destinados à medição do consumo de combustível. Neste sentido,

instalaram-se equipamentos de ambos os tipos em 12 carros diferentes e os valores recolhidos por cada um deles, após um certo período
de circulação, foram devidamente registados (Tabela 5.15).

Carro	Caudalímetro 1 (C1)	Caudalímetro 2 (C2)	Diferenças (C1-C2)
1	17,6	16,8	0,8
2	19,4	20	-0,6
3	19,5	18,2	1,3
4	17,1	16,4	0,7
5	15,3	16	-0,7
6	15,9	15,4	0,5
7	16,3	16,5	-0,2
8	18,4	18	0,4
9	17,3	16,4	0,9
10	19,1	20,1	-1
11	17,8	16,7	1,1
12	18,2	17,9	0,3

Tabela 5.15. Valores do consumo de combustível para os caudalímetros do tipo 1 e 2, e
para a sua diferença.

As diferenças entre as medições dos caudalímetros do tipo 1 e 2
aparecem calculadas na última coluna da Tabela 5.15. Conduzindo
um teste de Wilcoxon sobre estas diferenças, procurando avaliar
se a mediana das diferenças entre as medições dos dois tipos de
caudalímetros é significativamente diferente de zero, obtêm-se os
resultados apresentados na Figura 5.26, de onde se pode concluir que
não existe evidência suficiente para apontar um desvio significativo
nas medições por eles efectuadas (valor de prova igual a 0,209, o
qual é bastante superior ao maior nível de significância usualmente
adoptado, 0,05).

```
Wilcoxon Signed Rank Test: Diferenças (C1-C2)

Test of median = 0,000000 versus median not = 0,000000

                         N for   Wilcoxon              Estimated
                    N    Test    Statistic      P        Median
Diferenças (C1-C2)  12    12        55,5      0,209      0,3250
```

Figura 5.26. Resultados para a aplicação do teste de Wilcoxon ao tratamento de
amostras emparelhadas (Minitab: *Stat > Nonparametrics > 1-Sample Wilcoxon*).

5.3.5.1.4. *Teste de Mann-Whitney-Wilcoxon (MWW)*

O teste de Mann-Whitney-Wilcoxon (MWW) surge enquadrado no mesmo contexto de aplicação do teste *t* de Student para duas amostras independentes, mas visando avaliar sobre a igualdade ou não da mediana de duas populações distintas, para as quais se dispõe de amostras recolhidas de forma independente:

$$H0 : \eta_A = \eta_B \tag{5.83}$$

$$H1 : \eta_A \neq \eta_B \text{, ou,}$$
$$\eta_A > \eta_B \text{, ou,} \tag{5.84}$$
$$\eta_A < \eta_B$$

O seu princípio de funcionamento tem algumas semelhanças com os testes não-paramétricos anteriores. Supondo que ambas as populações têm a *mesma forma e dispersão* e que a amostra da primeira população tem n_1 elementos e a da segunda, n_2, os dados de ambas as amostras são então reunidos e ordenados simultaneamente do menor para o maior, após o que lhes é atribuído um número de ordem de 1 a n_1+n_2. A estatística de teste corresponde à soma dos números de ordem para a amostra de menor dimensão. Se as medianas de ambas as populações não diferirem, é esperado que a soma dos números de ordem para as amostras provenientes de ambas as populações seja aproximadamente igual, após efectuados os ajustes necessários para as situações em que as amostras não têm a mesma dimensão. Assim, se estas somas diferirem significativamente, ou se a estatística de teste diferir significativamente do valor esperado com base na hipótese nula de ambas as medianas serem iguais, então esta deverá ser rejeitada e a hipótese alternativa aceite.

Exemplo: *Consumo de energia eléctrica*

Pretende-se avaliar se as distribuições dos consumos domésticos de energia eléctrica por habitante em duas regiões distintas, ambas relativamente pobres, têm a mesma tendência central (mediana). Para tal recolheram-se dados referentes aos consumos anuais por habitante, em milhares de kWh, para a corrente de baixa tensão (Tabela 5.16). As duas amostras aleatórias são independentes, uma correspondendo a 10 conselhos da região A e a outra a 8 conselhos da região B. O que se pode concluir relativamente a este problema?

Região A	Região B
0,237	0,341
0,235	0,482
0,423	0,464
0,398	0,256
0,241	0,908
0,237	0,286
0,344	0,518
0,449	0,326
0,741	
0,405	

Tabela 5.16. Valores do consumo de energia eléctrica para os conselhos seleccionados das regiões A e B (kWh/habitante).

Os resultados decorrentes da aplicação do teste MWW (Figura 5.27) demonstram que não se pode afirmar que existe de facto uma diferença significativa entre as medianas dos consumos energéticos nas duas regiões, uma vez que o valor de prova para o teste é superior a 0,05.

```
Mann-Whitney Test and CI: A; B

     N  Median
A   10  0,3710
B    8  0,4025

Point estimate for ETA1-ETA2 is -0,0625
95,4 Percent CI for ETA1-ETA2 is (-0,2290;0,0969)
W = 82,0
Test of ETA1 = ETA2 vs ETA1 not = ETA2 is significant at 0,2667
The test is significant at 0,2665 (adjusted for ties)
```

Figura 5.27. Resultados para a aplicação do teste de Mann-Whitney-Wilcoxon (Minitab: *Stat > Nonparametrics > Mann-Whitney*).

5.3.5.1.5. Teste de Kruskal-Wallis

O teste de Kruskal-Wallis é uma alternativa ao teste F realizado para o modelo ANOVA, equação (5.58), quando os resíduos não seguem uma distribuição Normal, mas não há "outliers" evidentes nos dados recolhidos (quando tal acontece, recomenda-se o uso do teste de Mood à mediana). Assim, neste teste, assume-se como hipótese nula que as distribuições de probabilidade para os diferentes grupos em análise, dos quais se dispõe de amostras aleatórias independentes, são *idênticas*. De uma forma mais simplificada, tal passa por assumir que as populações dos diferentes grupos têm iguais medianas, pois o teste não é particularmente afectado por diferenças na dispersão de grupo para grupo. A hipótese alternativa contempla a situação em que pelo menos uma das distribuições dos diferentes grupos difere das demais na sua localização.

O princípio do teste passa por ordenar todas as observações de todos os grupos, da mais baixa (número de ordem 1) para a mais elevada (número de ordem $N = n_1 + n_2 + \cdots + n_a$, onde a representa o número de grupos ou níveis do factor em análise), independentemente do grupo a que pertençam. De seguida, somam-se os números de ordem relativos às observações de cada grupo, obtendo-se, $T_i, i = 1, 2, \ldots, a$. Finalmente, calcula-se a estatística de teste,

$$ET = \frac{12}{N(N+1)} \sum_{i=1}^{a} n_i \left(\frac{T_i}{n_i} - \frac{N+1}{2} \right)^2 \qquad (5.85)$$

$$\Leftrightarrow ET = \frac{12}{N(N+1)} \sum_{i=1}^{a} \frac{T_i^2}{n_i} - 3(N+1) \qquad (5.86)$$

De notar que, em (5.85), T_i/n_i corresponde ao número de ordem médio do grupo i, enquanto o número de ordem esperado para qualquer observação é dado pela soma de todos os números de ordem a dividir pelo número total de observações, correspondendo a: $N(N+1)/(2N) = (N+1)/2$. Se a hipótese nula se verificar, estas duas quantidades devem coincidir aproximadamente, pelo que o resultado da estatística de teste deverá ser um número pequeno. Caso contrário, tal poderá indiciar a existência de pelo menos um grupo com uma localização distinta dos demais, apontando no sentido das condições consideradas na hipótese alternativa.

Exemplo: *Tempos de entrega de produtos para acesso à internet*

Num projecto seis sigma procurou-se analisar os tempos de entrega de diferentes produtos para acesso remoto à *internet* para uso doméstico: ISDN e ADSL. Para tal, recolheram-se os tempos de entrega para 25 encomendas do produto ADSL e 30 encomendas do produto ISDN. Pretendeu-se então saber se existia alguma diferença entre os tempos de entrega praticados em ambos os casos. Após conduzir a análise usando o método de Kruskal-Wallis, o resultado obtido foi no sentido de manter a hipótese nula relativa à igualdade dos tempos de entrega (medianos) para ambos os produtos (Figura 5.28).

```
Results for: Time to deliver

Kruskal-Wallis Test: Time to deliver versus Product

Kruskal-Wallis Test on Time to deliver

Product    N   Median   Ave Rank      Z
ADSL      25    7,500      29,7      0,73
ISDN      30    6,750      26,6     -0,73
Overall   55               28,0

H = 0,53  DF = 1  P = 0,467
H = 0,54  DF = 1  P = 0,463  (adjusted for ties)
```

Figura 5.28. Resultados da aplicação do teste de Kruskal-Wallis (Minitab: *Stat > Nonparametrics* > Kruskal-Wallis).

5.3.5.2. Testes de qualidade de ajuste

Com alguma frequência surge a necessidade de avaliar se um dado pressuposto colocado ao nível da distribuição de probabilidade subjacente aos dados recolhidos é de facto verosímil como base de trabalho. Um exemplo comum consiste em avaliar se os dados seguem de facto uma lei Normal, aquando da realização de um teste t de Student recorrendo a uma amostra de pequena dimensão. Os testes de qualidade de ajuste visam apoiar esta análise. Neste sentido, eles consideram, como hipótese nula, que os dados seguem uma distribuição assumida (aquela cuja verosimilhança se pretende atestar). A hipótese alternativa consiste simplesmente na negação de tal condição (os dados não seguem a distribuição postulada). Assim, por exemplo, quando se pretende avaliar se os dados seguem uma lei Normal, o teste de hipóteses a conduzir é:

$$H0: X \text{ segue uma lei normal} \qquad (5.87)$$
$$H1: X \text{ não segue uma lei normal} \qquad (5.88)$$

Nestas circunstâncias, e ao contrário do que se passa habitualmente num teste de hipóteses onde o que se pretende frequentemente é demonstrar a viabilidade da hipótese alternativa provando a inverosimilhança da hipótese nula, agora, o que se pretende usualmente é, de facto, manter a hipótese nula como válida, para que assim fique consolidado o pressuposto sobre a distribuição assumida. Consequentemente, neste tipo de testes, valores de prova elevados ($\gg 0,05$) são os valores mais "desejados", pois são aqueles que mais consubstanciam a manutenção da distribuição postulada.

5.3.5.2.1. *Teste de Kolmogorov-Smirnov e teste de Anderson--Darling*

O teste de Kolomogorov-Smirnov é aplicável a distribuições contínuas e completamente especificadas. O seu princípio de funcionamento é baseado no ajuste entre a função de probabilidade acumulada postulada na hipótese nula, $F_0(x)$, e a função de probabilidade acumulada empírica, decorrente da amostra disponível, $S(x)$. A estatística de teste, D, corresponde ao maior valor da diferença entre estas funções (i.e., ao seu supremo):

$$D = \sup_x \left| S(x) - F_0(x) \right| \tag{5.89}$$

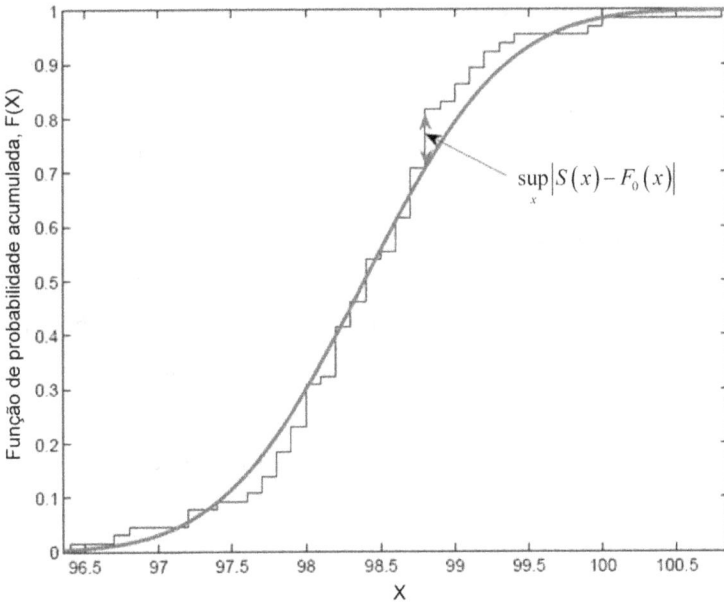

Figura 5.29. Princípio de funcionamento do teste de Kolmogorov-Smirnov.

Demonstra-se que, para amostras aleatórias provenientes de distribuições contínuas conhecidas, esta estatística apenas depende da dimensão da amostra, independentemente da forma da distribuição em questão. A sua função densidade de probabilidade é também conhecida com rigor nestas circunstâncias, o que possibilita o cálculo preciso do valor de prova em situações práticas de análise.

O teste de Anderson-Darling é uma modificação do teste de Kolomogorov-Smirnov, que dá mais peso às caudas da função densidade de probabilidade. Trata-se de um teste mais sensível na detecção de eventuais desvios à hipótese nula, mas cujos valores críticos já são dependentes da distribuição em teste.

Exemplo: *Ensaios de absorvência de toalhas (cont.)*

Na análise do exemplo relativo aos ensaios de absorvência em toalhas, foi, por várias vezes, colocado o pressuposto preliminar de que se tratavam de amostras aleatórias provenientes de populações normais, nomeadamente no contexto da construção de intervalos de confiança e nos testes de hipóteses paramétricos efectuados. Vejamos agora se tal pressuposto é fundamentado, com base no teste de Anderson-Darling. Os resultados obtidos da utilização de *software* estatístico são apresentados na Figura 5.30, onde se pode observar que, para todas as amostras em análise, se obtiveram valores de prova suficientemente elevados que permitem manter como válida a hipótese de que as respectivas distribuições seguem uma lei Normal.

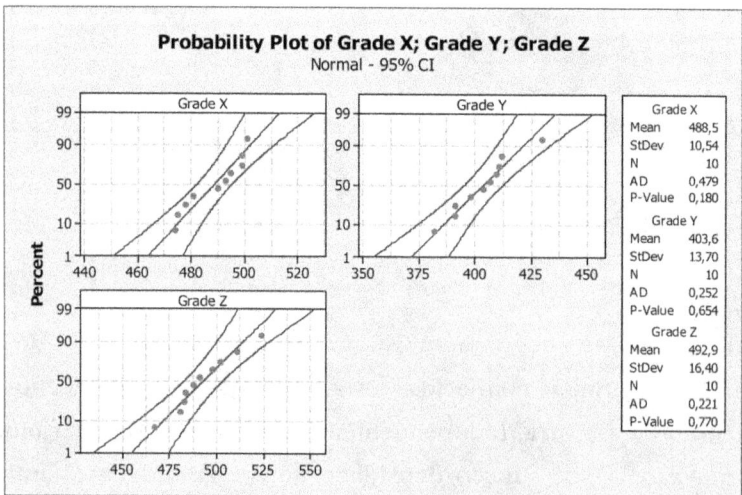

Figura 5.30. Resultados da aplicação do teste de Anderson-Darling aos ensaios de absorvência (Minitab: *Graph > Probability plot*).

5.3.5.2.2. Teste qui-quadrado

Embora não seja tão potente como os testes abordados na secção anterior quando a distribuição é contínua e completamente especificada, nem a sua estatística de teste siga uma distribuição definida (apenas se conhecendo a sua distribuição aproximada), este teste é bastante flexível, podendo ser aplicável à análise da aderência de uma amostra expressa em qualquer escala (não necessariamente contínua) a uma qualquer distribuição teórica.

O seu princípio de funcionamento consiste na comparação entre a distribuição das frequências absolutas observadas para o conjunto das K classes estipulado para o teste e a frequência absoluta esperada nessas mesmas classes para uma amostra da mesma dimensão, n, com base na distribuição "teórica" que está a ser testada (e que figura na hipótese nula). As K classes devem subdividir todo o domínio da distribuição de uma forma exaustiva e mutuamente exclusiva. Seja n_i a frequência absoluta observada para a classe i (logo, $\sum_{i=1}^{K} n_i = n$). A frequência esperada para cada classe é calculada a partir da distribuição teórica da seguinte forma:

$$e_i = n \cdot p_i \qquad (5.90)$$

onde p_i representa a probabilidade de ocorrência de uma observação na categoria i, se a distribuição assumida for verdadeira (mais uma vez deve ter-se que $\sum_{i=1}^{K} e_i = n$, mas agora os valores de e_i não têm de ser números inteiros).

A estatística de teste é definida pela seguinte expressão:

$$Q = \sum_{i=1}^{K} \frac{\left(n_i - e_i\right)^2}{e_i} \qquad (5.91)$$

Assim, se a hipótese nula for verdadeira, as diferenças registadas entre as frequências absolutas observadas, n_i, e as esperadas, e_i, devem ser pequenas, o mesmo sucedendo consequentemente com o valor de Q. Caso contrário, o valor da estatística de teste será elevado. Os valores críticos para a estatística Q são calculados a partir da função densidade de probabilidade χ_v^2, a qual descreve o seu comportamento para amostras de dimensão elevada, quando H0 é verdadeira (trata-se de um teste unilateral à direita, pelo que o valor crítico em questão corresponde a $\chi_{\alpha,v}^2$). O número de graus de liberdade da função densidade, v, depende do número de classes considerado, K, e do número de parâmetros da distribuição que são estimados a partir dos dados, R (por exemplo, quando se estima a média e o desvio padrão de uma distribuição Normal a partir dos dados, $R = 2$):

$$v = (K-1) - R \qquad (5.92)$$

Este teste pode ser usado com confiança quando $n \geq 30$ e quando a frequência esperada para cada classe não é inferior a 5, $e_i \geq 5$. Caso esta última condição não se verifique, o teste pode ainda ser viável se não mais de 20% dos valores de e_i forem inferiores a 5, e se nenhum destes for inferior a 1. Se tal se verificar, algumas classes deverão ser fundidas numa só, para que a frequência esperada respeite as condições acima indicadas.

Exemplo: *Teste de baterias de computadores portáteis*

Um engenheiro de produção está a testar as baterias utilizadas na montagem de computadores portáteis. Em determinada fase da análise de resultados, ele pretende determinar se a distribuição da voltagem à saída da bateria é adequadamente descrita por uma distribuição Normal. Para tal, dispõe de uma amostra de 100 unidades, com base na qual calculou a correspondente média amostral, 5,04 V, e o desvio padrão amostral, 0,08V. Os dados da amostra, devidamente agrupados em categorias, são apresentados na Figura 5.31. O que se pode concluir acerca da normalidade dos dados, recorrendo ao teste qui-quadrado para a qualidade de ajuste?

Os cálculos necessários estão sumariados na Figura 5.31, onde também se indica a lógica seguida na definição das classes a usar no teste. As classes possuem a mesma probabilidade associada ($1/8$) para a distribuição assumida na hipótese nula (distribuição Normal) com os parâmetros estimados a partir dos dados da amostra.

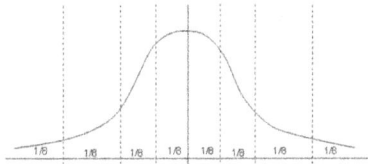

média	5,04	
desvio padrão	0,08	Dados referentes à amostra recolhida
n	100	

z	X
-1,15	4,948
-0,675	4,986
-0,32	5,0144
0	5,04
0,32	5,0656
0,675	5,094
1,15	5,132

Classes		Frequência observada (Oi)	Frequência esperada (Ei)	(Oi-Ei)^2/Ei
x<	4,948	12	12,5	0,02
4,948 =<x<	4,986	14	12,5	0,18
4,986 =<x<	5,014	12	12,5	0,02
5,0144 =<x<	5,04	13	12,5	0,02
5,04 =<x<	5,066	12	12,5	0,02
5,0656 =<x<	5,094	11	12,5	0,18
5,094 =<x<	5,132	12	12,5	0,02
5,132	<x	14	12,5	0,18
	TOTAL	100	100	0,64

Figura 5.31. Tabela de frequências observadas e resultados da aplicação do teste qui--quadrado para a qualidade de ajuste.

O valor obtido para a estatística de teste é de $Q = 0,64$, logo inferior a $\chi^2_{0.05,(8-1)-2} = 11,07$, pelo que se aceita a manutenção de H0 como válida, não havendo portanto suficiente evidência para rejeitar a hipótese de normalidade dos dados. Na verdade, como o valor de prova para a presente situação é de 0,9861, poderemos mesmo estar confortavelmente seguros da viabilidade de tal hipótese.

5.3.5.3. Testes de associação

Frequentemente há interesse em perceber se duas variáveis em estudo estão de alguma forma associadas entre si, ou se pelo contrário variam de forma independente. Nesta secção referem-se algumas metodologias para analisar esta questão, começando pela situação mais restritiva quanto à natureza da associação (linear) e das variáveis em questão (contínuas, seguindo uma lei Normal multivariada) e progredindo para metodologias de âmbito mais geral.

5.3.5.3.1. Coeficiente de correlação linear de Pearson

O coeficiente de correlação linear (ou de Pearson) é um parâmetro populacional definido por:

$$\rho_{XY} = \frac{\sigma_{XY}}{\sqrt{\sigma_X^2 \cdot \sigma_Y^2}} \qquad (5.93)$$

onde σ_{XY} representa a covariância entre as variáveis aleatórias X e Y. A sua estimativa é obtida substituindo os parâmetros σ_X, σ_Y e σ_{XY}, pelos respectivos estimadores amostrais. Assim, os estimadores para os desvios padrões populacionais de X e Y são os respectivos desvios padrões amostrais, enquanto para σ_{XY} o estimador é a covariância amostral definida através da seguinte expressão:

$$s_{XY} = \frac{\sum_{i=1}^{n}(x_i - \bar{x})(y_i - \bar{y})}{n-1} \qquad (5.94)$$

O valor de coeficiente de correlação amostral (bem como o seu congénere populacional) varia entre –1 e 1, assumindo estes valores extremos quando a associação entre as variáveis é perfeitamente linear e negativa (i.e., quando X cresce, Y decresce, e vice-versa) ou positiva (i.e., quando X cresce, Y cresce, e vice-versa), respectivamente. Na verdade, este coeficiente é uma medida do grau de associação linear entre duas variáveis, devendo ser utilizado para medir a sua associação somente em situações em que um comportamento linear pode ser inferido através de uma análise preliminar de dados, nomeadamente usando um gráfico de dispersão. O seu uso *ad hoc*, sem tal verificação prévia é desaconselhado, pois poderá facilmente levar a conclusões erradas. Por exemplo, associações fortes entre variáveis poderão passar despercebidas, pelo facto de serem de natureza não-linear.

O teste de hipóteses a conduzir é o seguinte:

$$H0 : \rho_{XY} = 0 \qquad (5.95)$$
$$H1 : \rho_{XY} \neq 0 \qquad (5.96)$$

As condições para a sua aplicação normalmente requerem que as variáveis contínuas sigam uma lei Normal multivariada. Alternativamente, podem-se usar metodologias não-paramétricas envolvendo processos de re-amostragem (como por exemplo, testes de permutação e *bootstrap*), que flexibilizam este pressuposto. Assim, o método apresentado nesta secção é na verdade frequentemente encarado como um método paramétrico (excepto quando se recorre às referidas abordagens de re-amostragem). A sua introdução nesta secção dedicada a métodos não-paramétricos é no entanto justificada pelo facto de constituir um ponto de partida adequado para a apresentação de outras metodologias de âmbito de aplicação mais geral, estas sim de natureza não-paramétrica, fornecendo um enquadramento apropriado para a compreensão e descrição das mesmas. A interpretação dos resultados do teste de hipóteses em (5.95) e (5.96) é directa, recorrendo ao valor de prova fornecido por *software* estatístico.

Exemplo: *Consumo de vapor*

Para um determinado processo registou-se a temperatura média do mês e o volume total de vapor produzido que foi alocado à geração de energia eléctrica, após satisfação das várias necessidades de aquecimento (quanto menor as necessidades de aquecimento, maior será o volume de vapor dirigido para esta actividade). Os valores recolhidos são apresentados na Tabela 5.17.

Temperatura (°C)	Vapor (10³ m³)
-6,11	54,6572
-4,44	137,5576
0,00	139,4551
8,33	237,2475
10,00	240,5208
15,00	224,1958
20,00	243,4219
23,33	304,2922
16,67	245,242
10,00	180,3212
5,00	182,8931
-1,11	169,0447
-6,11	54,6572

Tabela 5.17. Temperatura média do mês e volume total de vapor produzido que pode ser alocado à geração de energia eléctrica, após satisfação das várias necessidades de aquecimento.

Pretende-se estudar se existe uma associação entre as variáveis em estudo. Do gráfico apresentado na Figura 5.32, é possível de facto perceber que existe uma associação do tipo positivo e linear entre a temperatura média do mês e a quantidade de vapor utilizado para produzir energia eléctrica.

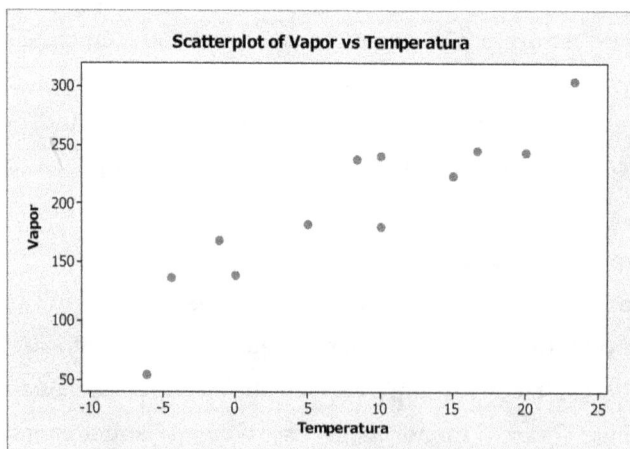

Figura 5.32. Gráfico de dispersão para a variação da quantidade de vapor utilizada para produzir energia eléctrica em função da temperatura média verificada no respectivo mês.

O valor do coeficiente de correlação linear de Pearson para esta situação é de 0,906, com um valor de prova inferior a 0,001, indicando que a hipótese nula de tal coeficiente ser zero pode ser rejeitada com elevada confiança (Minitab: *Stat > Basic statistics > Correlation*).

5.3.5.3.2. *Coeficiente de correlação ordinal de Spearman*

O coeficiente de correlação linear ou de Pearson é válido apenas para aferir o nível de associação entre duas variáveis contínuas relacionadas linearmente entre si. Quando um destes pressupostos não se verifica (as variáveis não são contínuas ou não apresentam uma relação linear), outras abordagens baseadas em estatísticas de ordem ou na Teoria da Informação devem ser adoptadas. Um das abordagens mais simples neste contexto consiste na utilização do coeficiente de correlação ordinal (ou de Spearman). Este coeficiente pode ser usado para medir o nível de associação entre variáveis expressas numa escala ordinal ou contínua, para relações lineares ou não-lineares (do tipo monótono crescente ou decrescente; o termo "monótono" significa que a tendência de crescimento ou decréscimo nunca é invertida, podendo ser contudo atenuada ou acentuada). O seu cálculo consiste em determinar primeiro os números de ordem correspondentes a cada variável que constitui a amostra emparelhada em análise. Ou seja, ordena-se a variável X por ordem crescente, e atribui-se ao menor valor o número de ordem 1, ao seguinte o número de ordem 2, e assim sucessivamente até ao maior, que terá o número de ordem n. O mesmo procedimento é efectuado para a variável Y. De seguida, cada par ordenado $(x_i, y_i), i = 1, \ldots, n$, é substituído pelo correspondente par ordenado com os respectivos números de ordem de X e Y, $(no(x_i), no(y_i)), i = 1, \ldots, n$. O coeficiente de correlação ordinal não é mais que o coeficiente de correlação linear calculado em termos dos números de ordem assim obtidos.

Outra forma de calcular o coeficiente consiste em aplicar a seguinte fórmula para o coeficiente de correlação ordinal (amostral):

$$r_{s,XY} = 1 - \frac{6 \cdot \sum_{i=1}^{n} d_i^2}{n \cdot (n^2 - 1)}$$ (5.97)

onde d_i^2 representa o quadrado da diferença dos números de ordem para cada par ordenado, (x_i, y_i), i.e.,: $d_i^2 = (no(x_i) - no(y_i))^2$. De facto, pode-se demonstrar que quando existe uma associação positiva perfeita (mesmo que não linear):

$$\sum_{i=1}^{n} d_i^2 = 0$$ (5.98)

e portanto $r_{s,XY} = 1$. Da mesma forma, quando existe uma relação negativa perfeita entre as variáveis:

$$\sum_{i=1}^{n} d_i^2 = \frac{n \cdot (n^2 - 1)}{3}$$ (5.99)

conduzindo a $r_{s,XY} = -1$. Verifica-se assim que, desta forma, o coeficiente de correlação ordinal de Spearman varia também entre –1 e 1, como acontece com o coeficiente de correlação linear de Pearson, mas pode ser aplicado à análise de formatos de associação mais variados, nomeadamente do tipo não-linear (desde que monotonamente crescentes ou decrescentes).

Exemplo: *Velocidade de reacção em função da composição de um reagente*

A relação entre a velocidade de reacção e a composição utilizada para um dado reagente (A) é apresentada na Figura 5.33. Para caracterizar o nível de associação entre estas variáveis em estudo, utilizou-se o coeficiente de correlação ordinal (ou de Spearman), dada a natureza não-linear e monótona (crescente) da associação. O valor obtido para este coeficiente é de 0,8976 (usando a Statistics Toolbox do software Matlab, The Mathworks, Inc.), indicando uma forte associação, a qual é corroborada pelo valor de prova fornecido por um método não-paramétrico (baseado na metodologia de permutação), que fornece o valor de prova de aproximadamente 0. Se o coeficiente de associação linear fosse, incorrectamente, usado, teria conduzido ao valor de 0,7167, não atribuindo o devido ênfase ao nível de associação efectivamente existente ente as variáveis em estudo.

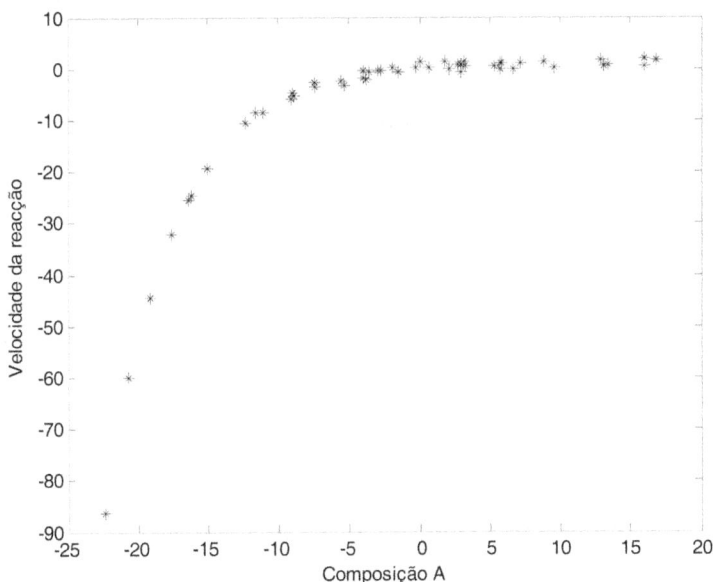

Figura 5.33. Gráfico de dispersão para a relação entre a velocidade de reacção e a composição do reagente A.

5.3.5.3.3. Teste qui-quadrado baseado na tabela de contingência

Este teste é na verdade um caso particular do teste qui-quadrado de qualidade de ajuste, podendo ser aplicado à análise de duas variáveis expressas em qualquer escala, X e Y, desde que estas sejam descritas na forma de um número finito de classes, digamos, r e c, respectivamente. O teste de hipóteses em questão é agora o seguinte:

$$H0: X \text{ e } Y \text{ são independentes} \qquad (5.100)$$
$$H1: X \text{ e } Y \text{ não são independentes} \qquad (5.101)$$

O seu princípio de funcionamento consiste em adaptar a lógica do teste qui-quadrado de qualidade de ajuste à análise da aderência da distribuição decorrente do pressuposto de independência entre as variáveis em análise (hipótese nula) aos dados disponíveis, os quais se apresentam sumariados numa tabela de contingência.

A tabela de contingência (Tabela 5.18) é uma tabela de dupla entrada, em que ao longo das linhas figuram os vários grupos correspondentes à variável X e ao longo das colunas figuram os grupos correspondentes às variáveis Y. A lógica de definição dos grupos é flexível, mas deve-se assegurar que estes sejam mutuamente exclusivos (quando um valor pertence a um grupo não pode pertencer a mais nenhum outro) e exaustivos (todos os valores possíveis da variável aleatória devem pertencer a um grupo). As recomendações referidas na secção 5.3.5.2.2 devem também ser observadas neste contexto, uma vez que este teste constitui um caso particular do teste referido nessa secção. Em particular, a frequência esperada para cada classe (calculada como abaixo indicado) não deve ser inferior a 5 e, caso tal não se verifique, não mais de 20% dos valores da frequência esperada devem ser inferiores a 5 e nenhum deve ser inferior a 1 (se tal se verificar, algumas classes deverão ser agregadas). Numa tabela de contingência apenas se contabiliza o número de observações em cada célula (a sua frequência absoluta), $O_{ij}, i = 1, \ldots, r; j = 1, \ldots, c$, i.e., em cada combinação cruzada das condições que definem os grupos da variável X com as condições que definem os grupos da variável Y, apresentando-se também os sub-totais de cada linha, $O_{i:}$, e coluna $O_{:j}$, bem como a sua soma global (que é igual à dimensão da amostra, N):

$$O_{i:} = \sum_{j=1}^{c} O_{ij} \qquad (5.102)$$

$$O_{:j} = \sum_{i=1}^{r} O_{ij} \qquad (5.103)$$

$$\sum_{i=1}^{r} O_{i:} = \sum_{j=1}^{c} O_{:j} = N \qquad (5.104)$$

		Colunas: Y			
		1	2	...	c	Total linhas
Linhas: X	1	O_{11}	O_{12}	...	O_{1c}	$O_{1:}$
	2	O_{21}	O_{22}	...	O_{2c}	$O_{2:}$
	...	...	...	...	...	...
	r	O_{r1}	O_{r2}	...	O_{rc}	$O_{r:}$
	Total colunas	$O_{:1}$	$O_{:2}$	...	$O_{:c}$	N

Tabela 5.18. Esquema de uma tabela de contingência envolvendo as variáveis X e Y.

Usando a tabela de contingência é relativamente fácil estimar a probabilidade de uma observação pertencer a uma dada classe de uma variável. Por exemplo, a estimativa para a probabilidade de uma observação pertencer à i-ésima classe da variável X corresponde simplesmente à fracção do total de observações que pertencem a essa classe, ou seja:

$$\hat{p}_i = \frac{O_{i:}}{N} \qquad (5.105)$$

Da mesma forma, a probabilidade de uma observação pertencer à j-ésima classe da variável Y é dada pela fracção do total de observações pertencentes à classe j:

$$\hat{p}_j = \frac{O_{:j}}{N} \qquad (5.106)$$

Assim, para estimar todas as probabilidades necessárias para definir o comportamento aleatório associado às classes ou grupos da variável X, são necessárias $r-1$ estimativas do tipo (5.105), e para definir o comportamento associado aos grupos da variável Y são necessárias $c-1$ estimativas do tipo (5.106) (a probabilidade para o grupo remanescente é dada por 1 menos as restantes probabilidades estimadas). Ou seja, tem-se um total de $(r-1)+(c-1)$ estimativas independentes efectuadas a partir dos dados, para definir as distribuições de probabilidade marginais associadas a cada grupo.

Pode-se agora facilmente estimar a probabilidade associada a cada célula da tabela de contingência, correspondente ao cruzamento de grupos das variáveis X e Y no pressuposto destas serem independentes (hipótese nula). Se as variáveis aleatórias X e Y forem independentes, a probabilidade de uma observação pertencer a uma dada célula, correspondente a uma combinação de grupos, por exemplo o grupo i da variável X e o grupo j da variável Y, é simplesmente dada pelo produto das probabilidades da variável aleatória X cair no grupo i e da variável aleatória Y cair no grupo j, pelo que a sua estimativa será:

$$\hat{p}_{ij} = \hat{p}_i \cdot \hat{p}_j \qquad (5.107)$$

$$\Leftrightarrow \hat{p}_{ij} = \frac{O_{i:} \cdot O_{:j}}{N^2} \qquad (5.108)$$

Logo, o valor esperado para o número de observações na mesma célula, ij, designado por e_{ij}, sendo dado por $e_{ij} = N \cdot \hat{p}_{ij}$, corresponde, em termos de quantidades calculadas na tabela de contingência, a:

$$e_{ij} = \frac{O_{i:} \cdot O_{:j}}{N} \qquad (5.109)$$

A estatística de teste, à semelhança do teste qui-quadrado para avaliar a qualidade de ajuste, é dada por,

$$Q = \sum_{i=1}^{r} \sum_{j=1}^{c} \frac{\left(O_{ij} - e_{ij}\right)^2}{e_{ij}} \qquad (5.110)$$

a qual segue aproximadamente um lei qui-quadrado, χ_v^2, sendo o número de graus de liberdade dados por (5.92), i.e., $v = (K-1) - R$. Como, no presente caso, o número de grupos é $r \cdot c$, e o número de quantidades estimadas a partir dos dados, $(r-1)+(c-1)$ (como visto atrás), o número de graus de liberdade a usar no teste é:

$$v = (r \cdot c - 1) - \left[(r-1) + (c-1) \right] \qquad (5.111)$$
$$\Leftrightarrow v = (r-1)(c-1) \qquad (5.112)$$

No caso de $i = j = 2$, a estatística de teste deve ser corrigida utilizando a seguinte expressão (correcção de Yates) em lugar de (5.110):

$$Q = \sum_{i=1}^{2} \sum_{j=1}^{2} \frac{\left(\left|O_{ij} - e_{ij}\right| - 0,5\right)^2}{e_{ij}} \qquad (5.113)$$

Exemplo: *Testes em tintas*

Uma empresa está a estudar a formulação para uma tinta a lançar no mercado, tendo presentemente 3 formulações possíveis, designadas por A, B e C. Para testar a percepção da qualidade inerente a cada formulação, foram realizados 150 testes em fachadas seleccionadas aleatoriamente na área geográfica onde se localiza o seu mercado alvo, os quais consistiam em avaliar a pintura após um tempo pré-determinado, relativamente a vários aspectos da sua qualidade. No final, cada avaliação dá origem a uma nota na seguinte escala: "Aceitável", "Boa" e "Excelente". Os resultados obtidos aparecem sumariados na tabela de contingência abaixo apresentada. O que conclui? Será a avaliação independente da formulação usada para tinta, ou não?

		Formulação			
		A	B	C	Total linhas
Avaliação	Excelente	32	18	8	58
	Boa	12	24	24	60
	Aceitável	6	8	18	32
	Total Colunas	50	50	50	150

Tabela 5.19. Tabela de contingência para os resultados dos testes realizados com várias formulações de tintas.

Na Figura 5.34 apresentam-se os resultados decorrentes da aplicação do teste qui-quadrado baseado na tabela de contingência. O valor de prova obtido indica que a hipótese nula de independência deverá ser claramente rejeitada. Uma inspecção mais fina dos resultados poderá agora ser conduzida para determinar qual a melhor formulação a usar. Por exemplo, a formulação A parece conduzir a melhores resultados, seguida da formulação B. Os priores resultados são obtidos para a formulação C.

```
Chi-Square Test: A; B; C

Expected counts are printed below observed counts
Chi-Square contributions are printed below expected counts

              A        B        C    Total
   1         32       18        8       58
          19,33    19,33    19,33
          8,299    0,092    6,644

   2         12       24       24       60
          20,00    20,00    20,00
          3,200    0,800    0,800

   3          6        8       18       32
          10,67    10,67    10,67
          2,042    0,667    5,042

Total        50       50       50      150

Chi-Sq = 27,584; DF = 4; P-Value = 0,000
```

Figura 5.34. Resultados para a aplicação do teste de qui-quadrado baseado na tabela de contingência (Minitab: *Stat > Tables* > Chi-Square Test (Two-Way in Worksheet)).

5.3.5.4. Testes de aleatoriedade

O pressuposto segundo o qual os dados recolhidos são sucessivamente independentes entre si aparece também com bastante frequência nas metodologias apresentadas anteriormente, pelo que é conveniente dispor de algumas ferramentas para o avaliar. De entre as metodologias aplicáveis, referem-se as seguintes:

Teste das sequências

Este teste permite avaliar se uma sucessão dicotómica segue ou não um padrão aleatório (uma sucessão dicotómica é uma série de observações constituída somente por dois estados, por exemplo: 0/1, Cara/Coroa, A/B, etc.). A hipótese nula considera que a sucessão é aleatória, enquanto a hipótese alternativa contempla o cenário complementar, em que esta não é aleatória. O teste baseia-se no conceito de "sequência", o qual é definido com um conjunto de observações com igual estado (por exemplo 0000, ou Cara Cara Cara Cara, ou BB). De acordo com esta definição, uma sequência pode conter uma só observação: na amostra 000100, existem 3 sequências, nomeadamente, 000, 1 e 00. Para conduzir o teste conta-se o número de sequências existentes e avalia-se a sua probabilidade de ocorrência, nas condições da hipótese nula ser válida (Minitab: Stat > Nonparameterics > Runs Test). Este teste também pode ser aplicado a valores expressos numa escala contínua, desde que sejam previamente transformados numa escala dicotómica (i.e., "binarizados", ou transformados em algarismos binários), mediante a aplicação de algum critério, usualmente "acima/abaixo da mediana". Em alternativa, e uma vez que este procedimento implica perda de informação, pode-se usar o teste das sequências ascendentes e descendentes, ou as metodologias abaixo indicadas, entre outras possíveis.

Análise da autocorrelação

A autocorrelação de uma sucessão de valores consiste na correlação dessa sequência consigo própria, após ter sido desfasada de uma ou mais unidades do índice de tempo (usualmente referidas como *lags*). Por exemplo, a autocorrelação para *lag*=1 resulta da correlação de uma série consigo própria, após desfasada de uma unidade do índice de tempo (ver Tabela 5.20), e assim sucessivamente para *lags* superiores. Comparando os valores da autocorrelação para vários *lags* com aqueles passíveis de ocorrer numa sequência de "ruído" aleatório e independente, para um dado nível de significância, é possível verificar se o presente conjunto de dados contém alguma estrutura dinâmica, i.e., autocorrelação. Usualmente tal é efectuado através do gráfico de autocorrelação (Figura 5.35), onde figuram quer os valores estimados para a função autocorrelação com vários *lags*, quer as linhas que os delimitam para o caso de uma série de valores aleatórios e independentes (o chamado "ruído branco"). Se algum valor da autocorrelação cruzar estas linhas, tal é indicativo da presença potencial de uma componente dinâmica significativa no sinal (como acontece na Figura 5.35). De facto, se uma sequência é independente ao longo do tempo, tal implica que cada observação é descorrelacionada com a que se lhe segue. Assim, desfasando a série de valores original não se deveria captar qualquer correlação significativa com a respectiva versão original.

X	X(lag=1)	X(lag=2)	X(lag=3)
50			
51	50		
50,5	51	50	
49	50,5	51	50
50	49	50,5	51
43	50	49	50,5
42	43	50	49
45	42	43	50
47	45	42	43
49	47	45	42
46	49	47	45
50	46	49	47
52	50	46	49
52,5	52	50	46
51	52,5	52	50
52	51	52,5	52
50	52	51	52,5
	50	52	51
		50	52
			50

Tabela 5.20. Exemplificação do desfasamento considerado no cálculo da autocorrelação (amostral) para vários *lags*.

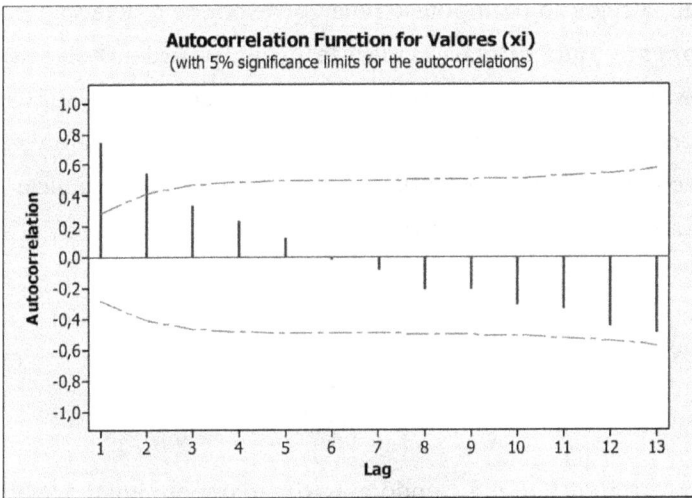

Autocorrelation Function for Valores (xi)
(with 5% significance limits for the autocorrelations)

Figura 5.35. Exemplo de um gráfico de autocorrelação (Minitab: *Stat > Time Series > Autocorrelation*).

Teste de Durbin-Watson

O teste de Durbin-Watson foi desenvolvido para aplicações envolvendo o método dos mínimos quadrados, nomeadamente regressão linear, de forma a analisar o pressuposto de independência dos seus resíduos. O teste assume que o modelo de regressão tem uma intercepção na origem, que as variáveis de entrada (X's) não são aleatórias e não são versões desfasadas da variável de saída (Y's), e que os resíduos seguem um modelo autoregressivo de primeira ordem, com parâmetro, ϕ :

$$\varepsilon_k = \phi \cdot \varepsilon_{k-1} + \omega_k \qquad (5.114)$$

onde ω_k é um termo aleatório que satisfaz os pressupostos do modelo de regressão linear (ver secção 5.4). O teste de hipóteses é o seguinte:

$$H0 : \phi = 0 \qquad (5.115)$$
$$H1 : \phi \neq 0 \qquad (5.116)$$

Logo, a rejeição da hipótese nula corresponde à detecção de uma componente autocorrelacionada (de primeira ordem) significativa nos resíduos, o que implica a não verificação do pressuposto de independência dos mesmos. A manutenção da hipótese nula como válida conduz à viabilização do pressuposto de independência. A estatística de teste, d, é definida por:

$$d = \frac{\sum_{k=2}^{n} (\varepsilon_k - \varepsilon_{k-1})^2}{\sum_{k=1}^{n} \varepsilon_k^2} \qquad (5.117)$$

Esta varia entre 0 e 4, sendo aproximadamente igual a 2 quando $\phi = 0$. A concretização do teste envolve a comparação dos valores obtidos com valores críticos retirados de tabelas apropriadas, sendo que valores bastante distintos de 2 devem suscitar dúvidas relativamente à independência dos resíduos (por exemplo, se inferiores a 1, indicam a presença de autocorrelação positiva, e se superiores a 2, a existência de autocorrelação negativa).

5.4. Regressão Linear

5.4.1. Introdução

Em projectos seis sigma surge frequentemente a necessidade de estabelecer um modelo para a relação existente entre dois conjuntos de variáveis: um relativo às "entradas", i.e., a todos os factores que possam induzir variabilidade no processo, e outro às "saídas", incorporando as variáveis que são naturalmente afectadas por tais acções. Frequentemente a relação pretendida assume uma forma quantitativa, tal como uma equação matemática algébrica (por exemplo, um modelo de regressão linear) ou algorítmica (como sucede, por exemplo, no método de regressão do "vizinho mais próximo"). Métodos de relacionamento qualitativos são por vezes também utilizados, em particular nas primeiras fases de análise de um problema (e.g., diagrama de afinidade, diagrama relacional, entre outros).

Como acima referido, as variáveis envolvidas no problema são normalmente classificadas em duas categorias. Uma categoria é relativa às variáveis que caracterizam a qualidade do produto ou o desempenho do processo, cuja variabilidade se pretende estudar mais aprofundadamente. Designam-se normalmente por termos como: respostas, variáveis de saída (do processo), Y's, *outputs* ou variáveis dependentes (Figura 5.36). A outra categoria, é relativa às variáveis que podem proporcionar uma explicação para a variabilidade apresentada pelas primeiras, nomeadamente através das associações que existem entre ambas e que se pretendem captar num modelo matemático. Estas são usualmente referidas como: variáveis de entrada, X's, predictores, regressores, *inputs* ou variáveis independentes (embora esta última designação careça de algum rigor em termos da linguagem técnica usada em estatística, uma vez que, de facto, estas variáveis não têm que ser formalmente independentes entre si para figurarem nesta categoria; na realidade, estão frequentemente relacionadas entre si por motivos diversos, como mais à frente se abordará, pelo que o termo "independente" será, num sentido mais estrito e formal, inadequado).

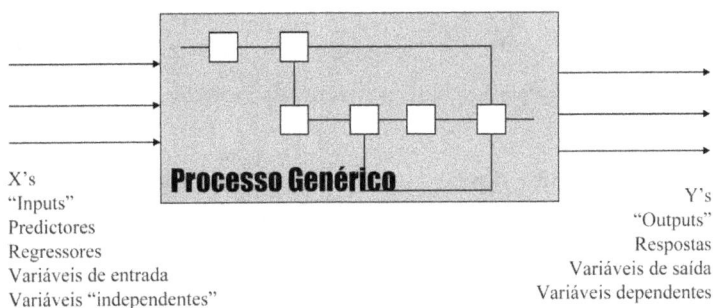

X's
"Inputs"
Predictores
Regressores
Variáveis de entrada
Variáveis "independentes"

Processo Genérico

Y's
"Outputs"
Respostas
Variáveis de saída
Variáveis dependentes

Figura 5.36. Classificação genérica das variáveis que afectam um processo.

Para relacionar as respostas de interesse com as variáveis de entrada que potencialmente contribuem para explicar a sua variabilidade, constroem-se usualmente modelos matemáticos. Um modelo é essencialmente uma descrição simplificada da realidade, desenvolvida para um determinado fim. Este fim pode passar, por exemplo, pela necessidade de descrever a realidade de forma mais compacta e acessível, para efeitos de análise do processo ou para efectuar previsões sobre determinados aspectos. Como objectivos a atingir com o desenvolvimento de modelos, incluem-se, embora de uma forma não exaustiva, os seguintes:

- Previsão de valores futuros de uma variável de saída (Y);
- Estimação do efeito associado a mudanças processuais, sem que haja necessidade de as realizar efectivamente;
- Optimização, controlo e monitorização do processo;
- Para uma melhor gestão do processo e para servir de base a acções de melhoria;
- Para aumentar o conhecimento sobre o processo.

Neste sentido, é fácil perceber a importância da actividade de modelação, dada a forma ubíqua e transversal com que esta aparece em diversos contextos da gestão de processos. Existem várias abordagens possíveis para construir modelos matemáticos no que respeita à informação usada para suportar a sua derivação. Distinguem-se neste âmbito, em particular, as seguintes: abordagem baseada nos primeiros princípios, abordagem orientada por dados e a abordagem empírica (Figura 5.37).

Quando há muito conhecimento disponível sobre os fenómenos que ocorrem no processo, bem como acesso a todo um conjunto de parâmetros e informação que os caracterizam, não se registando a presença de incertezas significativas quanto a aspectos que interfiram com a realidade em causa, a abordagem baseada nos primeiros princípios pode ser adoptada. Esta abordagem baseia-se na aplicação dos princípios universais de conservação de extensidades, como a massa, energia e quantidade de movimento, aos processos e sistemas em causa para assim deduzir as equações que regem o seu comportamento. Estas assumem frequentemente a forma de equações diferenciais e/ou algébricas, cuja resolução para as condições em estudo conduz ao comportamento previsto para o sistema. O desenvolvimento deste tipo de modelos é tipicamente intensivo em conhecimento e em tempo. Por outras palavras, requer pessoas com formação avançada na compreensão de fenómenos e sua tradução em linguagem matemática e recursos computacionais (*software* e *hardware*), bem como tempo, para que este estudo aprofundado tenha lugar nos processos e sistemas em questão.

No outro lado do espectro das abordagens de modelação situam--se as metodologias que se baseiam (quase) inteiramente nos dados recolhidos, sem recurso a conhecimento *a priori* sobre o processo e sobre os fenómenos que nele se desenrolam. Tratam-se de metodologias que exploram a abundância de dados quando estes são disponibilizados em elevado volume, para conduzir as actividades de previsão em questão. São por isso intensivas em dados e em recursos computacionais de processamento e memória. A sua natureza é essencialmente algorítmica, não colocando pressupostos quanto à estrutura dos modelos (situação oposta à encontrada nas abordagens baseadas em primeiros princípios, onde a estrutura dos modelos é inteiramente especificada *a priori*, com base no conhecimento existente sobre os fenómenos).

Numa zona intermédia do espectro de abordagens, surgem as metodologias que se adoptam em situações onde o conhecimento disponível sobre os processos e fenómenos não é suficiente para possibilitar a especificação integral da sua estrutura, a qual deve ser completada e afinada, com base na análise dos dados recolhidos. Os dados, por sua vez, não existem em quantidade tal, que permita, por si só, resolver os problema de previsão em causa, sendo necessário proceder a uma definição preliminar de uma estrutura base para os descrever, a qual poderá ser melhorada posteriormente, de forma iterativa, até que seja encontrada a forma que melhor compatibilize os pressupostos efectuados sobre o modelo do processo e os dados recolhidos do mesmo. De facto, quando se analisam várias variáveis simultaneamente, é bastante fácil e comum estar numa situação em que a densidade de cobertura do espaço multidimensional pelos dados é muito baixa, o que impede a utilização de abordagens baseadas em dados, ainda que o número de registos (ou observações) seja considerável (por exemplo, da ordem dos milhares ou milhões), constatação usualmente referida como a "maldição da dimensionalidade". Contextos com esta tipologia ocorrem com muita frequência em situações práticas e apelam para metodologias de modelação que integrem algum conhecimento sobre o processo para estabelecer uma estrutura base de modelação (definindo por exemplo que variáveis incorporar no modelo e eventualmente transformações a que estas devam ser sujeitas para melhorar a sua qualidade) e os dados ao dispor para o desenvolver, refinar e validar. Estas metodologias são designadas por abordagens empíricas, entre as quais a metodologia de regressão linear, aqui abordada, ocupa um posição de destaque, dada a sua flexibilidade (i.e., possibilidade de utilização em diferentes contextos) e simplicidade. A estas características acresce-se ainda o facto de existir, hoje em dia, um importante corpo de conhecimento acumulado sobre a sua implementação, bem como *software* disponível, com diferentes níveis de sofisticação, para a conduzir em contextos práticos.

Abordagens intensivas em conhecimento	→	Abordagens intensivas em dados

Modelos baseados em primeiros princípios
→ Estrutura completamente definida

Modelos baseados em dados
→ poucas hipóteses são colocadas
quanto à estrutura do modelo

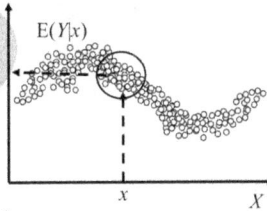

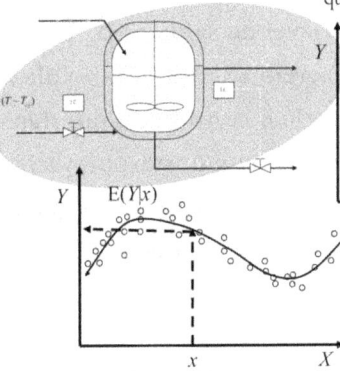

Modelos empíricos → Algumas hipóteses quanto à estrutura do modelo

Figura 5.37. Espectro das abordagens possíveis a usar na construção de modelos: das abordagens "intensivas em conhecimento" àquelas "intensivas em dados", passando pelas "abordagens empíricas".

Nesta secção, apresenta-se a metodologia de regressão linear, pertencente à classe das abordagens empíricas de modelação. Esta metodologia pode ser usada para explicar a variabilidade de respostas quantitativas e contínuas, a partir de variáveis de entrada quantitativas ou mesmo qualitativas. No texto que se segue, introduz-se o modelo geral de regressão linear, após o que se abordam os vários aspectos importantes relacionados com a estimação dos seus parâmetros, testes de hipóteses e intervalos de confiança mais relevantes. A estes temas juntam-se ainda outros tópicos que complementam uma abordagem introdutória a este assunto, como a validação do modelo estimado e a detecção de situações problemáticas quando existem variáveis de entrada correlacionadas (o chamado "problema da colinearidade").

5.4.2. O modelo de regressão linear

O modelo de regressão linear é um modelo genérico do tipo,

$$Y = \beta_0 + \beta_1 x_1 + \beta_2 x_2 + \cdots + \beta_m x_m + \varepsilon \qquad (5.118)$$

onde, Y representa a variável de saída e $\left\{ x_j \right\}_{j=1:m}$ os regressores ou variáveis de entrada a serem usadas para explicar a variabilidade registada em Y. Este modelo é constituído por duas partes. Uma que lhe confere a sua estrutura, composta por variáveis (originais ou transformadas) afectadas por coeficientes, designados por *coeficientes de regressão parciais*, $\left\{ \beta_j \right\}_{j=1:m}$, ao que se lhes junta o termo independente ou *intercepção na origem*, β_0. Para além deste "esqueleto determinístico", o modelo de regressão linear contém uma segunda parte, de natureza aleatória ou estocástica, introduzida através do termo ε. Este termo residual é uma variável aleatória, a qual deve ser portanto melhor definida. Assim, ε, tem as seguintes características para um modelo de regressão linear:

- Média nula;
- Variância constante, para qualquer valor da resposta (Y) ou dos regressores (X's);
- Os seus sucessivos valores são mutuamente independentes.

Este conjunto de pressupostos é suficiente para proceder à estimação pontual dos parâmetros do modelo, mas é insuficiente para conduzir outras tarefas de inferência estatística, como testes de hipóteses envolvendo várias quantidades do modelo ou o estabelecimento de intervalos de confiança. Para tal, é necessário especificar, adicionalmente, a função densidade de probabilidade para o termo aleatório. Neste caso, a função densidade de probabilidade considerada é a Normal.

Nestas condições, é importante clarificar que a previsão efectuada por um modelo de regressão linear para uma dada concretização das variáveis de entrada, não é um determinado valor da variável de resposta, mas uma função densidade de probabilidade para esta variável, cuja média provém da parte estrutural do modelo, enquanto a sua forma e dispersão são originárias do seu termo aleatório (Figura 5.38).

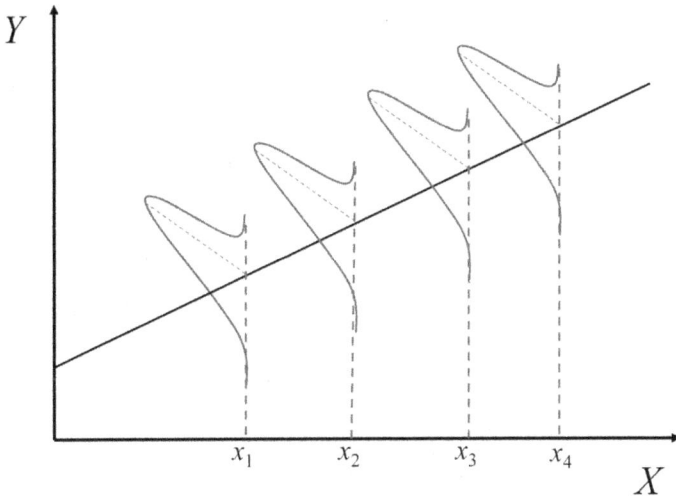

Figura 5.38. Representação esquemática do modelo de regressão linear (no caso em que só há uma variável de entrada, x), enfatizando a sua natureza estocástica: para cada valor da variável de entrada, o modelo fornece a correspondente função densidade de probabilidade para os valores da resposta.

Os seguintes exemplos, caiem na categoria dos modelos de regressão linear:

$$Y = \beta_0 + \beta_1 x + \varepsilon \qquad (5.119)$$

$$Y = \beta_0 + \beta_1 x_1 + \beta_2 x_2 + \beta_{11} x_1^2 + \beta_{22} x_2^2 + \beta_{12} x_1 x_2 + \varepsilon \qquad (5.120)$$

$$\ln(Y) = \beta_0 + \beta_1 x_1 + \beta_2 x_2 + \beta_3 x_3 + \varepsilon \qquad (5.121)$$

O modelo (5.119) é conhecido como o modelo de regressão linear simples (RLS), pois só apresenta um regressor, ao contrário do modelo (5.118), que tem vários regressores, sendo por isso referido usualmente como modelo de regressão linear múltipla (RLM). O modelo (5.120) apresenta termos adicionais não-lineares no conjunto dos regressores, em particular de natureza polinomial, como os termos quadráticos $\beta_{jj}x_j^2$ e o termo bilinear ou de interacção, $\beta_{ij}x_ix_j$. A presença destes termos e, se necessário, outros termos adicionais de ordem polinomial superior, tem consequências interessantes. Em particular, como qualquer função contínua pode ser aproximada com o rigor que se pretender (desde que seja diferenciável no ponto em questão) por uma expansão polinomial (o conhecido teorema da série de Taylor), então um modelo deste tipo pode ser aplicado à descrição de qualquer relação não-linear (contínua e continuamente diferenciável), desde que para tal se disponha de dados em quantidade suficiente. O conhecimento específico da não-linearidade pode no entanto tornar o modelo mais parcimonioso, i.e., com menos termos, sem prejudicar a sua aplicabilidade, mediante a introdução de transformações adequadas, como a indicada, por exemplo, no modelo (5.121), desta feita aplicada na variável de saída ou resposta. No entanto, quando se estuda um processo não-linear localmente, como acontece na maioria das situações práticas onde a janela de operação é relativamente estreita, a curvatura em questão é usualmente moderada e poucos termos polinomiais são necessários para proporcionar uma descrição adequada das tendências dominantes.

Por vezes, os modelos de regressão linear são apresentados numa forma equivalente, mas de interpretação mais clara, possuindo a mesma capacidade de explicação associada relativamente ao modelo original. É o que acontece quando se normaliza previamente todas as variáveis envolvidas (resposta e regressores), subtraindo aos valores de cada variável a média e dividindo esta quantidade pelo respectivo desvio padrão:

$$y_i^{'} = \frac{y_i - \overline{y}}{s_Y}, \quad x_{ij}^{'} = \frac{x_{ij} - \overline{x}_j}{s_{x_j}} \qquad (5.122)$$

onde, y_i representa o valor de Y para a observação i, x_{ij} o valor do regressor x_j na observação i, $\overline{y}$ representa a média dos valores de Y, $\overline{x}_j$ representa a média dos valores de x_j, s_Y o desvio padrão amostral de Y e s_{x_j} o desvio padrão amostral de x_j. Nestas condições, as variáveis $Y_i^{'}$ e $x_j^{'}$ têm média nula e desvio padrão unitário (esta transformação linear é designada frequentemente por "autoescalonamento"). O modelo de regressão linear construído em termos destas variáveis tem a seguinte forma:

$$Y^{'} = \beta_1^{'} x_1^{'} + \beta_2^{'} x_2^{'} + \cdots + \beta_m^{'} x_m^{'} + \varepsilon \qquad (5.123)$$

Nesta forma, o modelo não tem intercepção na origem e cada coeficiente reflecte mais directamente o impacto que cada variável normalizada assume na resposta, uma vez que eventuais efeitos decorrentes do uso de unidades diferentes são mitigados pela normalização efectuada (embora tal possa e deva ser analisado, com mais rigor, à luz dos testes de hipóteses à significância das variáveis, nomeadamente através dos valores de prova a eles associados). Os coeficientes do modelo (5.123) são usualmente designados por coeficientes "beta". Em programas computacionais eles podem ser facilmente diferenciados dos coeficientes originais (modelo (5.118)) como sendo aqueles que não fornecem qualquer valor para a ordenada na origem.

Uma vez que, como vimos, o modelo de regressão linear pode ser usado para descrever relações não-lineares, importa esclarecer então a origem do termo "linear" na sua designação. De facto, este termo advém não do tipo de relações entre as variáveis X's e Y, mas entre os coeficientes que afectam as variáveis X's e Y. Se tomarmos os valores dos regressores como valores fixos, então existe uma relação linear entre os coeficientes de regressão parcial e a resposta, sendo esta a constatação que caracteriza, de facto, um modelo de regressão linear e que torna o processo de estimação dos seus parâmetros num problema de resolução de um sistema linear de equações algébricas (as chamadas "equações normais"), como se abordará na secção seguinte.

5.4.3. Estimação de parâmetros no modelo de regressão linear

Definido o modelo geral de regressão linear na secção anterior, aborda-se agora como estimar os seus parâmetros, nomeadamente:

- Os coeficientes de regressão parciais, $\left\{\beta_j\right\}_{j=1:m}$ e a ordenada na origem, β_0 ;
- A variância associada ao termo residual do modelo, σ^2 .

Seguindo a convenção estatística habitual, as estimativas calculadas com base nos dados disponíveis mediante a aplicação das fórmulas para os estimadores dos parâmetros em causa serão identificadas pelo símbolo "∧" por cima do correspondente símbolo do parâmetro. Dispondo assim de um conjunto de dados com n observações para as m variáveis de entrada e para a resposta, e assumindo que $n>m$ (pois, caso contrário, o processo de estimação não poderia ser conduzido pela metodologia aqui abordada), pode-se escrever, para cada observação, a seguinte equação decorrente da aplicação do modelo de regressão linear:

$$y_i = \beta_0 + \beta_1 x_{i1} + \beta_2 x_{i2} + \cdots + \beta_{im} x_{im} + \varepsilon_i \qquad (5.124)$$

onde y_i traduz agora o valor da reposta para a observação i, sendo ε_i o correspondente valor do resíduo, o qual seria facilmente calculado pela diferença entre y_i e $\beta_0 + \beta_1 x_{i1} + \beta_2 x_{i2} + \cdots + \beta_{im} x_{im}$, caso os parâmetros fossem conhecidos,

$$e_i = y_i - \left(\beta_0 + \beta_1 x_{i1} + \beta_2 x_{i2} + \cdots + \beta_{im} x_{im} \right)$$
$$\Leftrightarrow e_i = y_i - \beta_0 - \beta_1 x_{i1} - \beta_2 x_{i2} - \cdots - \beta_{im} x_{im}$$

(5.125)

Não sendo este obviamente o caso (os parâmetros são desconhecidos na prática), o procedimento seguido consiste em fornecer como estimativas para os parâmetros $\left\{ \beta_j \right\}_{j=1:m}$ e β_0, ou, mais resumidamente, $\left\{ \beta_j \right\}_{j=0:m}$, aqueles valores que conduzem ao mínimo da soma do quadrado dos resíduos relativos a todas as observações em análise, ou seja,

$$\left\{ \hat{\beta}_j \right\}_{j=0:m} = \underset{\left\{ \beta_j \right\}_{j=0:m}}{\text{Min}} \sum_{i=1}^{n} e_i^2$$
$$= \underset{\left\{ \beta_j \right\}_{j=0:m}}{\text{Min}} \sum_{i=1}^{n} \left[y_i - \left(\beta_0 + \beta_1 x_{i1} + \beta_2 x_{i2} + \cdots + \beta_{im} x_{im} \right) \right]^2 =$$

(5.126)

Esta forma de estimar os parâmetros da parte estrutural do modelo designa-se por "método dos mínimos quadrados" e data do Século XVIII, com o trabalho de Carl Friedrich Gauss. De facto, demonstra-se (Teorema de Gauss-Markov) que tal processo conduz a estimativas não-enviesadas e de variância mínima entre todos os estimadores lineares possíveis (tratando-se por isso de um estimador *BLUE – Best Linear Unbiased Estimator*), desde que o erro aleatório tenha média nula, cada realização seja não-correlacionada com qualquer outra e a sua variância seja constante (i.e., o erro é homocedástico). Aplicando as condições de estacionariedade no óptimo ao problema de optimização referido em (5.126), obtém-se o seguinte sistema linear de equações, da resolução do qual se obtém directamente a estimativa dos parâmetros $\left\{ \hat{\beta}_j \right\}_{j=0:m}$:

$$\begin{cases} n\hat{\beta}_0 + \hat{\beta}_1 \sum_{i=1}^{n} x_{i1} + \hat{\beta}_2 \sum_{i=1}^{n} x_{i2} + \cdots + \hat{\beta}_m \sum_{i=1}^{n} x_{im} = \sum_{i=1}^{n} y_i \\[2ex] \hat{\beta}_0 \sum_{i=1}^{n} x_{i1} + \hat{\beta}_1 \sum_{i=1}^{n} x_{i1}^2 + \hat{\beta}_2 \sum_{i=1}^{n} x_{i1} x_{i2} + \cdots + \hat{\beta}_m \sum_{i=1}^{n} x_{i1} x_{im} = \sum_{i=1}^{n} x_{i1} y_i \\[2ex] \vdots \\[2ex] \hat{\beta}_0 \sum_{i=1}^{n} x_{im} + \hat{\beta}_1 \sum_{i=1}^{n} x_{im} x_{i1} + \hat{\beta}_2 \sum_{i=1}^{n} x_{im} x_{i2} + \cdots + \hat{\beta}_m \sum_{i=1}^{n} x_{im}^2 = \sum_{i=1}^{n} x_{im} y_i \end{cases} \quad (5.127)$$

As equações do sistema (5.127), designam-se por "equações normais" do método dos mínimos quadrados.

Na posse de estimativas para os parâmetros da parte estrutural do modelo, falta ainda estimar o parâmetro associado ao termo aleatório, nomeadamente a sua variância. Esta estimativa é obtida a partir dos resíduos calculados com o modelo estimado pelo método dos mínimos quadrados, e tem a seguinte forma:

$$\hat{\sigma}^2 = \frac{\sum_{i=1}^{n} e_i^2}{n-m-1} = \frac{SSE}{n-m-1} = MSE \qquad (5.128)$$

onde SSE significa a soma do quadrado dos erros ou resíduos (da terminologia anglo-saxónica, "*Error Sum of Squares*") e MSE significa o erro quadrático médio (do inglês, "*Mean Squared Error*").[4] Nesta expressão, os resíduos são calculados da seguinte forma:

$$e_i = y_i - \hat{y}_i \qquad (5.129)$$

----

[4] Opta-se aqui por manter a designação inglesa para estas siglas para facilitar o seu reconhecimento no uso de *software* comercial e na consulta da abundante literatura anglo-saxónica disponível.

onde,

$$\hat{y}_i = \hat{\beta}_0 + \hat{\beta}_1 x_{i1} + \hat{\beta}_2 x_{i2} + \cdots + \hat{\beta}_{im} x_{im} \qquad (5.130)$$

5.4.4. Inferência estatística no modelo de regressão linear

No desenvolvimento e implementação dos modelos de regressão linear existem alguns testes de hipóteses a reter, dada a sua utilização mais frequente. Nesta secção, faz-se referência a tais testes bem como a intervalos de confiança e previsão também usados em análise de dados pelo método de regressão linear.

5.4.4.1. Análise da significância do modelo de regressão

O seguinte teste de hipóteses permite analisar a significância do modelo de regressão como um todo. Por outras palavras, este teste considera como hipótese nula a inexistência de qualquer poder explicativo da resposta (Y) pelas variáveis de entrada incorporadas no modelo (X's). A hipótese alternativa contempla a situação em que pelo menos uma das variáveis de entrada desempenha um papel relevante na explicação da variabilidade da resposta.

Teste ANOVA à significância do modelo de regressão linear

$$H_0 : \beta_1 = \beta_2 = \cdots \beta_m = 0$$
$$H_1 : \beta_j \neq 0, \text{ para pelo menos um } j \neq 0 \qquad (5.131)$$

Este teste baseia-se na seguinte identidade, que particiona a variabilidade total observada para a resposta em duas partes: uma correspondente ao que se consegue explicar com base no modelo estimado e outra parte relativa ao que tal modelo não consegue explicar (os seus resíduos):

Variação Total = Variação Explicada pelo Modelo de Regressão + Variação Residual   (5.132)

Esta partição é usualmente referida na forma:

$$SST = SSR + SSE \qquad (5.133)$$

onde, *SST* é a soma dos quadrados total (variabilidade total observada para a variável de saída), *SSR* representa a soma dos quadrados devido à regressão (i.e., a variabilidade explicada pelo modelo) e *SSE*, que já apareceu na equação (5.128), é a soma do quadrado dos resíduos do modelo, correspondendo à variabilidade não explicada pelo modelo. Estas grandezas são definidas pelas seguintes expressões:

$$SST = \sum_{i=1}^{n} \left(y_i - \overline{y}\right)^2 \qquad (5.134)$$

$$SSR = \sum_{i=1}^{n} \left(\hat{y}_i - \overline{y}\right)^2 \qquad (5.135)$$

$$SSE = \sum_{i=1}^{n} \left(y_i - \hat{y}_i\right)^2 \qquad (5.136)$$

A partir destas grandezas constrói-se a estatística do teste ANOVA para a significância do modelo de regressão linear como um todo,

$$F_0 = \frac{SSR/m}{SSE/\left(n-m-1\right)} = \frac{MSR}{MSE} \qquad (5.137)$$

(*MSR* é o desvio quadrático médio para o modelo de regressão estimado).

Quanto maior for o valor assumido por esta estatística de teste, em maior extensão a variação explicada pelo modelo se sobrepõe à variação que não é por ele explicada, favorecendo assim a rejeição de H0. Tal será reconhecido formalmente se o seu valor for superior a um valor crítico correspondente ao nível de significância do teste (α), $f_0 = f_{\alpha,m,n-m-1}$ (correspondente ao percentil $(1-\alpha) \times 100\%$ da função de probabilidade acumulada para a função F, com m e n-m-1 graus de liberdade). Naturalmente, o resultado do teste de hipóteses pode ser analisado tendo por base o valor de prova, pelo método habitual e já anteriormente explicado.

Os cálculos subjacentes a este teste são normalmente organizados e apresentados na forma de uma tabela ANOVA, como aquela abaixo apresentada (Tabela 5.21).

Fontes de Variação	Variações (Soma dos Quadrados)	Graus de Liberdade	Médias das somas dos quadrados	Estatística de Teste
Regressão	SSR	M	MSR	$F_0 = \dfrac{MSR}{MSE}$
Residual	SSE	n-m-1	MSE	
Total	SST	n-1		

Tabela 5.21. Tabela ANOVA para o modelo de regressão linear.

5.4.4.2. Análise da significância individual dos parâmetros do modelo de regressão

Os testes de hipóteses à significância dos coeficientes do modelo de regressão, $\left\{ \hat{\beta}_j \right\}_{j=0:m}$, envolvem as seguintes hipóteses:

$$H_0 : \beta_j = 0$$
$$H_1 : \beta_j \neq 0$$

(5.138)

Nas condições assumidas para o modelo de regressão, a seguinte estatística de teste segue uma função densidade t de Student,

$$T_0 = \frac{\hat{\beta}_j}{\sqrt{\hat{\sigma}_{\hat{\beta}_j}}} \qquad (5.139)$$

onde $\hat{\sigma}_{\hat{\beta}_j}$ representa a estimativa da variância de $\hat{\beta}_j$ (coeficiente de regressão parcial para a variável x_j), que pode ser facilmente obtida a partir dos dados experimentais e da estimativa do desvio padrão dos resíduos. Caso o valor absoluto da estatística de teste esteja acima do valor crítico, $t_{\alpha/2, n-m-1}$, i.e., caso $|T_0| > t_{\alpha/2, n-m-1}$ (onde, $t_{\alpha/2, n-m-1} = t : \Pr(T > t) = \alpha/2$), aceita-se a hipótese alternativa, considerando-se neste caso que o coeficiente em causa é significativamente diferente de zero. Tal significa também que nestas condições a correspondente variável contribui, de uma forma significativa, para a explicação da variabilidade da resposta. Este teste poderá naturalmente ser conduzido em termos do valor de prova a ele associado, rejeitando-se neste caso H0 se o correspondente valor de prova for inferior a α. Esta rejeição é tanto mais consubstanciada pelos dados quanto menor for o valor de prova obtido para o teste de hipóteses em causa.

Caso H0 não seja rejeitada, tal significa que a correspondente variável não está a contribuir significativamente para a explicação da variabilidade da resposta *quando as restantes variáveis estão presentes no modelo*, podendo por isso ser descartada. Esta ressalva relativa ao papel das restantes variáveis incluídas no modelo é importante, uma vez que todas as restantes variáveis influenciam, em geral, o valor estimado para o coeficiente de uma dada variável, podendo a estimativa ser diferente consoante o grupo de variáveis incluídas no modelo. Uma situação particular onde tal não acontece verifica-se quando os dados foram recolhidos de acordo com um planeamento de experiências dito "ortogonal", tal como num planeamento de experiências factorial completo ou fraccionado. Neste caso, as estimativas dos coeficientes não apresentam covariância entre si, o que significa que a presença ou ausência de uma variável no modelo não interfere com a estimativa do efeito das restantes.

5.4.4.3. Intervalos de confiança para os parâmetros do modelo regressão

Por vezes é também interessante determinar e analisar o intervalo de confiança associado às estimativas dos parâmetros efectuadas no modelo de regressão linear. Estes intervalos fornecem a banda tal que, quando repetidamente calculada do mesmo modo usando dados recolhidos de forma independente do mesmo processo, contém o verdadeiro valor do coeficiente em causa em $(1-\alpha)\times100\%$ das vezes. Estes têm a seguinte forma para os coeficientes do modelo de regressão, $\left\{\hat{\beta}_j\right\}_{j=0:m}$:

$$\hat{\beta}_j - t_{\alpha/2,n-m-1}\sqrt{\hat{\sigma}_{\hat{\beta}_j}} \leq \beta_j \leq \hat{\beta}_j + t_{\alpha/2,n-m-1}\sqrt{\hat{\sigma}_{\hat{\beta}_j}} \qquad (5.140)$$

5.4.4.4. Intervalos de confiança para a resposta média e intervalo de previsão

Como já referido, o modelo de regressão não fornece somente uma estimativa pontual de um valor para uma dada concretização das variáveis de entrada, mas de facto uma função densidade de probabilidade para os valores passíveis de serem obtidos em tais condições. Esta função densidade está centrada no valor previsto pela parte estrutural do modelo, equação (5.130), e consiste numa lei normal. Neste sentido, pode haver interesse em analisar duas vertentes distintas associadas a tal previsão: i) determinar o valor médio da função densidade associada à variável de resposta quando as variáveis de entrada assumem um dado conjunto de valores ($\hat{\mu}_{Y|\{x_1,x_2,...,x_m\}}$); ii) prever a ocorrência do valor proveniente dessa mesma função densidade, ou seja, prever qual o valor que irá ser observado em tais condições ($\hat{y}_0$).

Para ambos os casos, a melhor estimativa pontual a fornecer é, de facto, a mesma, nomeadamente aquela proveniente da equação (5.130), ou seja, para a situação i) a estimativa pontual é,

$$\hat{\mu}_{Y|\{x_1,x_2,\ldots,x_m\}} = \hat{\beta}_0 + \hat{\beta}_1 x_{i1} + \hat{\beta}_2 x_{i2} + \cdots + \hat{\beta}_{im} x_{im} \qquad (5.141)$$

e para a situação ii), é

$$\hat{y}_0 = \hat{\beta}_0 + \hat{\beta}_1 x_{i1} + \hat{\beta}_2 x_{i2} + \cdots + \hat{\beta}_{im} x_{im} \qquad (5.142)$$

No entanto, estas estimativas possuem diferentes níveis de incerteza associados, fruto da natureza distinta do objecto da previsão em causa. Em particular, a estimativa associada a ii) tem um elemento aleatório intrínseco relacionado com o termo residual do modelo de regressão linear, o qual adiciona a sua variabilidade (estimada através de $\hat{\sigma}^2$, equação (5.128)) à incerteza da estimativa de i). Neste sentido, o intervalo de previsão para $\hat{y}_0$, vai ser mais amplo do que o respectivo intervalo de confiança para a média da função densidade, $\hat{\mu}_{Y|\{x_1,x_2,\ldots,x_m\}}$, diferindo ambos apenas numa quantidade directamente relacionada com $\hat{\sigma}^2$. De notar que, como já referido anteriormente na secção sobre "estimação por intervalo", apenas é correcto chamar "intervalo de confiança" quando se trata da estimativa $\hat{\mu}_{Y|\{x_1,x_2,\ldots,x_m\}}$, uma vez que só nesta situação se faz referência a um parâmetro populacional (o qual é tomado como sendo "fixo" na visão "frequencista" do processo de estimação estatístico).

Intervalo de Confiança para $\hat{\mu}_{Y|\{x_1,x_2,\ldots,x_m\}}$

$$\hat{\mu}_{Y|\{x_1,x_2,\ldots,x_m\}} - t_{\alpha/2,n-m-1}\sqrt{\hat{\sigma}^2 \cdot f(x_0,X)} \le \mu_{Y|\{x_1,x_2,\ldots,x_m\}} \le \hat{\mu}_{Y|\{x_1,x_2,\ldots,x_m\}} + t_{\alpha/2,n-m-1}\sqrt{\hat{\sigma}^2 \cdot f(x_0,X)} \qquad (5.143)$$

(onde $f(x_0, X)$ representa uma quantidade que é calculada a partir dos valores das variáveis de entrada usadas para estimar o modelo de regressão, simbolizadas por **X**, e x_0 representa os valores das variáveis de entrada para os quais a previsão está a ser efectuada, i.e., $\{x_1, x_2, \ldots, x_m\}$).

Intervalo de Previsão para $\hat{y}_0$

$$\hat{y}_0 - t_{\alpha/2, n-m-1}\sqrt{\hat{\sigma}^2 \cdot (1 + f(x_0, X))} \leq y_0 \leq \hat{y}_0 + t_{\alpha/2, n-m-1}\sqrt{\hat{\sigma}^2 \cdot (1 + f(x_0, X))} \quad (5.144)$$

5.4.5. Análise da qualidade de ajuste e capacidade de previsão do modelo

Uma vez estimados os parâmetros do modelo de regressão, passa-se a uma fase onde o modelo é analisado sob várias perspectivas, nomeadamente para avaliar se os pressupostos que estão na sua base são verificados e se há observações anormais ou demasiado influentes no processo de estimação dos parâmetros e que, por tal, devam ser melhor escrutinadas. Avalia-se também a qualidade do modelo no que respeita às previsões que é capaz de fornecer com base em grandezas e metodologias propostas de acordo com duas dimensões de análise distintas: i) análise da qualidade de ajuste do modelo; ii) análise da capacidade de previsão do modelo.

Na perspectiva da análise da qualidade de ajuste do modelo (i), este é tanto melhor quanto mais próximas as previsões por ele efec-tuadas estiverem das respostas observadas e usadas para estimar os seus parâmetros. Avalia-se assim a capacidade do modelo se ajustar aos mesmos dados usados para o estimar.

Por outro lado, na perspectiva da análise da capacidade de pre-visão do modelo (ii), avalia-se a sua utilização em cenários futuros, de preferência com base em dados não utilizados no seu desenvolvimento e estimação. Está-se assim interessado no desempenho das suas previsões em situações não contempladas aquando do "treino" do modelo (nome dado frequentemente à fase de estimação de parâmetros), i.e., no seu comportamento em situações de "teste" (ou seja, situações futuras de uso, não contempladas durante o treino do modelo).

Estas duas perspectivas não coincidem necessariamente, sendo aliás frequentes as situações em que um modelo apresenta uma elevada capacidade de ajuste, tal como indicado pelos parâmetros a seguir apresentados, mas revelando-se praticamente inútil do ponto de vista de prever valores futuros, i.e., de estimar adequadamente a resposta em situações futuras de utilização. Sendo este o cenário que se coloca normalmente quando se congregam e investem esforços no sentido de desenvolver um modelo –prever valores futuros–, é necessário averiguar se a capacidade de previsão está de facto presente e é suficiente para os fins visados.

5.4.5.1. Coeficiente de determinação, R^2

Este parâmetro de qualidade de ajuste é definido da seguinte forma:

$$R^2 = \frac{SSR}{SST} = 1 - \frac{SSE}{SST} \qquad (5.145)$$

onde as somas dos quadrados SST, SSR e SSE, são as atrás definidas no contexto da decomposição ANOVA aplicada ao modelo de regressão linear: expressões (5.134), (5.135) e (5.136), respectivamente. Esta grandeza mede a fracção da variabilidade da resposta que é explicada pelas variáveis de entrada incorporadas no modelo de regressão. O seu valor está limitado ao intervalo: $0 \leq R^2 \leq 1$. Um valor próximo de 1 é indicativo de um modelo que se ajusta bem aos dados, fornecendo valores para a variável de resposta que são próximos dos usados no seu treino.

5.4.5.2. Coeficiente de determinação ajustado, R_{adj}^2

O R^2, sendo um coeficiente estritamente focalizado na qualidade de ajuste do modelo, padece de um problema. A introdução de qualquer variável no modelo, por mais irrelevante que seja para a sua capacidade de previsão, nunca fará diminuir o seu valor, induzindo normalmente um aumento de maior ou menor dimensão. Em última instância, utilizando tantos parâmetros no modelo como o número de observações usadas para o estimar, obter-se-á, necessariamente um modelo com um R^2 de 1, apesar de poder ser completamente ineficaz para prever valores futuros.

Naturalmente, as variáveis "irrelevantes" introduzidas no modelo podem ser detectadas através dos testes à significância individual dos parâmetros do modelo de regressão. No entanto, o coeficiente de determinação pode também ser corrigido para, de alguma forma, penalizar a selecção de variáveis que tragam para o modelo uma capacidade de explicação adicional pouco significativa. Tal consegue-se introduzindo um termo de penalização para o número de variáveis seleccionadas que contraponha a tendência esperada de subida do valor de R^2 registada sempre que uma nova variável é incorporada. Surge assim o coeficiente de determinação ajustado, R_{adj}^2, definido da seguinte forma:

$$R_{adj}^2 = 1 - \frac{(n-1)}{(n-m-1)}\left(1-R^2\right) \tag{5.146}$$

Apesar deste coeficiente penalizar a entrada de variáveis sem poder explicativo no modelo, e conduzir à possibilidade do seu valor diminuir se o acréscimo na capacidade explicativa da variabilidade da resposta daí decorrente não se sobrepuser à penalização introduzida, constata-se na prática que ele não apresenta uma eficácia suficiente para detectar todas as situações deste tipo, acontecendo frequentemente a incorporação de variáveis pouco relevantes no modelo associadas a aumentos, ainda que pequenos, do valor de

R_{adj}^2. Convém por isso analisar outros parâmetros disponíveis que também contemplem factores de penalização análogos, como a estatística C_p de Mallows [13], a qual, para além da penalização, ainda tem uma interpretação estatística clara (se o modelo for correcto, a esperança matemática desta estatística é igual ao número de parâmetros do modelo, $m+1$) ou então passar a analisar a capacidade de previsão do modelo, e o papel que cada variável assume neste âmbito, como a seguir se indica.

5.4.5.3. MSE utilizando um conjunto de teste

A forma mais completa e segura de avaliar a capacidade de previsão associada a um modelo consiste em aplicá-lo a um novo conjunto de dados, independente do utilizado no seu desenvolvimento (conhecido como "conjunto de teste"). Efectivamente, sabe-se que o valor de MSE calculado pela expressão (5.128), ou seja,

$$MSE = \frac{\sum_{i=1}^{n}(y_i - \hat{y}_i)^2}{(n-m-1)} \qquad (5.147)$$

fornece uma estimativa optimista para o erro de previsão médio associado ao modelo, uma vez que é calculado com base nos dados usados para estimar o modelo. Assim, pode-se usar o modelo estimado para prever os valores da variável de saída para o novo conjunto de dados e, com base nestes, calcular o correspondente valor de MSE, desta feita usando a expressão:

$$MSE_{prev} = \frac{\sum_{i=1}^{n_t}(y_i - \hat{y}_i)^2}{n_t} \qquad (5.148)$$

246

onde n_t representa o número de observações no conjunto de teste. Desta forma, consegue-se estimar de uma forma mais correcta o erro quadrático médio do modelo em condições efectivas de previsão.

5.4.5.4. Validação cruzada

Dispor de um conjunto de dados somente para testar um modelo é um expediente que, não obstante a sua utilidade, nem sempre é possível providenciar. Na verdade, acontece frequentemente que os dados reunidos não são em quantidade suficiente para poder prescindir de uma parte dos mesmos, digamos entre 20% e 50%, para feitos de construir o referido conjunto de teste, uma vez que tal comprometeria a tarefa de desenvolvimento e estimação do modelo. Uma forma de contornar esta situação, consiste em utilizar a metodologia de validação cruzada, a qual permite inferir sobre a capacidade de previsão do modelo quando se dispõe somente de um conjunto de dados.

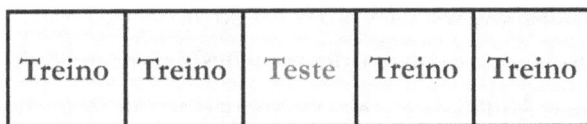

Treino	Treino	Teste	Treino	Treino

Figura 5.39. Esquema do processo de validação cruzada com k grupos (neste caso, k=5).

Existem diversas variantes deste método na literatura. Na variante mais simples, o conjunto de dados é aleatoriamente particionado em k grupos de observações, aproximadamente com o mesmo número de observações em cada grupo. O procedimento consiste nos seguintes passos:

i. Deixar um grupo de dados de fora e, com base nos dados dos restantes grupos, estimar os parâmetros do modelo.

ii. Com base no modelo assim estimado, prever os valores das respostas para todas as observações do conjunto que foi deixado de lado.

iii. Guardar os resultados destas previsões, nomeadamente a soma dos quadrados dos erros de previsão da resposta.

iv. Repetir o processo, regressando a i., deixando desta feita um novo grupo de dados de fora e reintegrado aquele que havia sido deixado de lado no ciclo anterior.

v. No final, adicionar todas as k somas dos quadrados de previsão, obtidas para os k grupos, e calcular o erro quadrático médio de validação cruzada,

$$MSE_{VC} = \frac{\sum_{j=1}^{k} \left\{ \sum_{i=1}^{n_j} \left(y_i - \hat{y}_{j,i} \right)^2 \right\}}{n} \qquad (5.149)$$

onde n_j representa o número de observações no grupo j ($j=1,...,k$), tais que $n_1 + n_2 + \cdots n_k = n$; $\hat{y}_{j,i}$ é a previsão efectuada para a observação i do grupo j (com base no modelo estimado com os restantes grupos de observações, excepto o grupo j).

Neste processo, todas as observações foram deixadas de lado uma vez, e os respectivos valores previstos com base num modelo estimado na sua ausência. No entanto, este processo implica estimar k vezes um modelo com a mesma estrutura, originando k conjuntos de parâmetros distintos. O valor obtido para o MSE_{CV} representa uma estimativa mais realista para o MSE em condições de previsão relativamente àquela fornecida pela expressão (5.128) (por vezes designada por "MSE aparente"), e que se pode, no final, alocar a um modelo estimado com todos os dados disponíveis.

5.4.5.5. PRESS

Um caso particular da estratégia de validação cruzada acima definida consiste em formar grupos com um só elemento, construindo-se desta forma tantos grupos como o número de observações disponíveis. Esta abordagem, usualmente designada em inglês por *leave-one-out cross validation* (*LOO-CV*), consiste assim em retirar sucessivamente uma observação do conjunto de dados, estimar um modelo com as observações restantes, e prever o valor da resposta para a observação deixada de fora. Este processo é repetido para todas as observações e os respectivos erros quadráticos de previsão guardados, os quais, somados, dão origem à quantidade conhecida como *PRESS* (da terminologia anglo-saxónica, *Predicted Residual Sum of Squares*):

$$PRESS = \sum_{i=1}^{n} \left(y_i - \hat{y}_{(i)} \right)^2 \qquad (5.150)$$

onde $\hat{y}_{(i)}$ representa a estimativa para a observação i, quando esta é deixada de lado na estimação do modelo.

5.4.5.6. Coeficiente de determinação previsto, R^2_{pred} ou Q^2

O coeficiente de determinação "previsto", usualmente conhecido como R^2_{pred} ou Q^2, é calculado a partir da estatística *PRESS* através da seguinte expressão:

$$Q^2 = 1 - \frac{PRESS}{SST} \qquad (5.151)$$

5.4.6. Validação do modelo de regressão linear

Para analisar a adequabilidade do modelo de regressão linear à descrição do processo de onde os dados são provenientes, é importante não só verificar a sua capacidade de ajuste e previsão, mas também avaliar se os seus pressupostos são válidos. Nesta fase, a análise de resíduos assume um papel relevante, uma vez que é no seu âmbito que se examina se, por exemplo, as hipóteses colocadas ao nível do termo residual são verificadas. Procura-se assim avaliar se os resíduos seguem uma lei Normal com média nula e variância constante e constituem realizações independentes desta distribuição. Neste sentido, os resíduos do modelo, $e_i = y_i - \hat{y}_i$, são usualmente representados num gráfico de tendência ou sequência temporal, na ordem em que as observações figuram no conjunto de dados. Estes também podem ser representados em formas normalizadas, a mais simples das quais (resíduos normalizados) é a seguinte,

$$d_i = \frac{e_i}{\hat{\sigma}} \qquad (5.152)$$

A utilização de resíduos normalizados têm a vantagem de permitir interpretar a sua magnitude de uma forma mais geral: por exemplo, um resíduo com uma magnitude superior a 2 está a uma distância superior a 2 vezes o seu desvio padrão ($\hat{\sigma} = \sqrt{MSE}$) do seu valor médio (zero) cuja probabilidade de ocorrência é também possível de atribuir. Resíduos normalizados elevados (por exemplo, $|d_i| > 3$), devem ser analisados mais pormenorizadamente, pois poderão corresponder a problemas processuais, falhas na recolha de dados ou podem ainda estar a afectar o modelo de forma mais significativa. Esta última situação pode ser mais adequadamente avaliada usando medidas da influência das observações nas estimativas dos parâmetros do modelo, como a distância de Cook.

5.4.7. Metodologia geral para desenvolvimento de um modelo de regressão linear

O procedimento base para o desenvolvimento de um modelo de regressão linear aparece esquematizado na Figura 5.40.

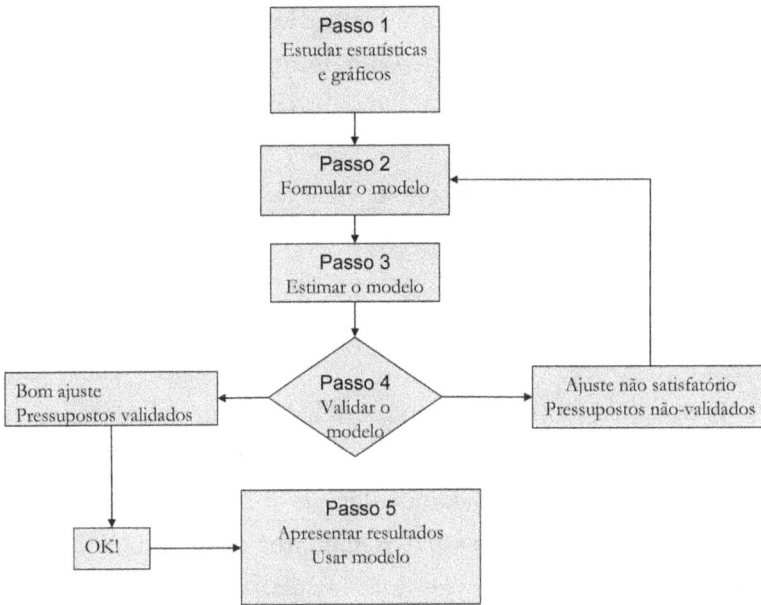

```
┌─────────────────────┐
│      Passo 1        │
│ Estudar estatísticas │
│     e gráficos       │
└─────────────────────┘
          │
┌─────────────────────┐
│      Passo 2        │
│  Formular o modelo   │
└─────────────────────┘
          │
┌─────────────────────┐
│      Passo 3        │
│  Estimar o modelo    │
└─────────────────────┘
```

Figura 5.40. Esquema da metodologia geral para desenvolver um modelo de regressão linear.

Neste esquema geral, contemplam-se as seguintes fases, para as quais se referem de seguida alguns aspectos a considerar.

1. Familiarização com os dados. Nesta fase, deve-se fazer uso extensivo de todas as ferramentas de estatística descritiva que auxiliem a familiarização com os dados do problema, como por exemplo:

- Examinar médias, desvios padrão, alguns percentis, valores mínimos e máximos, para todas as variáveis de entrada e de saída;
- Examinar a matriz de correlação (existe colinearidade entre os X's? Qual/quais os X's mais correlacionados com o Y?);
- Construir gráficos de dispersão para todas as combinações de X's e entre cada X e Y;

- Se os dados foram recolhidos ao longo do tempo, analisar, individualmente, o gráfico temporal para cada variável;
- Detectar e examinar eventuais *outliers*.

2. Formulação do modelo. Com base no conhecimento existente *a priori* e/ou com base nos gráficos construídos em 1. para as relações entre Y e os vários X's, propor um modelo de regressão que relacione as variáveis de entrada com a variável de saída.

3. Estimar os parâmetros do modelo. Proceder ao ajuste do modelo aos dados recolhidos. Como resultado, obtém-se as estimativas para os parâmetros do modelo definido em 2., bem como outras grandezas relacionadas (por exemplo, parâmetros de qualidade de ajuste, valores de prova para os diversos testes estatísticos). Deve-se então:

- Analisar os resultados, em busca de variáveis eventualmente mais importantes na explicação da variabilidade de Y;
- Avaliar a qualidade do ajuste;
- Verificar se existe colinearidade entre as variáveis de entrada e se esta pode constituir um problema (ver notas finais).

4. Validação do modelo estimado. Construir os seguintes gráficos envolvendo os resíduos, para verificar se algum(s) dos pressupostos subjacentes aos modelos de regressão linear está(ão) a ser violado(s):

- Resíduos vs. valores previstos (para verificar, por exemplo, se a variância dos resíduos depende do nível de Y);
- Resíduos vs. cada uma das variáveis de entrada (para verificar se existe alguma estrutura por explicar devido, por exemplo, a não considerar termos não-lineares envolvendo as variáveis de entrada);

- Resíduos vs. tempo, ou sequência de observações (para analisar a independência dos resíduos ao longo do tempo ou da sequência natural das observações);
- Gráficos de probabilidade Normal para resíduos (verificar o pressuposto de normalidade dos resíduos).

Na análise destes gráficos, a existência de um padrão não-aleatório é indicativo de um modelo não adequado.

5. Apresentar os resultados e usar o modelo. Nesta fase sintetizam-se os resultados para o modelo desenvolvido (se este for satisfatório). Os dados utilizados e pressupostos subjacentes devem ser também indicados. Pode-se então usar o modelo, criando uma metodologia que permita averiguar a sua validade ao longo do tempo (manutenção do modelo) caso o seu uso não se restrinja à situação presente.

Exemplo: Previsão do tempo médio para atendimento das chamadas efectuadas para um "call center"
Para ilustrar a aplicação da metodologia de regressão linear, considere-se o seguinte exemplo [14]. Num projecto seis sigma, pretende-se analisar a relação entre o tempo médio para atendimento de chamadas efectuadas para um *call center* (*TMA*), i.e., o tempo que em média o cliente espera até ser atendido por um operador do *call center*, e o número de pessoas destacadas para atendimento (*NPD*), bem como outros factores que possam contribuir para o tempo médio de atendimento, como o número médio de chamadas recebidas por hora (*NCH*) e a duração média das chamadas recebidas (*DMC*). O conhecimento de tal relação permitiria, por exemplo, dimensionar de uma forma mais precisa o número de pessoas a destacar de forma a assegurar um dado tempo médio de atendimento.

Neste sentido, procedeu-se à recolha sistemática dos dados relativos a estas variáveis durante um período de tempo (80 turnos) durante o qual, no final de cada turno, se registou o número de pessoas destacadas e se calculou a média do tempo de atendimento, do número de chamadas recebidas por hora e a sua duração média.

Para determinar a relação que as variáveis de entrada *NPD*, *NCH* e *DMC* possam ter com a resposta, *TMA*, conduziu-se então um estudo de regressão linear. O início de qualquer estudo estatístico deve começar pela visualização e análise dos dados recolhidos. A Figura 5.41, ilustra a matriz de gráficos de dispersão para os dados recolhidos, de onde se podem tecer, por exemplo, as seguintes considerações:

- O tempo médio de atendimento (*TMA*) está fortemente relacionado com o número de pessoas destacadas (*NPD*). A associação é tal que, quanto maior for o número de pessoas destacas, menor é o tempo de atendimento, o que de facto é razoável esperar que suceda.
- Não parece haver qualquer relação aparente entre o tempo médio de atendimento (*TMA*) e o número médio de chamadas por hora (*NCH*).
- Observa-se a existência de uma associação negativa entre o tempo médio de atendimento e a duração média da chamada, ou seja, à medida que a duração média das chamadas aumenta, parece haver uma maior prontidão no atendimento a novas chamadas. Esta observação é um tanto contra-intuitiva pois o esperado seria que, para um dado número de operadores destacados para atendimento de chamadas, a maior duração destas só poderia implicar atrasos no atendimento de novas chamadas.

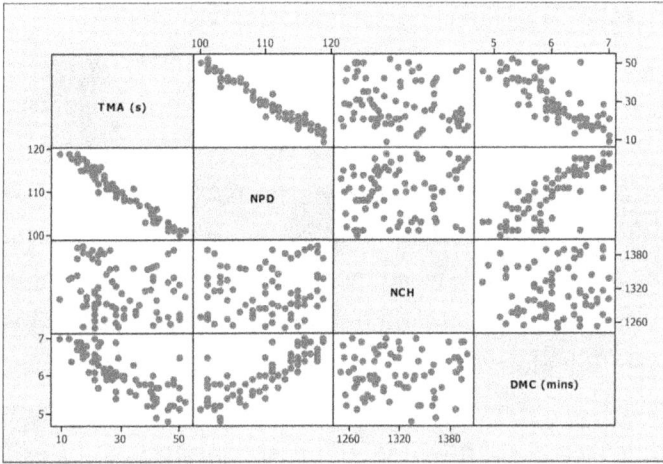

Figura 5.41. Matriz de gráficos de dispersão para o problema do *call center* (Minitab: Graph > Matrix Plot).

Da análise da Figura 5.41, verifica-se que apenas as variáveis de entrada *NPD* e *DMC* podem trazer algum potencial explicativo para a variabilidade exibida pelo *TMA*. Construindo assim um modelo com base nestas duas variáveis e estimando os seus parâmetros pelos métodos acima descritos, obtém-se os resultados apresentados na Figura 5.42.

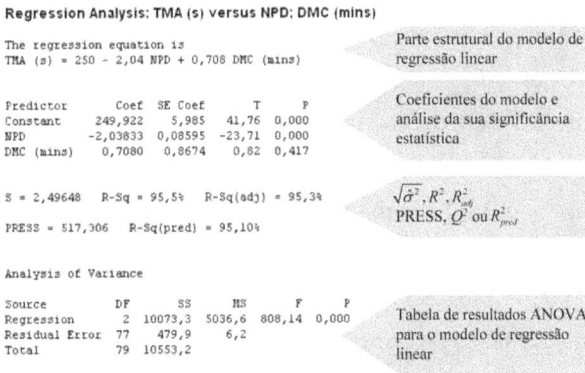

Figura 5.42. Resultados do programa MINITAB para uma primeira estimativa de um modelo de regressão linear no problema do *call center*, usando *TMA* como variável de saída e *NPD* e *DMC* como regressores (Minitab: Stat > Regression > Regression).

Analisando os parâmetros estimados para o modelo, confirma-se de facto a tendência descrita para a relação entre *TMA* e *NPD*. No entanto, a tendência atrás observada no gráfico de dispersão entre *TMA* e *DMC* não aparece reflectida no modelo, onde figura agora um sinal positivo para o coeficiente de regressão parcial afecto a *DMC*, indicativo de que, quando as restantes variáveis permanecem fixas, um aumento na duração média da chamada deve implicar um aumento no tempo de atendimento de novas chamadas, resultado este mais alinhado com o que seria esperado. No entanto, o valor de prova associado a este coeficiente (0,417) indica que esta variável não está de facto a contribuir de forma significativa para a explicação do *TMA*, quando a variável *NPD* está incluída no modelo.

Para melhor compreender a origem destas constatações, regresse-mos à Figura 5.41, onde se pode observar que existe, de facto, uma correlação positiva entre o número de pessoas destacadas (*NPD*) e a duração média da chamada (*DMC*). Trata-se de uma manifestação de colinearidade nos regressores, apesar de, neste caso, se poder constatar mediante a realização de uma análise mais detalhada que tal não apresenta um impacto apreciável no processo de estimação de coeficientes. Uma possível explicação para a origem desta correlação positiva pode passar, por exemplo, por uma maior disponibilidade e voluntarismo dos operadores no atendimento de chamadas quando sabem que estão presentes em maior número durante o turno, e que tal dedicação não terá, nestas condições, um impacto tangível no nível de atendimento. Pode também suceder que seja precisamente quando há mais operadores, que surjam os casos de atendimento mais prolongados, por serem horas de expediente... Em todo o caso, a correlação positiva entre *NPD* e *DMC* parece ser a origem da relação "enganosa" observada no gráfico de dispersão da Figura 5.41 entre *TMA* e *DMC*, pois o que pode estar a contribuir para o decaimento de *TMA* não é o aumento na variável *DMC* mas sim o aumento de *NPD*, o qual, estando correlacionado positivamente com *DMC*, partilha com este os seus efeitos em *TMA*. Este efeito supera o suposto impacto do aumento de *DMC* no aumento de *TMA* visualizado no gráfico de dispersão, o qual, apesar de tudo, é captado, ainda que de forma ténue pelo modelo estimado.

Analisando os restantes resultados apresentados na Figura 5.42, verifica-se que a qualidade de ajuste do modelo é boa para os fins a que se destina ($R^2 > 95\%$), o mesmo se podendo dizer quanto à sua capacidade de previsão ($R^2_{pred} > 95\%$). A análise ANOVA também confirma a significância do modelo de regressão como um todo, uma vez que o valor de prova a ela associado é inferior a 0,001. No entanto, uma vez que este modelo contém uma variável que não é significativa, esta deve ser retirada e o modelo re-estimado e re--avaliado (Figura 5.43).

```
Regression Analysis: TMA (s) versus NPD

The regression equation is
TMA (s) = 248 - 1,98 NPD


Predictor      Coef   SE Coef       T      P
Constant    247,878     5,424   45,70  0,000
NPD        -1,98085   0,04918  -40,28  0,000


S = 2,49113   R-Sq = 95,4%   R-Sq(adj) = 95,4%

PRESS = 507,286   R-Sq(pred) = 95,19%


Analysis of Variance

Source           DF      SS      MS        F      P
Regression        1   10069   10069  1622,56  0,000
Residual Error   78     484       6
Total            79   10553
```

Figura 5.43. Resultados do programa MINITAB para o modelo de regressão linear final, no problema do *call center* (Minitab: Stat > Regression > Regression).

Na Figura 5.43, pode-se constatar que a remoção da variável DMC não afectou significativamente a qualidade de ajuste do modelo, fazendo mesmo subir ligeiramente o valor do R^2_{adj} e melhorando os indicadores de capacidade de previsão *PRESS* e R^2_{pred}. Todos os parâmetros do modelo são agora significativos, o mesmo se podendo afirmar relativamente à significância do modelo com um todo (através da tabela ANOVA para o modelo de regressão linear).

Passando à verificação dos pressupostos do modelo de regressão linear, a Figura 5.44 contém um conjunto de gráficos que auxiliam a análise dos resíduos. Nos gráficos da coluna da direita é possível verificar que não há nenhum padrão sistemático de variabilidade que coloque em causa o pressuposto de independência, nem relativamente a associações com a resposta prevista (gráfico no canto superior direito) nem quanto à ordem das observações (gráfico no canto inferior direito). A Figura 5.45 confirma que o mesmo se pode afirmar relativamente a todas as variáveis consideradas neste estudo. O pressuposto de independência está portanto verificado, embora possa ser ainda mais aprofundado do ponto de vista da utilização de testes de hipóteses mais específicos para os vários aspectos. Pode-se também verificar que os resíduos mantêm a sua dispersão ao longo do tempo, pelo que o pressuposto de homogeneidade da variância também se pode aceitar. Por outro lado, tanto o histograma (canto inferior esquerdo da Figura 5.44) como o gráfico de probabilidade (canto superior esquerdo da Figura 5.44), indicam que os dados são bem ajustados por uma função densidade de probabilidade Normal. Este facto pode ser confirmado através de testes de hipóteses que consideram esta distribuição na hipótese nula, como por exemplo os testes de Anderson-Darling e de Kolmogorov-Smirnov, para os quais se obtêm, nesta situação, os valores de prova de 0,331 e > 0,15, respectivamente, ambos apontando, portanto, para a não rejeição de tal hipótese.

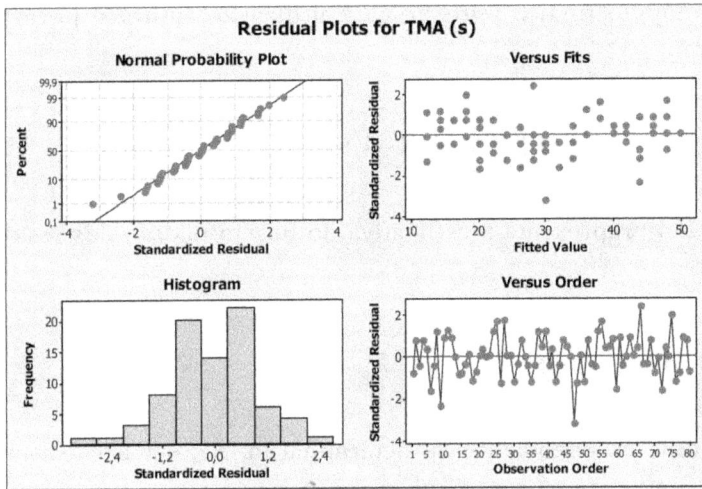

Figura 5.44. Análise dos pressupostos do modelo de regressão envolvendo os resíduos obtidos (Minitab: Stat > Regression > Regression).

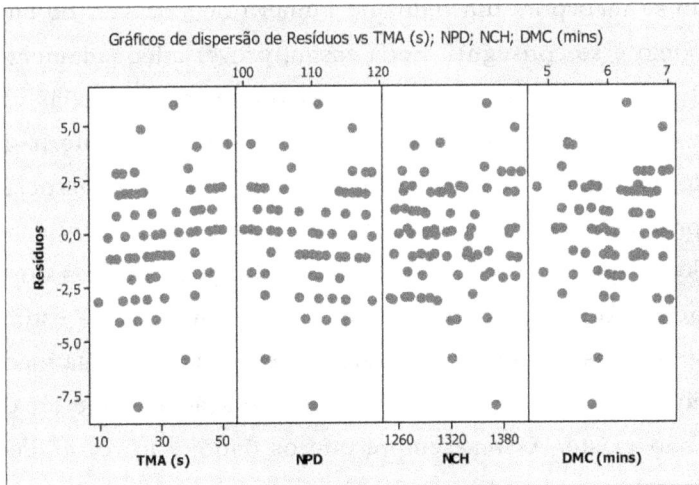

Figura 5.45. Gráficos de dispersão entre resíduos e todas as variáveis envolvidas, para averiguar a presença de associações que coloquem em causa o pressuposto de independência dos resíduos (Minitab: Graph > Matrix Plot).

O modelo final a registar para utilização futura é portanto o seguinte:

$$TMA \sim N\left(248 - 1,98 \times NPD \,, 2,49\right) \qquad (5.153)$$

(onde 2,49 representa a estimativa do desvio padrão dos resíduos).

5.4.8. Notas finais

Apesar do coeficiente de determinação, R^2, ser exclusivamente uma medida da qualidade de ajuste do modelo, a obtenção de um valor elevado para este quando o modelo estimado está somente a utilizar um número reduzido de graus de liberdade é indicativo também de uma boa qualidade de previsão. Por outras palavras, quando se incorpora um reduzido número de variáveis de entrada no modelo e se consegue, ainda assim, prever adequadamente um elevado número de observações (mesmo que sejam aquelas usadas para estimar o modelo), pode-se, nestas situações, inferir que o modelo terá de facto uma boa capacidade de previsão associada.

O problema da colinearidade em regressão linear múltipla surge quando os regressores apresentam dependências mútuas ou estão fortemente correlacionados entre si. Nestas condições, a estimação dos parâmetros do modelo de regressão está sujeita a uma incerteza superior quando comparada com uma situação em que tal correlação não existe. Assim, sempre que os dados são recolhidos em estudos "observacionais", deve-se investigar se existe colinearidade nas variáveis de entrada e se esta pode ter um impacto sensível no processo de estimação de parâmetros. Matrizes de gráficos de dispersão, tabelas de coeficientes de correlação e estatísticas como o Factor de Inflação de Variância (usualmente conhecido como *VIF*, do inglês, *Variance Inflation Factor*), o qual mede precisamente o número de vezes que a variância associada à estimação de um parâmetro é inflacionada devido à presença de colinearidade, tendo por base a situação em que ela é ausente, são algumas das ferramentas usadas na sua detecção [13, 15]. Uma vez correctamente detectado e diagnosticado, a solução deste problema pode passar pela aplicação de diferentes técnicas, tais como a *selecção de variáveis* (como os métodos de selecção progressiva, regressiva, passo-a-passo e *best subsets*), *selecção de dimensões* (como o método da regressão dos componentes principais e o método dos mínimos quadrados parciais) e *métodos de regularização ou penalização da magnitude dos coeficientes de regressão* (como os métodos *ridge regression* e *LASSO*).

Em toda a exposição efectuada nesta secção dedicada à metodologia de regressão linear houve sempre o cuidado de delimitar o âmbito da interpretação do modelo estimado, à seguinte argumentação: as variáveis de entrada seleccionadas, se estatisticamente significativas, contribuem para a explicação da variabilidade exibida pela variável de saída do modelo, em moldes que podem ser analisados com base nos coeficientes de regressão parcial. Intencionalmente, não foi feita qualquer referência à existência de relações causa-efeito entre os dois blocos de variáveis, situação que, para além da existência de uma associação, pressupõe uma condição mais "forte" relativamente à sua origem. A causalidade entre factores é de facto algo que não é de inferência trivial, não podendo em geral ser atribuída de todo em estudos com base em dados processuais recolhidos de forma "passiva" de processos, quando estes operam normalmente, sem qualquer intervenção do analista no seu funcionamento (estudos do tipo "observacional"). Nesta situação, a ocorrência de correlações entre variáveis é muito comum, não necessariamente porque estas estejam relacionadas directamente, de uma forma causal, mas frequentemente porque o estão indirectamente, devido à existência de factores comuns, os quais afectando ambas geram a correlação observada. Um exemplo clássico é a associação entre a venda de gelados e a venda de chapéus-de-chuva, num hipermercado: apesar de estarem fortemente associadas (associação inversa, neste caso), não há qualquer relação causal; a associação advém de factores meteorológicos, associados à estação do ano, os quais interferindo na venda de ambas, geram a associação observada. Nesta situação, para se afirmar que um determinado modelo apresenta uma estrutura causal, pelo menos relativamente a um subconjunto de variáveis, é necessária a existência de uma sólida base de conhecimento *a priori* sobre o processo que garanta e justifique essa mesma relação, ou, alternativamente, conduzir um estudo que envolva uma intervenção efectiva no processo, fazendo variar os seus factores de uma forma sistemática e planeada e observando as suas respostas, do que resultará uma mapa de relações que, com um maior grau de certeza, serão de natureza causal. O planeamento estatístico de experiências, a abordar no capítulo seguinte deste livro, no âmbito da fase de "Melhoria", constitui um corpo de teoria que auxilia o desenho, execução e análise, deste tipo de estudos onde se procede à recolha "activa" de dados.

CAPÍTULO 6 – MELHORIA

6.1. Introdução

Na fase de Melhoria propõem-se e testam-se, de uma forma sistemática e eficiente, soluções alternativas às existentes actualmente, avaliando-se comparativamente os respectivos méritos e desvantagens. Estas acções incidem usualmente sobre variáveis de entrada do processo que, durante a fase de Análise, foram identificadas como tendo um papel importante na introdução de variabilidade no processo ou em outros aspectos que podem justificar os problemas em análise ou melhorar o nível de desempenho das actividades chave. A fase de planeamento da melhoria é muito importante e a ela deve ser dedicada particular atenção. As várias alternativas devem ser consideradas, um plano de acção deve ser estabelecido e acordado por todas as partes envolvidas, e a devida informação e formação proporcionada a todos os intervenientes antes da sua implementação. No que respeita à vertente das metodologias, este capítulo introduz os conceitos básicos, mas também por isso de importância central, do planeamento estatístico de experiências, em particular os planeamentos factoriais e factoriais fraccionados.

6.2. Planeamento de experiências

A actividade de melhoria de um processo envolve sempre uma interacção directa entre a equipa responsável pela acção e o processo. Nesta fase, não é suficiente recolher apenas informação de uma forma passiva ou observacional do processo, pois esta via apenas disponibilizará elementos sobre aquilo que o processo é, ou tem sido ultimamente, não havendo garantias que entre eles se incluam contributos relevantes para elevar o seu nível de desempenho. Por outro lado a informação relevante aparece também, nestas circunstâncias (em que a recolha de dados é feita de forma passiva, ou seja do tipo "observacional"), "mascarada" e sobreposta, não sendo possível discriminar adequadamente os contributos dos vários factores em acção. Sucede mesmo com alguma frequência que alguns dos factores potencialmente mais significativos não são captados numa análise dos dados assim recolhidos passivamente, simplesmente porque, nas condições operatórias em análise, eles não variaram os seus níveis de forma significativa. Por estas razões, é necessário "questionar" activamente o processo no sentido de aferir o seu comportamento em situações operatórias vizinhas mas talvez ainda não exploradas, de forma a juntar informação nova e de qualidade, fundamental para a actividade de melhoria. Tal deve ser feito de uma forma que permita isolar os factores mais relevantes para a variabilidade da resposta, ou, em geral, para o objectivo final da acção de melhoria. O termo "questionar", significa aqui a interacção efectiva com o processo, através da realização de experiências onde este é operado sob determinadas condições estabelecidas pela equipa de melhoria. Os resultados finais de tais experiências (ou "entrevistas" ao processo) são devidamente registados (a "voz" do processo) e compilados, para depois deles se extrair informação relevante para o problema em apreço.

Esta actividade de experimentação apresenta tipicamente um conjunto de características, das quais se destacam:

• Ao contrário de uma "experiência computacional", onde de cada vez que se insere o mesmo conjunto de valores de entrada numa fórmula ou algoritmo de natureza determinística se obtêm, precisamente, os mesmos resultados à saída, num processo real a resposta às mesmas condições apresenta, tipicamente, variabilidade, decorrente de fontes diversas. Factores potencialmente indutores de tal variabilidade incluem o equipamento de medição, acções dos operadores, variações na matéria-prima, efeitos associados à maquinaria utilizada, factores ambientais, entre outros. Desta forma, os resultados devem ser analisados levando em conta esta mesma variabilidade, a qual deve ser devidamente incorporada nas conclusões que da sua análise se venham a retirar. Claramente tal apela à aplicação de uma metodologia de índole estatística, uma vez que a descrição da variabilidade dos processos e a sua transferência é precisamente o âmbito desta disciplina.

- No planeamento preliminar das experiências a realizar, sabe-se por vezes que há factores, para além daqueles a estudar, que podem induzir uma maior variabilidade nos resultados finais se não forem devidamente controlados. A sua interferência pode ser minimizada se as experiências forem conduzidas em condições onde eles permanecem constantes (blocos). Por exemplo, usando o mesmo tipo de matéria-prima, ou realizando as experiências com intervalos de tempo mais curtos entre elas, pode-se por vezes diminuir a variabilidade entre os resultados obtidos. Estes factores, potencialmente indutores de variabilidade mas cujo efeito não se pretende avaliar, devem também ser incorporados numa abordagem sistemática ao planeamento das experiências, de forma a aumentar a sua "resolução" ou "sensibilidade" aos factores que verdadeiramente interessam no estudo.

- As experiências envolvem tipicamente um consumo de recursos não desprezável (tempo, materiais, ocupação de pessoas especializadas, custos de oportunidade das unidades produtivas, etc.) e frequentemente bastante significativo, pelo que se deve procurar extrair o máximo de informação possível, com o mínimo de experiências a realizar, evitando-se, a todo o custo, a realização de ensaios desnecessários ou pouco informativos para os fins a atingir.

Uma forma comum de conduzir um planeamento de experiências, consiste em fazer variar uma variável ou factor de cada vez. Nesta perspectiva, começando com uma variável, esta é feita variar até que se identifique o seu valor mais adequado, o qual permanecerá fixo doravante. Depois, outra variável é manipulada, até que o seu valor "óptimo" seja encontrado, e assim sucessivamente para todas variáveis em estudo. Este procedimento é ilustrado na Figura 6.1, que representa as curvas de nível da resposta em função das duas variáveis em estudo, pretendendo-se determinar as condições ópti-mas de operação, as quais, nesta situação, correspondem ao "topo" da montanha, i.e., ao valor mais elevado da resposta (neste caso, este valor é 100). Como se pode verificar nesta figura, o procedimento falha completamente na localização da região óptima, indicando como solução um ponto ainda distante das condições operatórias de maior desempenho.

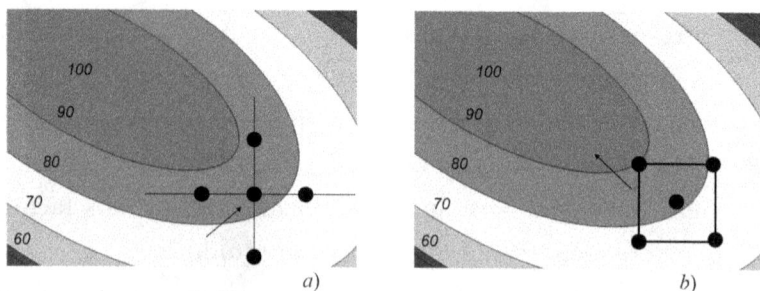

Figura 6.1. Ilustração do procedimento de planeamento de experiências "variar um factor de cada vez" (a) e do planeamento estatístico de experiências vulgo DOE ou DOX (b).

266

Neste contexto, o planeamento estatístico de experiências (vulgo DOE ou DOX, do inglês *design of experiments*) propõe como metodologia alternativa a variação *simultânea* de todos os factores, de forma a poder estimar não só o efeito decorrente das suas variações individuais, mas também aquele decorrente da sua interacção, a qual é relevante neste exemplo. A análise dos resultados do planeamento estatístico de experiências permitiria, neste caso, não só identificar as melhores condições de operação de entre todas as estudadas, mas também concluir que, progredindo na direcção indicada pela seta, melhores condições poderiam ainda ser encontradas. Tal não sucede com a primeira abordagem, que é incapaz de reconhecer a existência de melhores condições operatórias noutra região, pois é incapaz de estimar a forma correcta da relação entre a resposta e os dois factores (nomeadamente a sua interacção). Acresce ainda que mesmo o efeito associado a cada variável individual, na região em causa, é melhor estimado pela segunda abordagem uma vez que é baseado em quatro pontos (dois a um nível mais alto, e outros dois a um nível mais baixo). Na primeira abordagem, esta estimativa baseia-se somente em dois pontos (um a um nível alto e outro a um nível baixo). Por estes motivos facilmente se constata que o mesmo número de experiências é utilizado de forma bastante mais eficaz num planeamento estatístico de experiências quando comparado com a prática de variar um factor de cada vez.

Para além das vantagens acima referidas, não é de menosprezar o facto de qualquer planeamento estatístico de experiências estar intimamente ligado com a subsequente etapa de análise de resultados, o que garante, desde logo, um tratamento consistente e conclusivo dos ensaios realizados. Para tal, um conjunto de princípios e boas práticas são incorporados no planeamento dos ensaios. Um destes princípios é o da *aleatorização* da ordem de experiências, para evitar a interferência sistemática de factores não controlados na realização das experiências, que conduziriam a conclusões erradas (ou, em linguagem estatística, "enviesadas"). Outro princípio é o da consideração de *"blocos" de experiências*, sempre que se identifiquem situações que poderão conduzir a resultados com menor variabilidade, por serem realizados em idênticas condições (e cuja variação não é relevante para o problema em questão). Por exemplo, se os ensaios realizados num dia são mais semelhantes e comparáveis entre si do que os realizados em dias diferentes, então cada dia deve funcionar como um bloco, no qual todos os ensaios de interesse devem ser realizados de modo a evitar o aumento da variabilidade decorrente da interferência do factor "bloco". Consegue-se assim maior precisão no estudo dos efeitos associados aos factores em análise. Os blocos são portanto factores passíveis de interferir com a resposta, mas que não se está interessado em estudar de forma sistemática e rigorosa, como acontece com os factores considerados explicitamente no estudo. Como princípio a usar no planeamento de experiências, figura ainda a consideração de réplicas "verdadeiras" de cada condição experimental em teste, de forma a estimar a variabilidade natural inerente à resposta. O termo "verdadeiras" significa que, em cada réplica, todo o procedimento experimental deve ser conduzido na sua extensão total e não simplesmente retirados mais alguns resultados experimentais (medições) do mesmo ensaio. Outros princípios são ainda usados como base de trabalho, como o princípio da "esparsidade", que basicamente consiste em assumir que, num processo, o número de factores com importância na resposta é uma pequena fracção de todos os factores que potencialmente com ela podem interferir. Assim sendo, interessa numa fase inicial identificar o conjunto reduzido de factores importantes na resposta (os *"important few"*) evitando a dispersão de recursos na análise de outros sem impacto apreciável (os *"trivial many"*).

O planeamento estatístico de experiências (doravante simplesmente referido por "planeamento de experiências") pode ser utilizado para vários fins, sendo de destacar os seguintes pela maior frequência com que aparecem em situações práticas:

- Selecção dos factores mais relevantes ou com maior impacto na resposta (o chamado *"screening"* de factores);
- Caracterização e modelação de processos;
- Optimização de condições processuais;
- Teste e melhoria da robustez de produtos e processos (i.e., da sua capacidade de operar com bom desempenho numa gama alargada de condições, de forma consistente, ou com baixa variabilidade).

No âmbito do planeamento de experiências existe uma nomenclatura que é adoptada na literatura técnica de forma mais ou menos uniforme. Designa-se por "resposta" (Y) a variável de saída do processo com relevância para o problema em estudo, e por "factores", aquelas variáveis processuais ou outras, que com ela podem interferir e cujo efeito se pretende estudar (A, B, C,...). Os vários valores ou concretizações que os factores assumem no estudo, designam-se por "níveis" dos factores. Num planeamento de experiências com dois níveis, por exemplo, cada factor assume somente dois valores possíveis, um designado por "baixo" (–), outro por "alto" (+). Cada experiência, ou "ensaio", contempla a concretização de uma dada combinação de níveis para os factores em estudo. Esta combinação tem a designação de "tratamento". Ou seja, um "tratamento" corresponde ao conjunto definido de condições em que o ensaio se realiza, dado pelos níveis usados para os factores (cada factor assumindo um, e um só, nível). O conjunto de todas as condições contempladas nos tratamentos define a "região experimental" coberta pelo planeamento experimental. "Réplicas" são ensaios realizados em condições iguais (iguais níveis dos factores), mas em diferentes momentos. Tratam-se portanto de experiências distintas, mas realizadas em iguais condições.

No texto que se segue introduzem-se, de forma breve, os elementos fundamentais para compreender a mecânica intrínseca ao planeamento de experiências, especialmente no tocante a métodos com especial interesse prático, como os planeamentos factoriais a dois níveis, completos ou fraccionados.

6.2.1. Exemplos de planeamentos factoriais a vários níveis

Num planeamento factorial, todas as combinações de níveis para os factores em estudo são testadas em cada sequência completa de ensaios. O planeamento destas experiências deve obedecer aos princípios atrás enunciados, nomeadamente deve contemplar *blocos* de experiências caso existam condições específicas que tornem alguns dos resultados obtidos potencialmente mais semelhantes, deve incorporar a *aleatorização* da sequência das experiências para eliminar a eventual interferência de factores não manipulados nos resultados, e deve prever a realização de *réplicas* verdadeiras, para possibilitar a estimação da variação experimental associada ao método utilizado, criando condições para a levar em conta na análise dos resultados.

Embora neste texto se faça somente uma referência mais extensa ao caso de planeamentos factoriais a dois níveis (completos ou fraccionados), dada a sua importância prática e uso generalizado, recordam-se duas situações já abordadas que constituem exemplos da realização de planeamentos factoriais, com um factor:

- Na introdução da análise de variância com 1 factor (teste ANOVA com um factor e efeitos fixos), fez-se referência a uma experiência que visava estudar o efeito do hábito de fumo no funcionamento pulmonar (Secção 5.3.4.3). Nesta, várias pessoas foram seleccionadas aleatoriamente de grupos com diferentes hábitos tabágicos, as quais eram submetidas a um teste em que era medido o volume de ar expelido durante o primeiro segundo de uma expiração forçada (FEV1). Trata-se de um exemplo de uma planeamento factorial com um factor (o hábito de consumo de tabaco), quatro níveis ("Não fumadores", "Fumadores antigos", "Fumadores recentes", "Fumadores"), no qual as experiências obedeceram aos princípios da aleatorização e replicação (a resposta é, naturalmente, o valor de FEV1). A metodologia estatística para analisar este tipo de planeamento é baseada no modelo ANOVA então introduzido, que permitirá inferir sobre a existência de algum efeito significativo dos níveis estudados na resposta.

- Outro exemplo de um planeamento factorial já mencionado, é o caso do exemplo dos *"Boy's shoes"* (Secção 5.3.2), no qual, um produtor de sapatos pretendia saber se existia alguma diferença sensível entre a aplicação de um material, "A" ou "B", nas solas dos sapatos que fabrica. De acordo com o planeamento executado, foram distribuídos por 10 rapazes, pares de sapatos contendo o material "A" numa sola e o material "B" na outra. A atribuição de "A" ou "B" à sola esquerda ("E") ou direita ("D") foi efectuada aleatoriamente. Trata-se portanto de um planeamento com um factor (tipo de sola), com dois níveis (sola do tipo "A" ou "B"), onde cada pessoa que participou no estudo constitui um bloco, no qual se realizam duas experiências, em ordem aleatória. A análise das experiências efectuadas é conduzida com recurso ao teste t de Student para amostras emparelhadas, o qual indicará se existe alguma diferença entre os dois níveis testados, após eliminar a influência que os blocos introduzem na dispersão dos resultados do desgaste medido (resposta). Trata-se neste caso de um planeamento realizado com um propósito comparativo, nomeadamente quanto ao desempenho associado aos dois tipos de sola usados.

6.2.2. Planeamento factorial completo a dois níveis

O planeamento de experiências onde se testam múltiplos factores a dois níveis é bastante utilizado em contextos práticos, especialmente nas fases iniciais de experimentação onde se procura desde logo consolidar uma hierarquia de importância dos factores em estudo do ponto de vista do seu efeito na resposta, procurando também eliminar aqueles cujo papel é insignificante ou pouco relevante. O facto de apenas se usarem dois níveis para cada factor significa que se está a assumir tacitamente um comportamento aproximadamente linear da resposta relativamente a estes no espaço experimental em análise. Nestas condições, de facto, a forma mais eficaz e eficiente de estimar os parâmetros de um modelo linear passa por colocar os pontos igualmente distribuídos pelos extremos da região em análise, i.e., nos seus níveis mínimos e máximos. Por isso, os dois níveis usados para cada factor correspondem também aos respectivos valores mínimo e máximo a considerar no estudo, os quais resultam de uma apreciação da gama de valores que razoavelmente se podem considerar para cada factor e que possuem validade prática e operacional. Por outras palavras, correspondem aos extremos dos intervalos de variação usuais e admissíveis para cada factor, ou simplesmente aos limites das regiões onde se quer conduzir o estudo experimental. Uma vez que os níveis seleccionados não correspondem frequentemente aos limites mínimos e máximos possíveis de atingir em cada factor, estes são também designados por níveis baixo/alto, respectivamente.

Apesar da hipótese de uma relação linear para a resposta parecer um tanto redutora, ela é frequentemente razoável, uma vez que a curvatura, quando existe, não assume usualmente magnitudes elevadas na região delimitada pelos níveis dos vários factores. No entanto, a presença de curvatura (i.e., não-linearidade na resposta), pode ser facilmente detectada através da consideração de réplicas centrais, ou seja, experiências conduzidas a um nível médio para cada factor quantitativo em estudo (o nível médio é frequentemente codificado pelo número "0"). A consideração de tais experiências, não permitindo estimar efectivamente qualquer parâmetro para termos não-lineares do modelo (por exemplo, termos quadráticos), possibilita contudo uma avaliação do pressuposto de linearidade e assim concluir sobre a necessidade de considerar, ou não, mais níveis nos factores em experiências futuras. Este aspecto sequencial e construtivo dos processos de experimentação/análise baseados em estratégias de planeamento de experiências é recorrente, e permite agilizar significativamente a actividade experimental a desenvolver, poupando recursos humanos, materiais e financeiros, num processo que é intrinsecamente consistente e conclusivo.

Frequentemente, este processo compreende a realização de um conjunto específico de experiências mais informativas para validar (ou refutar) uma hipótese de trabalho, e, após a análise dos resultados obtidos, tem continuidade na proposta da melhor forma de lhe dar o devido seguimento, no contexto de uma hipótese reformulada, até que se verifique um encontro entre o que é previsto, o que é obtido, e os objectivos inicialmente estabelecidos. Um ponto de partida considerado muitas vezes suficiente para os objectivos propostos, passa pela realização de experiências com factores a variarem a dois níveis. Os níveis mínimo/baixo e máximo/alto para cada factor (A, B, C, ...), serão aqui referidos pelos símbolos "–" e "+", respectivamente (usualmente conhecida como "notação geométrica" em planeamento de experiências). A combinação dos níveis dos vários factores considerados num dado ensaio, i.e., o tratamento considerado, é também usualmente caracterizado por uma notação, designada "notação de minúsculas", a qual se baseia na utilização das letras minúsculas correspondentes aos factores em causa (a, b, c, ...), segundo as seguintes regras: se uma letra está presente, tal significa que o respectivo factor assume o seu valor máximo; se está ausente, ele assume o seu valor mínimo; quando todos os factores assumem os seus valores mínimos, o respectivo ensaio é indicado pela notação (1). Assim, por exemplo, quando existem dois factores em estudo (A, B):

- ab – significa um ensaio conduzido nos valores máximos de ambos os factores;
- a – significa um ensaio conduzido no valor máximo do factor A e no valor mínimo do factor B;
- b – significa um ensaio conduzido no valor máximo do factor B e no valor mínimo do factor A;
- (1) – significa um ensaio conduzido nos valores mínimos de A e B.

Estas condições aparecem representadas na Figura 6.2, correspondendo a todas as combinações possíveis dos níveis dos factores em estudo (todos os tratamentos), num planeamento de experiências completo com dois factores a dois níveis.

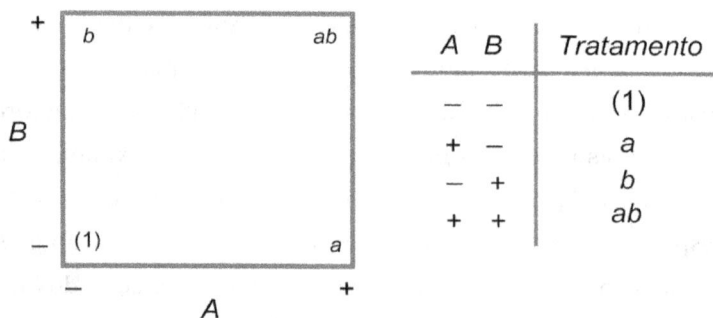

A	B	Tratamento
−	−	(1)
+	−	a
−	+	b
+	+	ab

Figura 6.2. Ilustração da notação usada para indicar os vários tratamentos considerados num planeamento de experiências completo, com dois factores, a dois níveis.

Num planeamento de experiências a dois níveis, procura-se recolher informação sobre a magnitude e relevância dos seguintes termos:

- *efeitos principais* (também designados por "completos") associados a cada factor;
- *efeitos devido a interacções entre factores* (i.e., à interferência que um factor pode ter na forma como a resposta varia em função de outro).

A magnitude associada aos efeitos principais é estimada da seguinte forma. Para o factor *A*, determina-se a média de todos os valores da resposta, *Y*, recolhidos nas experiências realizadas quando este assume o nível alto (+), $\overline{y}_{A(+)}$, bem como o valor médio das respostas quando assume o nível baixo (–), $\overline{y}_{A(-)}$. O efeito principal é estimado pela diferença entre estas duas médias:

$$Efeito\ A = \overline{y}_{A(+)} - \overline{y}_{A(-)} \tag{6.1}$$

Assumindo que existem *n* réplicas para cada tratamento, a expressão acima pode ser reescrita da seguinte forma, onde se utiliza a notação atrás introduzida para representar os níveis em que os valores da resposta são recolhidos:

$$Efeito\ A = \frac{a+ab}{2n} - \frac{b+(1)}{2n} \Leftrightarrow$$
$$Efeito\ A = \frac{1}{2n}\left[a+ab-b-(1)\right] \tag{6.2}$$

De notar que na fórmula acima e para efeito dos cálculos a realizar, cada tratamento (*a*, *ab*,...) representa a *soma* dos resultados obtidos nesta condição. Reportando-nos à Figura 6.2, a determinação do efeito associado ao factor *A* corresponde simplesmente em subtrair a média dos ensaios relativos à aresta da esquerda à média dos ensaios correspondentes à aresta da direita. Estes resultados facilmente se estendem à determinação do efeito principal associado ao factor B, o qual é estimado pelas seguintes expressões, com significado análogo às acima apresentadas:

$$Efeito\ B = \overline{y}_{B(+)} - \overline{y}_{B(-)} \Leftrightarrow$$

$$Efeito\ B = \frac{b+ab}{2n} - \frac{a+(1)}{2n} \Leftrightarrow \qquad (6.3)$$

$$Efeito\ A = \frac{1}{2n}\left[b+ab-a-(1)\right]$$

A magnitude do efeito associado à interacção entre os factores A e B, designada por AB, é estimada pela diferença entre a média das diagonais das condições indicadas na Figura 6.2:

$$Interacção\ AB = \frac{ab+(1)}{2n} - \frac{a+b}{2n} \Leftrightarrow$$

$$Interacção\ AB = \frac{ab-a}{2n} - \frac{b-(1)}{2n} \Leftrightarrow \qquad (6.4)$$

$$Interacção\ AB = \frac{1}{2n}\left[ab+(1)-a-b\right]$$

Na Figura 6.3, apresentam-se dois gráficos de efeitos, nos quais se representa a variação da resposta, Y, em função de um factor (neste caso, o factor A), para os dois níveis do factor B. Na primeira situação, constata-se que o factor B não interfere com a natureza da variação da resposta, Y, em função do factor A. O seu único efeito é deslocar a respectiva recta para cima ou para baixo consoante o seu nível, indicativo de que existe um efeito em Y associado a B. No entanto, este efeito não interfere com a forma como A se relaciona com Y. Por outro lado, na segunda situação existe um comportamento bastante distinto para a resposta em função do factor A, quando B assume níveis distintos, o que significa que, neste caso, existe uma interferência ou interacção efectiva entre os factores A e B, na medida em que a variação da resposta em função de um, depende do nível a que o outro é mantido. Analisando a aplicação das fórmulas indicadas em (6.4) verifica-se que de facto a interacção na primeira situação é nula ou muito baixa, enquanto na segunda é de magnitude elevada (e neste caso, possui um sinal negativo).

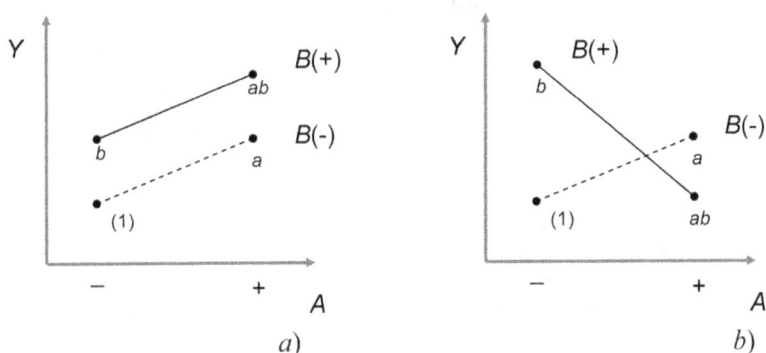

Y · B(+) ab · B(-) a · b (1)   a)

Y · B(+) b · B(-) a · ab (1)   b)

Figura 6.3. Exemplos de gráficos de efeitos para os factores A e B: a) ausência de interacção entre os factores A e B; b) interacção significativa (e negativa) entre A e B.

As quantidades entre parêntesis rectos nas expressões (6.2), (6.3) e (6.4), são conhecidas como "contrastes", e conduzem a uma generalização do cálculo das estimativas dos efeitos principais e interacções. Estas quantidades são directamente obtidas da matriz-sumário para o planeamento de experiências (Tabela 6.1). Para obter o contraste correspondente a um dado factor ou interacção, basta multiplicar cada sinal na coluna correspondente a esse factor ou interacção, pelo correspondente tratamento. Por exemplo, o contraste para o factor A, é dado por: $-[(1)]+[a]-[b]+[ab]=a+ab-b-(1)$, que corresponde ao obtido. Para a interacção AB, este é, de igual forma, dado por $[(1)]-[a]-[b]+[ab]=ab+(1)-a-b$. Os sinais referentes à interacção AB são simplesmente o resultado do produto de sinais dos factores que a integram, neste caso A e B, para o tratamento em causa. Por exemplo, para o tratamento (1), o sinal de AB é $(-)\times(-)=(+)$, e para o tratamento a, $(+)\times(-)=(-)$. Verifica-se assim que à semelhança do que ocorre na estimação dos efeitos principais associados a A e B, o efeito associado à interacção AB também pode ser obtido da diferença entre a média dos resultados obtidos nas experiências realizadas para o nível de AB alto e a média dos resultados obtidos nas experiências realizadas para o nível de AB baixo. Estes resultados podem ser generalizados para a estimação de todos os efeitos, principais ou de interacção, passíveis de serem estimados num planeamento de experiências (nomeadamente para interacções de ordem superior, onde os produtos envolvem mais termos).

Tratamento	Factores / Interacções		
	A	**B**	**AB**
(1)	–	–	+
a	+	–	–
b	–	+	–
ab	+	+	+

Tabela 6.1. Matriz para o planeamento de experiências com dois factores (A e B) a dois níveis.

O mesmo procedimento pode ser adoptado para o planeamento de experiências factorial a dois níveis, com mais do que dois factores. No caso de três factores, retractado na Figura 6.4, a matriz para o planeamento de experiências é a indicada na Tabela 6.2. De notar o surgimento de um termo de interacção de 3.ª ordem, relativo à possibilidade de existir uma interferência conjunta e recíproca de todos os factores envolvidos. No entanto, interacções de ordem elevada raramente são significativas, sendo muito raras as situações onde se verifica a existência de interacções significativas de ordem superior a 3, e pouco frequentes aquelas onde se registam interacções relevantes de 3.ª ordem.

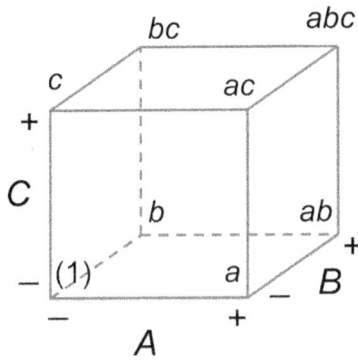

Figura 6.4. Planeamento de experiências completo com três factores a dois níveis.

	Factores / Interacções						
Tratamento	A	B	C	AB	AC	BC	ABC
(1)	–	–	–	+	+	+	–
a	+	–	–	–	–	+	+
b	–	+	–	–	+	–	+
ab	+	+	–	+	–	–	–
c	–	–	+	+	–	–	+
ac	+	–	+	–	+	–	–
bc	–	+	+	–	–	+	–
abc	+	+	+	+	+	+	+

Tabela 6.2. Matriz para o planeamento de experiências com três factores (A, B e C) a dois níveis.

A partir desta matriz para o planeamento experimental é possível identificar os seguintes contrates, para cada efeito ou interacção:

- $A : a + ab + ac + abc - (1) - b - c - bc$
- $B : b + ab + bc + abc - (1) - a - c - ac$
- $C : c + ac + bc + abc - (1) - a - b - ab$
- $AB : abc - bc + ab - b - ac + c - a + (1)$
- $AC : (1) - a + b - ab - c + ac - bc + abc$
- $BC : (1) + a - b - ab - c - ac + bc + abc$
- $ABC : abc - bc - ac + c - ab + b + a - (1)$

Para calcular a estimativa para o correspondente efeito principal ou interacção, basta multiplicar o resultado da aplicação das operações sumariadas em cada contraste pelo factor 1/4n, sendo n o número de réplicas efectuadas para cada tratamento, uma vez que, agora, se efectuam um total de 4 tratamentos para cada nível do factor ou interacção em causa. Por exemplo, a estimativa do efeito principal para o factor A, é dada por,

$$Efeito\ A = \overline{y}_{A(+)} - \overline{y}_{A(-)} \Leftrightarrow$$
$$Efeito\ A = \frac{1}{4n}\left[a + ab + ac + abc - (1) - b - c - bc\right] \tag{6.5}$$

e para a interacção AC, por,

$$Efeito\ AC = \frac{1}{4n}\left[(1) - a + b - ab - c + ac - bc + abc\right] \tag{6.6}$$

Pode-se verificar que os cálculos para a estimativa do efeito principal para o factor A e para a interacção AC, envolvem as experiências indicadas na Figura 6.5, para o cubo relativo ao planeamento factorial completo a três níveis apresentado na Figura 6.4.

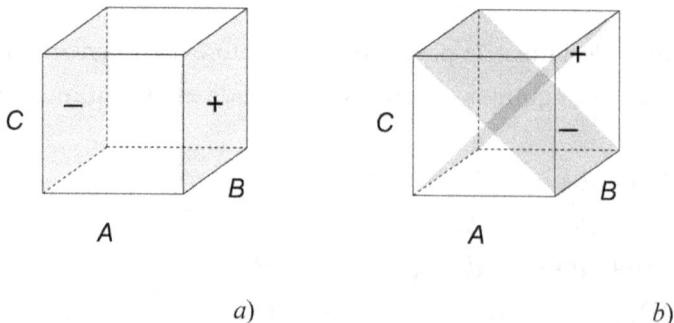

a)   b)

Figura 6.5. Tratamentos envolvidos nos cálculos: *a)* do efeito principal para o factor A; *b)* da interacção AC.

Os casos anteriores são apenas situações particulares de planeamentos factoriais completos a dois níveis, quando o número de factores, k, é dois ($k = 2$) ou três ($k = 3$). Num caso geral, em que existem k factores em estudo, o número de tratamentos a considerar é $2 \times 2 \times \cdots \times 2 = 2^k$. Para esta situação, a estimativa dos efeitos principais (ou completos) associados a cada factor ou às suas interacções, é dada pela seguinte expressão:

$$Efeito_i = \frac{Contraste_i}{n2^{k-1}} \qquad (6.7)$$

onde k, representa o número de factores estudados e n o número de réplicas efectuadas em cada tratamento.

Apresentada a forma como a magnitude dos efeitos principais associados aos factores e suas interacções é estimada num planeamento factorial completo a dois níveis, interessa agora proceder à avaliação da sua significância estatística. Esta análise pode ser conduzida de várias formas. Uma metodologia presente na maioria das aplicações de *software* de análise estatística que incluem funcionalidades de planeamento e análise de experiências, como o JMP, Design-Expert, Statistica ou MINITAB, é baseada na Análise de Variância dos resultados obtidos, com base num modelo estatístico linear. Por exemplo, para o caso de planeamentos factoriais com dois factores, este modelo toma a seguinte forma:

$$Y_{ijk} = \mu + \tau_i + \beta_j + (\tau\beta)_{ij} + \varepsilon_{ijk} \qquad (6.8)$$

onde μ é a média global, τ_i o efeito associado ao nível i do factor A, β_j o efeito associado ao nível j do factor B, e $(\tau\beta)_{ij}$ o efeito resultante da interacção entre os dois factores. ε_{ijk} é a componente aleatória do modelo, que se pressupõe seguir uma lei Normal com média nula e variância constante. A análise ANOVA vai avaliar a contribuição associada a cada efeito para a variabilidade total da resposta, e indicar, através do respectivo valor de prova, a significância que lhe está associada. Por outras palavras, com esta abordagem, analisam-se as seguintes hipóteses estatísticas:

$$H0 : \tau_1 = \tau_2 = 0 \text{ (ausência de efeito associado ao factor A)}$$
$$H1 : \text{Pelo menos um } \tau_i \neq 0 \tag{6.9}$$

$$H0 : \beta_1 = \beta_2 = 0 \text{ (ausência de efeito associado ao factor B)}$$
$$H1 : \text{Pelo menos um } \beta_j \neq 0 \tag{6.10}$$

$$H0 : (\tau\beta)_{11} = (\tau\beta)_{12} = (\tau\beta)_{21} = (\tau\beta)_{22} = 0 \text{ (ausência de interacção)}$$
$$H1 : \text{Pelo menos um } (\tau\beta)_{ij} \neq 0 \tag{6.11}$$

Assim, um valor de prova de baixa magnitude (por exemplo, menor que 0,01), associado a um factor ou interacção, indica que este(a) tem um efeito significativo na resposta, e deve ser considerado(a) na descrição dos resultados obtidos nas experiências.

Outra metodologia que conduz a resultados equivalentes é a baseada numa análise de regressão linear dos resultados obtidos. Nesta, os factores são considerados como variáveis de entrada para o modelo, assumindo os valores "–1" ou "+1", consoante se trate dos seus valores "baixos" ou "altos", respectivamente. De notar que, no caso dos factores serem quantitativos, esta análise pode também ser conduzida, de forma equivalente, em termos dos valores originais, dando origem a um modelo que pode ser usado de forma expedita inserindo directamente os valores originais dos factores, mas cuja análise pode ser, sob determinados aspectos, menos directa, uma vez que a magnitude dos coeficientes depende, nestas circunstâncias, das unidades e da escala utilizadas para expressar as medições associadas aos factores. Para um planeamento factorial a dois níveis, com dois factores ($x_1 \leftrightarrow A$, $x_2 \leftrightarrow B$, $x_{12} \leftrightarrow AB$), o modelo de regressão construído a partir dos níveis codificados (-1/+1) toma então a seguinte forma:

$$Y = \beta_0 + \beta_1 x_1 + \beta_2 x_2 + \beta_{12} x_1 x_2 + \varepsilon \qquad (6.12)$$

Neste modelo, β_0 representa a média global (μ) e os coeficientes de regressão parciais, β_1, β_2 e β_{12}, as estimativas de *metade* dos efeitos associados aos correspondentes factores ou interacções. Tal decorre do significado de coeficiente de regressão parcial, o qual consiste na variação na resposta *por unidade* de variação da correspondente variável (quando as outras se consideram fixas), o qual difere da definição de um efeito associado a um dado factor ou interacção, onde se contempla a variação na resposta quando o nível a ele associado varia entre −1 e +1, portando de *duas unidades*, ao que corresponderá também o dobro do impacto na resposta.

$$Efeito\ i = 2\beta_i \qquad (6.13)$$

Da análise do modelo de regressão resulta também a avaliação da significância dos factores e interacções em estudo, através dos testes à significância aos parâmetros do modelo de regressão linear, bem como do modelo como um todo através da análise ANOVA ao modelo de regressão linear. Podem-se também analisar os resíduos obtidos, para avaliar a sua conformidade com as hipóteses assumidas nesta metodologia estatística.

Exemplo: Análise da rugosidade numa operação de corte de peças metálicas

Pretendendo-se melhorar a operação de corte de peças metálicas, em particular no que respeita à rugosidade resultante desta operação, seleccionaram-se três factores como potencialmente relevantes neste contexto: a velocidade de alimentação (*A*), a profundidade do corte (B) e o ângulo da ferramenta de corte (C) [13]. Com estes factores, conduziu-se um planeamento factorial a dois níveis, com duas réplicas por tratamento (Tabela 6.3).

Factores			Resposta	
A	B	C	Réplica 1	Réplica 2
-1	-1	-1	9	7
1	-1	-1	10	12
-1	1	-1	9	11
1	1	-1	12	15
-1	-1	1	11	10
1	-1	1	10	13
-1	1	1	10	8
1	1	1	16	14

Tabela 6.3. Resultados do planeamento factorial a dois níveis conduzido no estudo da operação de corte de peças metálicas.

A análise destes dados com recurso a *software* estatístico, conduz aos resultados apresentados na Figura 6.6. Da inspecção dos valores de prova associados aos testes de significância aos coeficientes do modelo de regressão, verifica-se que o factor A (velocidade de alimentação) é o único factor significativo a um nível de significância de 0,05, seguido do factor B (profundidade do corte), o qual é tangencialmente não-significativo (valor de prova 0,071) e da interacção AB. Os efeitos estimados para cada factor ou interacção correspondem ao dobro dos respectivos coeficientes de regressão. Por exemplo, o efeito associado ao factor A, corresponde a 1,6875×2=3,375. Substituindo os níveis (–1 ou +1) no modelo estimado, é também possível obter o valor previsto para a resposta (Y) nestas condições.

Análise dos resultados do planeamento de experiências baseada na metodologia de regressão linear

Análise ANOVA do planeamento de experiências

Figura 6.6. Análise dos resultados do planeamento factorial a dois níveis conduzido no estudo da operação de corte de peças metálicas (Minitab: Stat > DOE > Factorial > Analyze Factorial Design).

A análise da significância dos efeitos pode também ser apoiada por várias ferramentas gráficas, como o gráfico de Pareto para os efeitos normalizados (Figura 6.7), ou o gráfico semi-Normal dos efeitos, também conhecido como gráfico de Daniel (Figura 6.8).

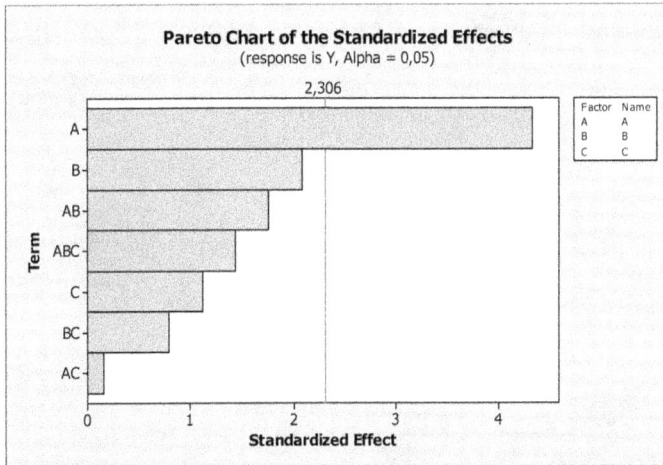

Figura 6.7. Ferramentas gráficas de apoio à análise da magnitude e significância de factores e interacções: gráfico de Pareto para os efeitos normalizados (Minitab: Stat > DOE > Factorial > Analyze Factorial Design).

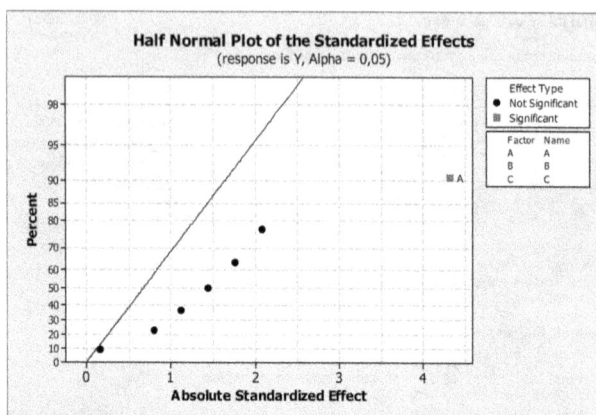

Figura 6.8. Ferramentas gráficas de apoio à análise da magnitude e significância de factores e interacções: gráfico semi-Normal dos efeitos ou gráfico de Daniel (Minitab: Stat > DOE > Factorial > Analyze Factorial Design).

Conclui-se assim que a optimização da operação de corte passa largamente por manipular o Factor A. Da análise do gráfico de interacção entre os factores mais significativos, *A* e *B* (Figura 6.9), verifica-se que, se o objectivo consistir em minimizar a rugosidade do corte, o Factor A deve ser mantido no seu nível mínimo (–1), não sendo muito relevante o nível usado para o factor *B*, o qual pode ser estipulado atendendo a outras considerações operacionais ou económicas.

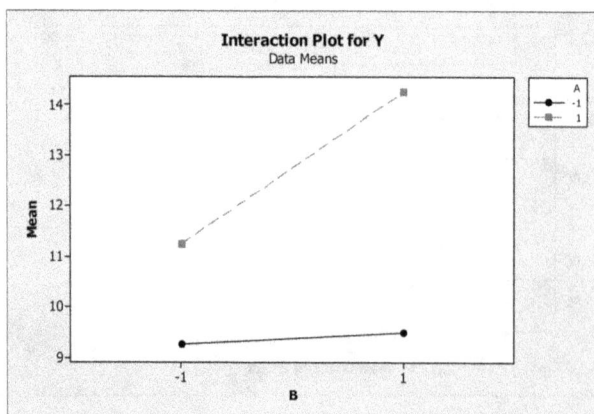

Figura 6.9. Gráfico de interacção para os factores *A* e *B* (Minitab: Stat > DOE > Factorial > Analyze Factorial Design).

6.2.3. Planeamento factorial fraccionado com dois níveis

O número de ensaios envolvidos num planeamento de experiências do tipo factorial completo a dois níveis cresce rapidamente com o número de factores em análise. Por exemplo, quando existem 5 factores em estudo, o número de tratamentos a testar é $2^5 = 32$, o que representa um esforço considerável de experimentação. Estas condições permitirão estimar todos os efeitos principais dos factores, que neste caso são 5, e suas interacções, as quais se distribuem entre interacções de 2.ª ordem (envolvendo 2 factores), em número de 10 (i.e., combinações de 5, 2 a 2), e de ordens iguais ou superiores a 3, em número de 16. Atendendo a que, com muita frequência, as interacções de ordem elevada (≥ 3) não são significativas para os problemas em estudo, ou seja, não conduzem a efeitos com impacto sensível na resposta, pode-se depreender que a maior parte das experiências não é de facto estritamente necessária, se estivermos dispostos a prescindir da estimação completa e rigorosa daqueles parâmetros do modelo que, com elevada probabilidade, terão uma relevância perfeitamente marginal. Tal significa que é possível usar apenas uma fracção do total das experiências a realizar e ainda proceder a uma estimativa dos efeitos principais e das interacções mais importantes com o rigor necessário para os objectivos do projecto, obtendo-se assim uma redução significativa nos recursos investidos sem prejuízo dos fins a atingir. Esta estratégia é particularmente pertinente nas fases iniciais de análise de um problema, onde existe um número mais elevado de factores em estudo, de entre os quais se pretende seleccionar um subconjunto que contenha os mais relevantes – o designado *screening* de factores –, tarefa que incide essencialmente na análise dos efeitos principais e, quando muito, nas interacções de 2.ª ordem. Neste contexto, o importante é integrar todos os factores potencialmente relevantes no estudo e conduzir uma bateria de experiências que, com um menor número de ensaios, permita seleccionar o referido subconjunto de factores a estudar melhor num estágio posterior (onde se beneficiará também das experiências já realizadas). Este procedimento pode originar planeamentos fraccionados com ½ das experiências do correspondente factorial completo, designados como planeamentos factoriais 2^{k-1}, com ¼ das experiências, designados como planeamentos factoriais 2^{k-2}, e assim sucessivamente. Em geral, uma fracção de $1/2^m$ das experiências do factorial completo com o mesmo número de factores, origina um planeamento factorial 2^{k-m}.

O princípio subjacente ao planeamento de experiências fraccionado a dois níveis com um dado número de factores (digamos k) consiste, de uma forma simplificada, em associar interacções de ordem superior de um planeamento factorial completo a dois níveis, correspondente a um menor número de factores (e portanto com menos ensaios a realizar), a um ou vários dos k factores em estudo. Desta forma, os seus efeitos passam a estar "confundidos" com tais interacções, mas, dada a potencialmente baixa significância associada a tais interacções, o efeito que sobressairá, caso seja de facto relevante, será o efeito principal do factor atribuído e não o das interacções de ordem elevada com as quais este se confunde.

Exemplo: Análise dos factores de um sistema de injecção de moldes que afectam o encolhimento do produto

Para ilustrar o princípio subjacente a um planeamento factorial fraccionado, consideremos uma situação em que se pretende estudar o efeito de seis factores de um sistema de injecção de moldes (chamemos-lhes, A, B, C, D, E, F) no encolhimento registado no produto final [13]. Um planeamento factorial completo a dois níveis implicaria a realização de 64 experiências e um factorial fraccionado 2^{6-1}, 32 experiências, o que ainda é elevado, tendo em conta que se pretende apenas aceder, com algum rigor, aos efeitos principais (em número de 6) e obter alguma informação sobre as interacções de 2.ª ordem. Por isso, optou-se por realizar um planeamento factorial fraccionado 2^{6-2}, o qual, implicando a realização de apenas 16 experiências, deverá permitir atingir os objectivos estipulados ao nível da recolha da informação sobre a importância dos factores. Para construir um tal planeamento, partiu-se de um planeamento factorial completo com 4 factores (*A, B, C* e *D*, que conduz ao número de tratamentos pretendido, 16) e fez-se coincidir o factor *E* com a interacção *ABC*, e o factor *F* com a interacção *BCD*, como indicado na Tabela 6.4.

| Ensaio | Factores | | | | | | Resposta |
	A	B	C	D	E=ABC	F=BCD	Encolhimento (×10)
1	−	−	−	−	−	−	6
2	+	−	−	−	+	−	10
3	−	+	−	−	+	+	32
4	+	+	−	−	−	+	60
5	−	−	+	−	+	+	4
6	+	−	+	−	−	+	15
7	−	+	+	−	−	−	26
8	+	+	+	−	+	−	60
9	−	−	−	+	−	+	8
10	+	−	−	+	+	+	12
11	−	+	−	+	+	−	34
12	+	+	−	+	−	−	60
13	−	−	+	+	+	−	16
14	+	−	+	+	−	−	5
15	−	+	+	+	−	+	37
16	+	+	+	+	+	+	52

Tabela 6.4. Planeamento factorial fraccionado para o sistema de injecção de moldes.

Demonstra-se que, com esta atribuição, os factores e interacções que se confundem entre si, i.e., a estrutura de confusão subjacente ao factorial fraccionado 2^{6-2} é a indicada na Tabela 6.5.

$A=BCE=DEF=ABCDF$	$AB=CE=ACDF=BDEF$
$B=ACE=CDF=ABDEF$	$AC=BE=ABDF=CDEF$
$C=ABE=BDF=ACDEF$	$AD=EF=BCDE=ABCF$
$D=BCF=AEF=ABCDE$	$AE=BC=DF=ABCDEF$
$E=ABC=ADF=BCDEF$	$AF=DE=BCEF=ABCD$
$F=BCD=ADE=ABCEF$	$BD=CF=ACDE=ABEF$
$ABD=CDE=ACF=BEF$	$BF=CD=ACEF=ABDE$
$ACD=BDE=ABF=CEF$	

Tabela 6.5. "Estrutura de confusão" para o planeamento experimental 2^{6-2}.

Constata-se assim que num planeamento 2^{6-2} nenhum efeito principal é confundido entre si, nem com uma interacção de 2.ª ordem, registando-se contudo interacções de 2.ª ordem confundidas entre si. Trata-se por isso de um planeamento com resolução IV e sublinha-se este facto indicando 2^{6-2}_{IV}, designação esta que advém do seguinte esquema de classificação:

- *Planeamento experimental de resolução III.* Os efeitos principais não se confundem entre si, mas confundem-se com interacções de 2.ª ordem. Algumas interacções de 2.ª ordem podem estar confundidas entre si.

- *Planeamento experimental de resolução IV.* Os efeitos principais não se confundem entre si, nem com interacções de 2.ª ordem. Algumas interacções de 2.ª ordem podem estar confundidas entre si.

- *Planeamento experimental de resolução V.* Os efeitos principais não se confundem entre si, nem com interacções de 2.ª ordem. Interacções de 2.ª ordem estão confundidas com interacções de 3.ª ordem.

Os factores e interacções que se confundem entre si, podem ser facilmente determinados a partir da *relação de definição* ou *relação geradora* do planeamento de experiências (tradução do inglês, *defining relation, generating relation*), sendo também usualmente fornecidos pelo *software* estatístico [12, 16].

A mesma noção de contraste introduzida no planeamento factorial completo a dois níveis, permanece válida para avaliar o efeito do factor correspondente em planeamentos factoriais fraccionados. No entanto, ao contrário, do que sucedia então, agora a estimação do efeito associado a um factor que se confunde com outros incorpora também a contribuição de todos estes. O efeito de todos os factores e interacções confundidos entre si aparece assim agregado (mais especificamente, combinado linearmente) quando se estima o seu valor usando a metodologia baseada nos contrastes. Por exemplo, em lugar de se estimar apenas o efeito do factor A, estima-se o efeito combinado de $A+BCE+DEF+ABCDF$, ou em lugar de se estimar apenas o efeito associado a B, estima-se o efeito de $B+ACE+CDF+ABDEF$. A fórmula para cálculo da estimativa dos efeitos em planeamentos de experiências fraccionados é a seguinte:

$$Efeito_i = \frac{Contraste_i}{n2^{k-m-1}} \qquad (6.14)$$

onde o $Contraste_i$ é obtido da forma já atrás descrita (a partir dos sinais + e – da coluna i), k representa o número de factores, n o número de réplicas e m indica a fracção $1/2^m$ do desenho de experiências factorial.

A Figura 6.10 apresenta os resultados decorrentes da análise dos dados recolhidos na implementação do planeamento experimental 2_{IV}^{6-2}. Representando os efeitos indicados na Figura 6.10 através do gráfico semi-Normal dos efeitos (gráfico de Daniel, Figura 6.11), verifica-se que apenas 5 são indicados como significantes, destacando-se A, B e AB (que contemplam também todos os restantes factores e interacções que com eles se confundem).[5] Apesar da estrutura de confusão

---

[5] Quando se representam os efeitos estimados num gráfico semi-Normal, os efeitos não-significativos, que seguem uma lei Normal com média nula, tendem a alinhar-se em torno de uma reta. Os restantes, i.e., os significativos, fogem a este padrão, podendo desta forma ser identificados. Esta metodologia deve ser seguida

existente, o facto de A e B se apresentarem como factores com efeitos significantes cria condições para considerar a interacção AB como sendo a potencialmente mais relevante de entre o grupo daquelas com as quais está confundida. As interacções AD e ACD são para já preteridas, pois incluem efeitos de menor magnitude e contêm factores cujos efeitos principais não sobressaíram nos resultados (C e D).

Factorial Fit: Encolhimento versus A; B; C; D; E; F

```
Estimated Effects and Coefficients for Encolhimento (coded units)
```

Term	Effect	Coef
Constant		27,313
A	13,875	6,937
B	35,625	17,812
C	-0,875	-0,437
D	1,375	0,688
E	0,375	0,187
F	0,375	0,187
A*B	11,875	5,938
A*C	-1,625	-0,813
A*D	-5,375	-2,688
A*E	-1,875	-0,937
A*F	0,625	0,313
B*D	-0,125	-0,062
B*F	-0,125	-0,063
A*B*D	0,125	0,062
A*C*D	-4,875	-2,437

Figura 6.10. Análise dos resultados do planeamento factorial fraccionado 2_{IV}^{6-2} conduzido para o problema do sistema de injecção de moldes (Minitab: Stat > DOE > Factorial > Analyze Factorial Design).

---

na seleção das variáveis a incluir no modelo, uma vez que não existem observações suficientes para estimar todos os efeitos e interações.

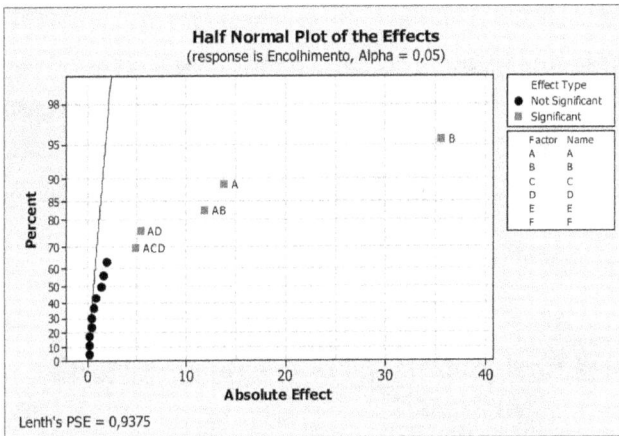

Figura 6.11. Gráfico semi-Normal dos efeitos ou gráfico de Daniel, para o problema do sistema de injecção de moldes (Minitab: Stat > DOE > Factorial > Analyze Factorial Design).

Correndo de novo a análise dos resultados, utilizando apenas como variáveis explicativas *A*, *B* e *AB*, obtêm-se os resultados indicados na Figura 6.12, onde se pode, de facto, verificar que todos os factores são significativos, e que o modelo obtido se ajusta bem aos resultados experimentais (coeficientes de determinação superiores a 90%).

```
Factorial Fit: Encolhimento versus A; B

Estimated Effects and Coefficients for Encolhimento (coded units)

Term      Effect    Coef   SE Coef      T      P
Constant          27,313    1,138   24,00  0,000
A         13,875   6,937    1,138    6,09  0,000
B         35,625  17,812    1,138   15,65  0,000
A*B       11,875   5,938    1,138    5,22  0,000


S = 4,55293      PRESS = 442,222
R-Sq = 96,26%    R-Sq(pred) = 93,36%    R-Sq(adj) = 95,33%


Analysis of Variance for Encolhimento (coded units)

Source               DF   Seq SS   Adj SS   Adj MS      F       P
Main Effects          2   5846,6   5846,6  2923,31  141,02  0,000
2-Way Interactions    1    564,1    564,1   564,06   27,21  0,000
Residual Error       12    248,7    248,7    20,73
  Pure Error         12    248,8    248,8    20,73
Total                15   6659,4
```

Figura 6.12. Análise dos resultados do planeamento factorial fraccionado 2_{IV}^{6-2}, após selecção dos factores *A*, *B* e *AB* como significativos (Minitab: Stat > DOE > Factorial > Analyze Factorial Design).

Desta forma, com apenas 16 experiências foi possível analisar o efeito combinado de 6 factores, tendo-se chegado a um modelo que descreve bastante bem o comportamento do processo, apesar de existir alguma incerteza remanescente na contribuição dos restantes factores decorrente da estrutura de confusão associada ao planeamento.

6.2.4. Notas finais sobre o planeamento estatístico de experiências

Nesta secção introduziram-se apenas os aspectos essenciais subjacentes ao planeamento estatístico de experiências. Os métodos abordados, nomeadamente os planeamentos factoriais com vários factores, a dois níveis (completos ou fraccionados), são de grande utilidade na identificação, rápida e eficaz, dos factores mais relevantes para a resposta e para a sua modelação matemática. Permitem também seleccionar, desde logo, as condições operatórias mais favoráveis para conduzir o processo, o que constitui uma das actividades mais importantes em projectos de melhoria. No entanto, com o evoluir do projecto e dos estudos das experiências já realizadas, objectivos de outra natureza podem vir a ser colocados. Por exemplo, estes podem passar pela optimização de um processo não-linear, situação em que é necessário introduzir termos não lineares no modelo matemático cujos parâmetros devem então ser estimados, com base em novas experiências a realizar. Os termos a introduzir são tipicamente quadráticos (pelo menos numa primeira fase), de forma a contemplar a curvatura identificada na análise das experiências realizadas preliminarmente. A inclusão de termos quadráticos exige, por sua vez, o teste de pelo menos três níveis dos factores em causa para que os respectivos coeficientes possam ser estimados. Para esta situação existem planeamentos de experiências especialmente desenvolvidos para o efeito, como o designado CCD (*Central Composite Design*, Figura 6.13), bem como metodologias de análise adequadas, como a metodologia da superfície de resposta [12, 16].

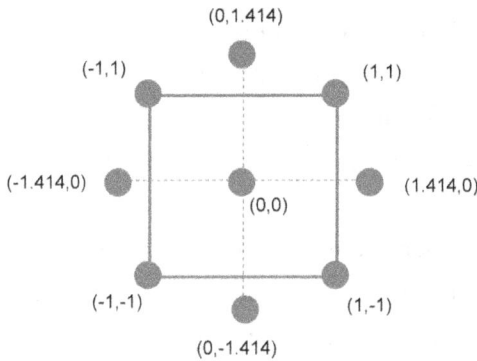

Figura 6.13. Um planeamento do tipo CCD com dois factores, para identificação de uma superfície descrita por um polinómio do 2.º grau.

Já para aplicações onde a vertente da robustez do processo ou produto é um aspecto a levar em particular consideração (i.e., a sua capacidade de operar numa ampla gama de condições sem apresentar uma variabilidade excessiva no seu desempenho), metodologias de planeamento de experiências que incorporem a dispersão da resposta na análise devem ser adoptadas. Neste contexto, as metodologias de planeamento de experiências propostas por Genichi Taguchi são bastante populares pela simplicidade do procedimento a seguir e por conduzirem a soluções que frequentemente se podem classificar de boas para os propósitos a atingir [17]. No entanto, os mesmos procedimentos descritos neste capítulo podem ser adoptados, tomando o desvio padrão da variável de resposta em cada tratamento como a nova variável de saída.

Por outro lado, em problemas envolvendo factores que correspondem a composições parciais em misturas ou formulações, a soma das quais tem um limite superior (1, no caso de fracções), existem procedimentos específicos de planeamento de experiências a seguir, os quais são designados por planeamento de experiências para misturas [18].

Refira-se ainda que em situações onde a região experimental a cobrir pelo planeamento de experiências não permite colocar os pontos no tradicional arranjo cúbico, ou quando o modelo a estimar é do tipo não-linear, os procedimentos de "planeamento óptimo de experiências" permitem determinar as condições a testar que se afiguram como mais informativas para a qualidade do modelo a estimar [19].

Surgiu recentemente uma nova classe de métodos de planeamento experimental que permite abordar de uma forma eficiente o problema da estimação de efeitos lineares, não lineares e interacções, em processos com um número significativo de variáveis de entrada. Tratam-se dos chamados *"definitive screening designs"* [20]. Esta abordagem é promissora em aplicações de *screening* de factores, na medida em que apenas requer um número de experiências correspondente a duas vezes o número de factores mais um, permitindo ainda assim estimar efeitos de 2.ª ordem. No momento em que este texto é escrito, este desenvolvimento apenas está disponível no *software* comercial JMP.

CAPÍTULO 7 – CONTROLO

7.1. Introdução

Após o planeamento, implementação e avaliação da actividade de Melhoria, numa sequência que frequentemente é de natureza iterativa e gradual, a equipa de projecto atingiu resultados que considera satisfatórios relativamente aos objectivos traçados inicialmente. Há portanto evidência factual abundante que assegura e documenta a existência de uma nova forma de conduzir o processo, na qual este apresenta consistentemente um nível de desempenho superior. Neste contexto, é importante assegurar que esta nova forma de conduzir as operações seja assimilada por todos e estabilizada, passando rapidamente a constituir o novo modo de actuação. É este o objectivo essencial da fase de Controlo no âmbito da metodologia seis sigma: assegurar que as soluções encontradas e as acções de melhoria encetadas e validadas se tornem parte do novo "processo", impedindo a ocorrência de retrocessos para procedimentos antigos, muitas vezes acentuados por efeitos de inércia à mudança e memória de um passado recente.

Várias metodologias podem ser usadas neste contexto, passando pela elaboração de protocolos de operação, treino de operadores, padronização de procedimentos, etc. Neste capítulo, dá-se ênfase a metodologias que permitem avaliar a estabilidade do processo, assinalando a existência de acontecimentos que potencialmente possam significar perturbações à operação normal dos mesmos, as quais devem ser rapidamente analisadas e corrigidas se necessário for. Tratam-se das denominadas "cartas de controlo", que constituem uma das ferramentas mais importantes e flexíveis do conjunto das metodologias disponíveis actualmente para lidar com a variabilidade dos processos. Serão aqui referidas as cartas de controlo do tipo Shewhart, para atributos e variáveis, bem como outras abordagens mais eficazes para detectar perturbações de menor amplitude usando amostras de dimensões mais reduzidas. Adicionalmente, faz-se referência a procedimentos para lidar com diversas variáveis simultaneamente e as vantagens daí decorrentes, bem como para lidar com processos cujos dados exibem autocorrelação ou dinâmica.

Outro tema abordado nesta secção é o estudo e análise da Capacidade dos Processos, i.e., do grau ou extensão com que o processo está a ser *capaz* de dar o devido cumprimento às especificações associadas aos produtos. Trata-se portanto de confrontar a variabilidade natural de um processo a operar em condições estáveis (i.e., sob controlo estatístico), com a gama de especificações imposta para os produtos em questão, com o objectivo de quantificar o seu desempenho na satisfação destas mesmas especificações.

7.2. O que é o Controlo Estatístico de Processos?

O Controlo Estatístico de Processos é a designação usada para traduzir a expressão anglo-saxónica *Statistical Process Control*, muitas vezes referida simplesmente por SPC. Trata-se de um conjunto de abordagens orientadas para gerir processos com o objectivo de assegurar que estes tenham a capacidade de produzir produtos o mais próximo possível dos seus valores nominais (*target*), com a menor dispersão e ao mais baixo custo. Nestas abordagens incluem-

-se, entre outras, as já referidas *7 ferramentas básicas da qualidade*, propostas por Kaouru Ishikawa [2] (ver Secção 1.3):

i. Fluxogramas;

ii. Diagrama de causa-efeito;

iii. Formulários de recolha de dados e folhas de verificação;

iv. Diagrama de Pareto;

v. Histograma;

vi. Gráficos;

vii. Cartas de Controlo;

Das metodologias acima referidas, as cartas de controlo serão possivelmente uma das metodologias mais úteis em contextos práticos. Segundo Donald J. Wheeler, *"Given its simplicity, robustness, sensitivity, and versatility, there is no one technique which can successfully compete with Shewhart's control charts."*. Na verdade, a importância conferida às cartas de controlo é tal, que é frequente vê-las referenciadas simplesmente por SPC (ou cartas SPC) apesar de, em rigor, SPC contemplar outras abordagens usadas para atingir os seus objectivos. Neste sentido, este capítulo é especialmente orientado para a apresentação das cartas de controlo do tipo Shewhart, as quais constituem ainda a forma mais usual de implementação da actividade de SPC em processos. Referem-se ainda outras metodologias alternativas que, no mesmo âmbito, apresentam vantagens em determinadas situações. De notar a presença da palavra "processo" em SPC, indicando a tendência de transferir ou deslocalizar as actividades de monitorização de fim da linha (inspecção) para o processo, no sentido de melhor caracterizar a sua variabilidade e de aumentar a eficácia na detecção e identificação de situações anómalas, bem como a rapidez com que estas são corrigidas. A informação gerada e compilada também é de grande valor para as actividades de melhoria de processos.

As cartas de controlo do tipo Shewhart foram desenvolvidas na década de 1920, por Walter A. Shewhart, então nos *Bell Telephone Laboratories*. A sua teoria e fundamentos encontram-se expostos na sua obra editada em 1931, e mais recentemente reeditada em 1980 com dedicatória de W.E. Deming [21]. O seu ponto de partida é a constatação que qualquer processo está sempre sujeito a uma certa quantidade de variação decorrente de efeitos aleatórios e flutuações incontroláveis de natureza estocástica que lhe são inerentes. Isto mesmo é válido para todos os tipos de processos, como processos industriais de transformação, montagem, processos de serviços, etc. Esta variabilidade inerente ao processo é um reflexo da sua própria natureza, constituindo a sua "impressão digital", ou seja, algo que o caracteriza enquanto tal. Pretende-se então, neste contexto, detectar eventuais componentes de variabilidade que não pertencem a este padrão "normal" e "comum", originárias de fontes estranhas ao processo ou ao modo como este funciona normalmente. As cartas de controlo foram a metodologia proposta para proceder à separação entre a variabilidade do processo que tem na sua origem um "sistema de causas aleatórias comuns de variabilidade", que actuam no processo em condições normais, daquela que tem subjacente a existência das chamadas "causas especiais de variabilidade" (*assignable causes*" segundo W.A. Shewhart, ou "*special causes*", segundo W.E. Deming), que são externas ao sistema de causas comuns, e que devem ser prontamente detectadas e eliminadas através de uma adequada análise do processo e posterior implementação de acções correctivas que reponham o estado normal das operações.

Na Figura 7.1 apresentam-se as principais categorias de fontes de variabilidade que afectam os processos, quer contribuindo para a sua variabilidade natural ou "ruído de fundo" (causas comuns) quer, esporadicamente, para a existência de padrões anormais de variabilidade, fruto de ocorrências ocasionais cujos efeitos são de magnitude usualmente elevada, quando comparada com a magnitude tipicamente menor, associada às causas comuns.

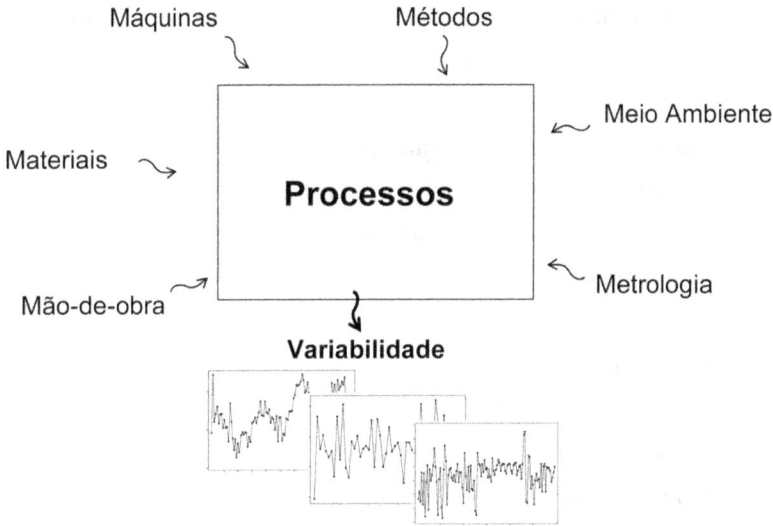

Figura 7.1. Exemplos de categorias de possíveis fontes de causas comuns e especiais de variabilidade exibida pelos processos.

A separação entre "causas comuns" e "causas especiais" de variabilidade é de grande importância para a forma como se gerem os processos. Antes de mais, ela garante um reconhecimento efectivo da variabilidade dos processos por parte de quem os opera (algo que nem sempre está garantido à partida). Depois, permite distinguir entre o que é a variabilidade inerente ao próprio processo, e que portanto não carece de qualquer acção correctiva uma vez que decorre do processo a operar em condições normais, daquela que lhe é estranha ou exterior, esta sim requerendo uma intervenção correctiva. Assim, as causas comuns de variação ficam fora do âmbito de acções correctivas, apenas podendo ser enquadradas em "acções de melhoria", onde o próprio processo é reformulado ou alterado no sentido de diminuir ou eliminar o impacto que estas têm na variabilidade do produto final. Ou seja, para alterar a variabilidade inerente às causas comuns deve-se actuar no processo, num contexto de acções de melhoria da qualidade e do seu desempenho. As acções correctivas decorrentes de causas especiais não constituem assim acções de melhoria, apenas servindo para colocar o processo num estado de operação normal, de onde ele não deveria ter, de facto, saído.

Mas a importância da separação entre causas de variabilidade não se limita aos argumentos referidos no parágrafo anterior. A tentativa de encetar acções correctivas quando o processo está simplesmente a operar em condições normais, i.e., quando somente estão activas as causas comuns de variação, tem como consequência a introdução de uma componente adicional de variabilidade, decorrente da suposta acção correctiva do operador ou dos sistemas de controlo e regulação. Estas acções, ao interferirem com um processo a operar em condições normais, aumentam ainda mais a sua variabilidade. Este resultado é muito bem ilustrado pela famosa experiência do "funil de Deming", onde o impacto negativo de diversas metodologias correctivas é contraposto à solução de não actuar quando o sistema está apenas sujeito à sua variabilidade normal. Em geral, demonstra-se que é vantajoso interferir correctivamente no processo apenas quando existem causas especiais, se a sua média em condições normais é constante. Já quando a sua média não é constante, como acontece em processos com inércia ou dinâmica, a actuação pode fazer-se mesmo sob condições normais de operação, através da implementação de sistemas de controlo automático devidamente sintonizados que estabilizam e assim diminuem a variabilidade dos processos. A maioria das metodologias abordadas nesta secção parte do pressuposto que o processo normal não apresenta autocorrelação (dinâmica ou inércia), e que portanto os dados, na presença de causas comuns, exibem uma média constante ao longo do tempo.

Assim acontece com as cartas de controlo do tipo Shewhart, abordadas na secção seguinte.

7.3. Fundamentos das cartas de controlo do tipo Shewhart

As cartas de controlo tipo Shewhart fornecem uma solução simples e elegante para o problema da detecção de causas especiais, que requerem acções correctivas, num ambiente onde existe uma variabilidade inerente ao processo decorrente das causas comuns. Um processo diz-se estar "sob controlo estatístico" se a sua variabilidade for devida somente à actuação de causas comuns. Nestas circunstâncias, a sua variabilidade permanece estável e constante ao longo do tempo. Por outro lado, diz-se que o processo está "fora de controlo estatístico", quando está a operar na presença de causas especiais, as quais devem ser prontamente detectadas, analisadas e, se necessário e possível, eliminadas, de forma a recolocar o processo de novo em condições normais de operação.

Uma carta de controlo é essencialmente um gráfico onde os valores obtidos para uma dada estatística (calculada a partir de amostras recolhidas sucessivamente do processo) são representados sequencialmente e no qual figuram algumas linhas horizontais de referência, nomeadamente o limite superior de controlo (LSC) e o limite inferior de controlo (LIC), situados acima e abaixo de uma outra linha, designada por linha central (LC). Os limites superior e inferior de controlo são calculados de forma a conterem no seu interior os valores da estatística em questão, com elevada probabilidade, quando o processo está a operar somente sob causas comuns de variabilidade. A linha central representa a localização da tendência central do processo, no tocante à estatística em análise. A carta de controlo assinala uma situação de fora de controlo, se pelo menos um ponto cair para além da região confinada pelos limites de controlo, ou se existirem padrões sistemáticos de variação mesmo que os pontos em questão estejam no interior da região de variação normal (i.e., dentro dos limites de controlo). Exemplos de alguns padrões não-aleatórios que configuram situações anómalas são: ciclos, tendências, oscilação excessiva, entre outros. A identificação de pontos que satisfazem o primeiro critério é directa e fácil, constituindo um dos principais argumentos a favor deste tipo de cartas. Quanto ao segundo critério, a sua análise e implementação é menos directa, existindo contudo um conjunto de regras simples que foram desenvolvidas para contemplar estas situações, aqui designadas por "regras de detecção de causas especiais" (apresentadas mais à frente neste texto, na secção 7.5.4).

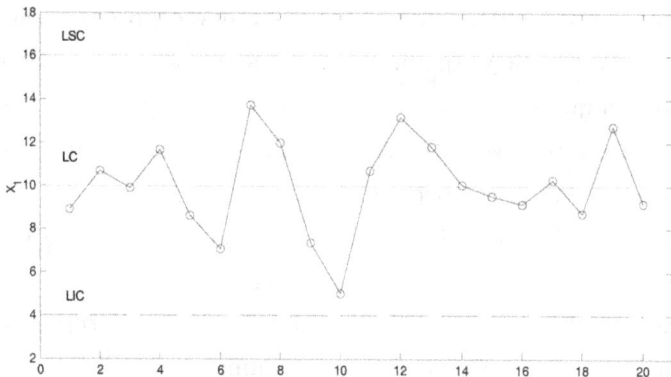

Figura 7.2. Exemplo de uma carta de controlo tipo Shewhart.

W.A. Shewhart propôs o seguinte esquema para definir os limites de controlo e a linha central numa carta de controlo. Se w representar a estatística cujos valores se pretendem monitorar, então:

$$LSC = \mu_w + k\sigma_w$$
$$LC = \mu_w \qquad (7.1)$$
$$LIC = \mu_w - k\sigma_w$$

onde μ_w e σ_w representam a média e o desvio padrão popula-cionais da estatística em questão e k a distância dos limites de controlo à linha central, dada em "número de desvios padrões". Shewhart propôs a utilização de $k = 3$ (os chamados limites ±3-sigma): *"Experience indicates that t=3 seems to be an acceptable economic value"* (W.A. Shewhart, *in Economic Control of Quality of Manufactured Product*) [21]. A prática posterior demonstrou a justeza da sua proposta, a qual é ainda usada correntemente e de forma generalizada.

Na implementação prática das cartas do tipo Shewhart, os pa-râmetros populacionais associados à estatística w são substituídos pelas respectivas estimativas amostrais. Estas estimativas são calcu-ladas a partir de um conjunto de dados do histórico do processo, representativo da sua operação sob condições de controlo estatístico. Este deve conter pelo menos 25 amostras para assegurar o rigor necessário na estimação dos limites de controlo.

Existem duas fases fundamentais na construção e implementação de uma carta de controlo. Na Fase I ("Análise retrospectiva"), faz-se a avaliação da estabilidade do processo, procurando-se averiguar se este está "sob controlo estatístico". Para tal, recolhem-se dados da sua operação ou analisa-se o seu histórico, calculam-se os limites preliminares de controlo e averigua-se o cumprimento das regras que definem o estado de controlo estatístico. Se, na sequência desta análise o processo for considerado como estando a operar em con-dições de estabilidade, i.e., "sob controlo estatístico", pode-se passar à Fase II ("Implementação da carta de controlo"), que usualmente consiste simplesmente em manter os limites de controlo anterior-mente determinados (i.e., passar os limites de controlo preliminares, a limites a usar até à próxima revisão da carta de controlo) e veri-ficar se os valores futuramente obtidos mantêm ou não o mesmo comportamento que o processo apresentara em condições normais de operação.

No entanto, caso o processo não se apresente como estando sob controlo estatístico na análise conduzida na Fase I, será então necessário averiguar quais as causas especiais de variação que provocaram as alterações detectadas na distribuição de valores do processo (nomeadamente na sua média e/ou dispersão). Se estas forem em elevado número, a condução do processo deve ser analisada em detalhe no sentido de o estabilizar primeiro, usando para tal, por exemplo, a experiência dos operadores e pessoal de processo, eventualmente apoiada por metodologias mais sistemáticas de análise e melhoria de processos (como diagramas de causa-efeito, planeamento de experiências, construção de modelos empíricos, análise multivariável, acções de melhoria localizadas, etc.). Se o número de pontos representando causas especiais for reduzido, estes podem ser removidos dos cálculos (não da carta de controlo) e os limites recalculados, se de facto houver uma justificação para o seu carácter mais anormal. Caso contrário, a eliminação destes pontos no cálculo dos limites de controlo deve ser efectuada com cuidado, para evitar a construção de uma zona de operação normal demasiado estreita, representando uma visão demasiado optimista da variabilidade do processo.

Se a Fase I for concluída com sucesso, indicando que o processo está sob controlo estatístico, é possível utilizar os cálculos efectuados para estabelecer os limites de controlo e a sua linha central para fornecer estimativas para os parâmetros populacionais associados à distribuição dos dados do processo e, de seguida, avaliar a sua "capacidade", i.e., a extensão com que este está a cumprir as especificações do produto. Esta tarefa será abordada com mais detalhe na secção relativa à análise da "capacidade de processos".

Refira-se também, que existe um paralelismo entre a implementação de uma carta de controlo durante a Fase II e a realização sucessiva de testes de hipóteses focalizados em parâmetros populacionais de localização ou de dispersão. De facto, de cada vez que se representa um ponto numa carta de controlo, está-se tacitamente a conduzir o seguinte teste de hipóteses:

$$H0 : \text{O processo está sob controlo estatístico}$$
$$H1 : \text{O processo não está sob controlo estatístico}$$

(7.2)

(embora cada carta só aborde normalmente uma componente da variabilidade, como a tendência central ou dispersão). Em geral, e de uma forma simples, se um ponto cair dentro dos limites de controlo, tal implica a manutenção de H0, enquanto se for representado fora destes limites indica a ocorrência de uma causa especial (o que também pode corresponder a um erro do Tipo I).

A relação entre testes de hipóteses e cartas de controlo é bastante útil, permitindo transferir conceitos importantes e bem conhecidos da metodologia de teste de hipóteses, para a implementação e interpretação de cartas de controlo. Por exemplo, se a estatística a monitorar seguir uma lei Normal, então a taxa de ocorrência de "falsos alarmes" na carta de controlo, corresponde à probabilidade de um erro do Tipo I no quadro do respectivo teste de hipóteses. Neste contexto, aos limites ±3-sigma numa carta de controlo tipo Shewhart, corresponde uma probabilidade de ocorrência de um erro do Tipo I de 0,0027, que constitui assim o nível de significância (α) associado a esta carta de controlo. À luz desta analogia, é ainda possível interpretar a ocorrência de erros do Tipo II, i.e., de causas especiais que não são detectadas, e a sua relação com a dimensão do desvio, dimensão da amostra e limites de controlo, recorrendo à respectiva curva característica de operação.

Não se deve no entanto esquecer que a implementação de cartas de controlo é apenas uma componente do sistema global de controlo da qualidade, com a capacidade de distinguir entre causas comuns e especiais de variabilidade. É pois importante não negligenciar outros aspectos e componentes de um tal sistema. Por exemplo, deve estar igualmente definido um plano de actuação que oriente a acção do operador após a sinalização de uma causa especial. Este procedimento deve estar documentado e permanentemente actualizado, em sintonia com os operadores a quem cabe a responsabilidade de o implementar, devendo conter pontos de verificação e pontos de actuação a serem contemplados condicionalmente às observações recolhidas em cada estágio da análise. Por outras palavras, mais do que um conjunto de cartas de controlo em implementação, deve existir um sistema de controlo estatístico operacional, no qual elas são apenas um dos componentes.

7.4. Alguns aspectos práticos na implementação de cartas de controlo

Existem algumas opções importantes a tomar antes da implementação de uma carta de controlo. Estas passam por definir aspectos como os que a seguir se indicam:

- Como se deverá proceder para compor uma amostra?
- Qual deverá ser a dimensão das amostras a recolher?
- Com que frequência as amostras devem ser recolhidas?
- Qual a carta de controlo mais indicada?

De seguida, analisam-se estes pontos com maior detalhe.

Composição de uma amostra

No seu trabalho pioneiro, Shewhart recomendou a construção de amostras com base no conceito de "subgrupo racional". Este conceito baseia-se numa classificação efectuada relativamente às observações que se podem recolher do processo, de acordo com os objectivos a atingir com a sua monitorização. Desta classificação, resultam subgrupos de observações (i.e., amostras) definidos de forma a maximizar a probabilidade de se detectarem causas especiais de variação entre eles, enquanto que, simultaneamente, a probabilidade destas causas ocorrerem dentro de uma amostra é minimizada. Assim, em cada subgrupo racional ou amostra, apenas a variabilidade devido a causas comuns deverá estar presente. A variabilidade decorrente de causas especiais, quando existir, deverá surgir entre amostras. Por outras palavras, de acordo com este conceito, as amostras devem ser tão homogéneas quanto possível, maximizando-se a probabilidade da eventual ocorrência de um problema entre subgrupos e não no interior de um deles, o que dificultaria a análise do problema. Segundo as palavras de Shewhart: *"The engineer who is successful in dividing his data initially into rational subgroups based upon rational hypothesis is therefore inherently better of in the long run than the one who is not so successful"* (W.A. Shewhart [21]).

Por exemplo, quando as amostras são retiradas ao longo do tempo com o objectivo de detectar rapidamente variações na média do processo, cada amostra deve ser composta por observações recolhidas consecutivamente, de forma a minimizar a variabilidade devido a causas especiais dentro de cada amostra e maximizar a sua probabilidade de ocorrência entre amostras.

Por outro lado, se o objectivo da implementação da carta de controlo estiver enquadrado num plano de aceitação da produção, onde o interesse está na totalidade dos itens produzidos, já a amostra deve ser representativa do que for produzido no período a que ela é relativa, devendo ser composta de forma aleatória dentro do mesmo. Esta estratégia pode trazer alguns problemas de análise, se existirem variações na média do processo, pois ela irá inflacionar a variabilidade da amostra, dificultando a detecção de causas especiais.

Outros métodos de constituição de subgrupos racionais passam, por exemplo, por segregar as produções de diferentes máquinas/turnos/operadores em amostras distintas, seguidas por cartas de controlo distintas, para facilitar a detecção e análise de causas especiais.

Dimensão da amostra

A teoria estatística assegura que amostras de maior dimensão permitem detectar variações de menor magnitude no processo. Por exemplo, é sabido que o desvio padrão da média amostral decai com o inverso da raiz quadrada da dimensão da amostra. Tal significa que uma média amostral calculada a partir de uma amostra de maior dimensão, não só permitirá estimar melhor a média populacional, mas também detectar melhor eventuais desvios ao seu valor de referência, como acontece numa carta de controlo para a tendência central, onde o parâmetro populacional sob teste é a média populacional. Desta forma, amostras de maior dimensão, aumentarão a sensibilidade das cartas de controlo, i.e., a sua capacidade em detectar desvios à situação normal de operação (como se pode também verificar, de uma forma mais sistemática e quantitativa, recorrendo à respectiva curva característica de operação). No entanto, aumentarão também os custos de amostragem e de teste, caso estes existam e sejam significativos. Nestas situações, deve-se procurar uma solução de compromisso ponderando a necessidade de detectar perturbações (e, em particular, os prejuízos decorrentes da sua não-detecção) e a racionalização de custos associados ao esforço de amostragem (a qual também pode apresentar um custo e estar sujeita a restrições e condicionantes de natureza variada). Trata-se portanto de um balanço que deverá ser avaliado caso-a-caso, no sentido de optimizar estes aspectos conflituantes (existem hoje em dia abordagens desenvolvidas que procuram determinar a melhor combinação deste tipo de factores, mas que estão fora do âmbito deste texto). Para cartas de controlo do tipo Shewhart, a utilização de amostras de dimensão 4 ou 5 é uma opção bastante frequente, se o custo de amostragem e teste não for muito elevado e se as variações a detectar não forem de magnitudes muito reduzidas. No entanto, deve-se desde já referir que existem cartas de controlo que, não sendo do tipo Shewhart, fornecem soluções muito interessantes para o problema do aumento da sensibilidade dos esquemas de controlo estatístico a perturbações de pequena magnitude, sem que para tal seja necessário recorrer a amostras de maior dimensão. É o caso das cartas CUSUM e EWMA, que serão apresentadas mais à frente neste texto. De facto, ao contrário das cartas tipo Shewhart, estas retêm uma "memória" do passado do processo que lhes permitirá detectar se este sofreu, num passado recente, desvios de alguma natureza, e assinalá-los com maior rapidez caso estes tenham na realidade ocorrido. Ou seja, em lugar de usarem mais observações por amostra para aumentar a sensibilidade da monitorização (como em cartas do tipo Shewhart), estas técnicas utilizam mais observações do passado para atingir o mesmo fim, as quais já estariam disponíveis de qualquer forma.

Frequência de amostragem

O problema da dimensão da amostra é normalmente analisado conjuntamente com o problema da definição da frequência de amostragem, pois são estes dois factores que definem o esforço total despendido na actividade de amostragem. A questão passa muitas vezes por decidir entre recolher amostras de maior dimensão, mas de uma forma mais espaçada no tempo, solução que aumenta a sensibilidade da carta a pequenos desvios mas introduz atrasos maiores na detecção de anomalias, ou recolher amostras de menor dimensão, com maior frequência, a qual será mais efectiva na detecção rápida de eventos de maior magnitude em prejuízo da sinalização daqueles com menor magnitude. Uma vez que existem, hoje em dia, metodologias que permitem atingir maiores níveis de sensibilidade mesmo com amostras de menor dimensão, como aquelas referidas no parágrafo anterior, a segunda abordagem tende a ser correntemente mais adoptada, permitindo também tirar partido da forma mais intensiva e frequente com que os actuais sistemas de medição recolhem dados do processo.

Tipos de cartas de controlo

O tipo de carta de controlo a adoptar depende naturalmente da natureza das medições recolhidas do processo. Se os dados recolhidos do processo aparecem expressos numa escala contínua, usualmente designados em linguagem de controlo estatístico por "variáveis", as cartas de controlo a adoptar designam-se por "cartas de controlo para variáveis". Existem cartas de controlo para variáveis que contemplam a monitorização da tendência central e cartas dedicadas à monitorização da dispersão. Quando, por outro lado, o que se pretende monitorar não é expresso numa escala contínua, nomeadamente, quando diz respeito a registos dicotómicos de itens, como por exemplo conformes/não-conformes (atribuições efectuadas consoante a verificação, ou não, de um conjunto pré-definido de atributos) ou quando se reporta o número de não-conformidades detectadas em cada amostra analisada, as cartas a usar são as chamadas "cartas de controlo para atributos". Nas secções seguintes apresentam-se algumas das cartas de controlo de utilização mais comum para cada uma destas categorias e indicam-se alguns critérios a usar na sua selecção.

Em resumo, a implementação de uma carta de controlo passa pelos seguintes estágios básicos, a saber:

i. Especificar o objectivo da carta de controlo;

ii. Determinar a variável (ou variáveis) a ser monitorada(s);

iii. Determinar o tipo de carta de controlo mais apropriada;

iv. Definir o esquema de amostragem para a recolha de dados inicial;

v. Recolher o conjunto de dados inicial;

vi. Representar o conjunto de dados recolhido na carta de controlo e determinar os limites de controlo preliminares;

vii. Interpretar a carta de controlo obtida e reavaliar o plano de amostragem;

viii. Implementar a carta de controlo ao longo do tempo;

ix. Periodicamente re-estimar os limites de controlo.

7.5. Cartas de controlo para variáveis

Muitas características da qualidade dos produtos e medidas recolhidas de processos aparecem expressas numa escala numérica contínua, sendo conhecidas por "variáveis" em linguagem de controlo estatístico de processos. O modelo adoptado por Shewhart para caracterizar um processo a operar em condições normais e caracterizado por "variáveis", passa por assumir que a sua tendência central e a sua dispersão são constantes ao longo do tempo (o mesmo se aplicando à forma da distribuição). Assim, para avaliar a estabilidade de processos caracterizados por "variáveis" nestas vertentes fundamentais, Shewhart propôs cartas de controlo destinadas a monitorar o comportamento da tendência central (média) e cartas de controlo focalizadas em acompanhar a sua dispersão (e.g., amplitude, desvio padrão, variância). Todas estas cartas mantêm a mesma estrutura já referida em (7.1), sendo a opção $k = 3$ a mais utilizada (limites ±3-sigma). Nas exposições que se seguem, assume-se que se dispõe inicialmente de:

- m amostras (preferencialmente $m \geq 25$)
- cada amostra tem dimensão n (se todas as amostras tiverem igual dimensão) ou n_i $(i = 1, \ldots, m)$ (se a dimensão das amostras variar).

Nas cartas de controlo para variáveis faz-se uso das quantidades abaixo definidas para avaliar a estabilidade da tendência central e dispersão.

$$\overline{\overline{x}} = \frac{\sum\limits_{i=1}^{m} \overline{x}_i}{m} \qquad (7.3)$$

$$\overline{R} = \frac{\sum\limits_{i=1}^{m} R_i}{m} \qquad (7.4)$$

$$\overline{s} = \frac{\sum\limits_{i=1}^{m} s_i}{m} \qquad (7.5)$$

onde $\overline{x}_i$ representa a média dos valores da amostra i, R_i a amplitude da amostra i (i.e., a diferença entre o seu valor máximo e o seu valor mínimo, $R_i = x_{max} - x_{min}$) e s_i o desvio padrão amostral da amostra i. De notar que $\overline{\overline{x}}$ é um estimador de μ ($\hat{\mu} = \overline{\overline{x}}$) e que as seguintes fórmulas podem ser usadas para estimar o desvio padrão populacional:

$$\hat{\sigma} = \frac{\overline{R}}{d_2} \qquad (7.6)$$

$$\hat{\sigma} = \frac{\overline{s}}{c_4} \qquad (7.7)$$

onde d_2 e c_4 são constantes que apenas dependem da dimensão das amostras, n, e que podem ser consultadas na Tabela 7.8. Por vezes as limitações tipográficas impedem a colocação da(s) barra(s) sobre as letras, usando-se nestas situações a extensão –bar, ou –bar–bar em sua substituição: por exemplo, x–bar é usado em lugar de $\overline{x}$, e x–bar–bar é adoptado em substituição de $\overline{\overline{x}}$.

7.5.1. Cartas $\bar{x} - R$

Como o próprio nome indica, a opção pelo par de cartas de controlo $\bar{x} - R$, consiste em implementar uma primeira carta de controlo onde se representam sucessivamente os valores das médias das amostras, $\bar{x}$, a par de uma segunda carta onde se monitoriza a sua amplitude, R. A carta $\bar{x}$ é utilizada para monitorar a tendência central do processo e a carta R a sua dispersão. Por uma questão de coerência e simplicidade, uma vez que se faz uso do cálculo das amplitudes amostrais para a carta R, esta quantidade é também usada na construção da carta $\bar{x}$. As linhas de referência destas cartas (limites de controlo e linha central) são as abaixo indicadas:

$$\textbf{Carta } \bar{x}$$
$$LSC = \bar{\bar{x}} + A_2 \cdot \bar{R}$$
$$LC = \bar{\bar{x}} \qquad (7.8)$$
$$LIC = \bar{\bar{x}} - A_2 \cdot \bar{R}$$

$$\textbf{Carta } R$$
$$LSC = D_4 \cdot \bar{R}$$
$$LC = \bar{R} \qquad (7.9)$$
$$LIC = D_3 \cdot \bar{R}$$

onde A_2, D_3 e D_4 são constantes que só dependem da dimensão da amostra, n, as quais são obtidas por consulta da Tabela 7.8. De notar que os limites de controlo destas cartas e das outras cartas do tipo Shewhart aqui apresentadas, são os limites ±3-sigma, estando este facto implícito nas constantes que figuram nas fórmulas apresentadas.

Na análise deste par de cartas durante a Fase I, deve-se começar por analisar a carta R, uma vez que, se o processo não estiver de facto sob controlo estatístico no que respeita à sua dispersão (vertente analisada através desta carta), os limites calculados para a média serão desprovidos de significado, pois nestas circunstâncias não existe um único desvio padrão populacional dado que a sua dispersão varia ao longo do tempo. Se o processo estiver sob controlo estatístico relativamente à dispersão, pode-se então passar à análise da carta $\overline{x}$ para avaliar a estabilidade da tendência central.

De notar também que neste par de cartas (assim como nos restantes pares de cartas para variáveis), a carta para a tendência central ($\overline{x}$) está focalizada na variabilidade entre amostras (ao longo do tempo) enquanto a carta para a dispersão (carta R ou s) se ocupa da variabilidade dentro de cada amostra (numa dado "momento" ou "período"). No entanto, pela forma como são calculados, os limites para a carta $\overline{x}$ baseiam-se na variabilidade dentro de cada amostra. Este facto é justificado pelo pressuposto segundo o qual, dentro de cada amostra, apenas estão presentes e activas as causas comuns de variabilidade, que são também aquelas que se supõe estarem presentes no processo a operar em condições normais. Assim, estimando a dispersão associada às causas comuns usando as medições de cada amostra, separadamente, e depois combinando-as adequadamente (e não todos os valores recolhidos), estabelece-se com mais rigor a variabilidade esperada no caso de só estarem activas este tipo de causas ao longo do tempo. Este aspecto na construção de cartas leva ao aparecimento de um elevado número de causas especiais na carta $\overline{x}$ em processos com autocorrelação, se a amostragem estiver concentrada em períodos curtos de produção (por exemplo, se a amostra for composta por um certo número de unidades produzidas sequencialmente). No entanto, estes processos violam o pressuposto da estacionariedade da média populacional, merecendo por isso um tratamento diferenciado e específico para além das cartas do tipo Shewhart. Neste sentido, foram desenvolvidas várias metodologias para abordar situações deste tipo, baseadas, por exemplo, no reajuste de limites de controlo, ou na estimação de modelos de séries temporais e monitorização de resíduos de previsão, ou ainda na utilização de transformações que mitiguem o efeito da autocorrelação dos dados recolhidos.

Limites de controlo e limites de especificação

Deve-se também desde já clarificar e sublinhar que não existe qualquer relação matemática ou estatística entre os limites de controlo que figuram nas cartas de controlo e os limites de especificação estabelecidos para o produto ou processo. Os limites de controlo decorrem da variabilidade natural do processo, enquanto os limites de especificação resultam de uma imposição externa colocada por clientes, projectistas, etc., de acordo com o uso que se pretende para o produto, com o nível de segurança do processo, ou com qualquer outro motivo relevante. Desta forma, é incorrecto representar os limites de especificação em cartas $\bar{x} - R$, uma vez que o facto de, por exemplo, o ponto $\bar{x}_i$, estar dentro dos limites de especificação, não significa que não existam observações individuais fora dos limites de especificação. Já nas cartas para observações individuais (ver mais à frente), esta prática de sobreposição dos dois tipos de limites pode ter, por vezes, alguma utilidade, desde que interpretada correctamente.

Refira-se também que os limites de controlo aceites para as cartas de controlo devem ser revistos periodicamente, de acordo com um plano fixo e dependente da situação (por exemplo, todas as semanas, meses, em cada 50 amostras, etc.). Mais uma vez, deve-se usar pelo menos 25 amostras em cada processo de definição dos novos limites.

Exemplo: Carta de controlo para monitorar o diâmetro de peças

Pretende-se estabelecer um sistema de controlo estatístico para monitorar o diâmetro de um tipo de peças, com especificação de

$74 \pm 0,05$ *mm*, usando o par de cartas de controlo $\bar{x} - R$. Neste sentido, foram retiradas 25 amostras da linha de produção, contendo 4 peças cada, em intervalos de tempo regulares e consecutivos (Tabela 7.1). Pretende-se avaliar a estabilidade deste processo e determinar os limites de controlo e as medidas descritivas que podem caracterizar esta variável.

Amostra	Observações			
	1	2	3	4
1	74,030	74,002	74,019	73,992
2	73,995	73,992	74,001	74,011
3	73,988	74,024	74,021	74,005
4	74,002	73,996	73,993	74,015
5	73,992	74,007	74,015	73,989
6	74,009	73,994	73,997	73,985
7	73,995	74,006	73,994	74,000
8	73,985	74,003	73,993	74,015
9	74,008	73,995	74,009	74,005
10	73,998	74,000	73,990	74,007
11	73,994	73,998	73,994	73,995
12	74,004	74,000	74,007	74,000
13	73,983	74,002	73,998	73,997
14	74,006	73,967	73,994	74,000
15	74,012	74,014	73,998	73,999
16	74,000	73,984	74,005	73,998
17	73,994	74,012	73,986	74,005
18	74,006	74,010	74,018	74,003
19	73,984	74,002	74,003	74,005
20	74,000	74,010	74,013	74,020
21	73,982	74,001	74,015	74,005
22	74,004	73,999	73,990	74,006
23	74,010	73,989	73,990	74,009
24	74,015	74,008	73,993	74,000
25	73,982	73,984	73,995	74,017

Tabela 7.1. Diâmetros das peças (em mm) seleccionadas para compor 25 amostras.

Começando por construir as cartas de controlo $\bar{x} - R$ para este caso (Figura 7.3), pode-se verificar que a dispersão está sob controlo estatístico e, como tal, a carta da média amostral pode ser estudada. Da análise desta carta verifica-se também que a tendência central da variabilidade dos diâmetros se apresenta sob controlo estatístico.

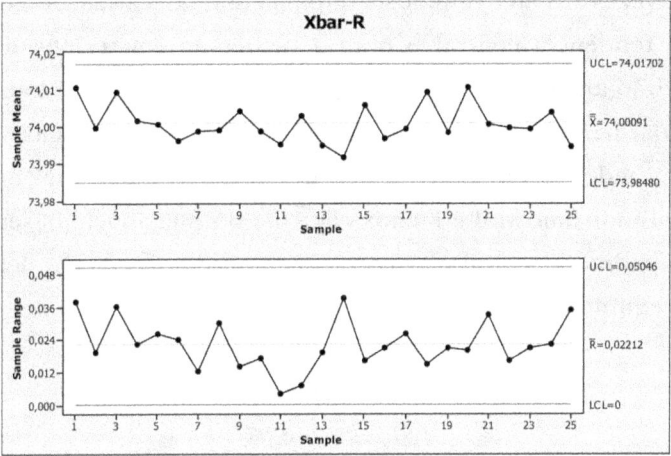

Figura 7.3. Cartas de controlo $\bar{x} - R$ para o diâmetro das peças produzidas (o gráfico superior é relativo à carta $\bar{\mathbf{X}}$, *Sample Mean*, e o inferior relativo à carta **R**, *Sample Range*; Minitab: *Stat > Control Charts > Variables Charts for Subgroups > Xbar-R*).

Estando o processo estabilizado do ponto de vista da sua tendência central e dispersão, é possível estimar parâmetros populacionais que caracterizam a variabilidade global dos seus valores, nomeadamente a sua média e desvio padrão populacionais. Da linha central da carta de controlo para a média amostral, obtém-se directamente a estimativa para a média populacional: $\hat{\mu} = \bar{\bar{x}} = 74,009\, mm$. Por outro lado, a estimativa para o desvio padrão populacional (decorrente da variabilidade intra-amostral) pode ser obtido da linha central da carta de controlo para a amplitude amostral, em conjunto com a fórmula (7.6), com d_2 retirado da Tabela 7.8 para $n = 4$:

$\hat{\sigma} = 0,022/2,059 \cong 0,011\, mm$.

7.5.2. Cartas $\bar{x}$ - s

Por vezes é mais vantajoso implementar as cartas de controlo para a tendência central e para a dispersão em termos do desvio padrão amostral, em lugar da amplitude amostral. Tal acontece particularmente quando as amostras são de maior dimensão (e.g., $n > 10$, onde o estimador do desvio padrão populacional baseado na amplitude amostral é menos eficiente do que aquele baseado no desvio padrão amostral). As cartas de controlo $\bar{x} - s$ são definidas pelas seguintes expressões:

Carta $\bar{x}$

$$LSC = \bar{\bar{x}} + A_3 \cdot \bar{s}$$
$$LC = \bar{\bar{x}} \qquad\qquad (7.10)$$
$$LIC = \bar{\bar{x}} - A_3 \cdot \bar{s}$$

Carta s

$$LSC = B_4 \cdot \bar{s}$$
$$LC = \bar{s} \qquad\qquad (7.11)$$
$$LIC = B_3 \cdot \bar{s}$$

onde $\bar{s}$ é calculado segundo a seguinte expressão:

$$\bar{s} = \frac{\sum_{i=1}^{m} s_i}{m} \qquad\qquad (7.12)$$

sendo s_i o desvio padrão amostral para a amostra i. A implementação e interpretação das cartas $\bar{x} - s$ é em tudo semelhante à seguida nas cartas $\bar{x} - R$.

7.5.3. Cartas I-MR

Existem situações em que a amostra a analisar é composta somente por uma observação (n=1), como por exemplo nos casos em que, pelo seu elevado valor comercial ou baixa cadência de produção relativamente aos recursos de inspecção, todas as unidades são analisadas. Nestas situações, é impossível calcular uma medida da dispersão intra-amostral uma vez que cada amostra contém, somente, uma observação, sendo necessário adoptar um procedimento alternativo baseado no conceito de "amplitude móvel". A amplitude móvel corresponde à amplitude amostral calculada para duas amostras sucessivas. Para a observação i, ela é definida por:

$$MR_i = |x_i - x_{i-1}| \qquad (7.13)$$

De acordo com a definição (7.13), só a partir da 2.ª observação é possível associar uma medida da dispersão a cada observação usando a fórmula da amplitude móvel. Neste contexto, a carta de controlo para a tendência central é baseada nas observações individuais recolhidas do processo, enquanto a carta de controlo para a dispersão é baseada na sua amplitude móvel. Daqui resulta o par de cartas de controlo designado por I-MR (i.e., carta para observações individuais, I, e amplitude móvel, MR, do inglês *moving range*), as quais apresentam as seguintes linhas de referência:

Carta I

$$LSC = \bar{x} + 3 \cdot \frac{\overline{MR}}{d_2}$$

$$LC = \bar{x} \qquad (7.14)$$

$$LIC = \bar{x} - 3 \cdot \frac{\overline{MR}}{d_2}$$

Carta MR

$$LSC = D_4 \cdot \overline{MR}$$

$$LC = \overline{MR} \qquad\qquad (7.15)$$

$$LIC = D_3 \cdot \overline{MR}$$

Em (7.14) e (7.15), d_2, D_3 e D_4 são retirados da Tabela 7.8 para $n=2$, uma vez que é esta a dimensão efectiva da amostra considerada para calcular a média móvel. $\overline{MR}$ é definido por:

$$\overline{MR} = \frac{\sum_{i=2}^{m} MR_i}{m-1} \qquad\qquad (7.16)$$

Ao contrário da carta I, cujas observações sucessivas se assumem independentes, na carta MR tal não se verifica para os seus pontos, uma vez que estes resultam de uma operação que tem sempre um elemento em comum. Assim a carta MR é de análise mais complexa, uma vez que pode apresentar, por este facto, alguns padrões que não decorrem directamente da variabilidade do processo, como ciclos (alguns autores não aconselham mesmo a sua utilização).

Por outro lado, estas cartas são particularmente sensíveis a desvios à normalidade, podendo o seu desempenho ser significativamente deteriorado quando tal pressuposto não se verifica (como acontece aliás com as cartas tipo Shewhart para amostras de pequena dimensão, nomeadamente, $n \leq 3$). Assim, antes da sua implementação, esta condição deve ser analisada usando, por exemplo, gráficos de probabilidade ou testes de hipóteses para a distribuição Normal. Estas cartas apresentam ainda algumas limitações na detecção de desvios de pequena magnitude. Por estes motivos, outros procedimentos de controlo estatístico tendem a ser usados preferencialmente, no sentido de contornar a falta de robustez e sensibilidade das cartas I-MR. As cartas EWMA e CUSUM constituem boas alternativas neste sentido.

Exemplo: *Carta de controlo para monitorar a rigidez do aço*

Numa unidade siderúrgica, determinou-se a rigidez de 20 amostras sucessivas de aço (Tabela 7.2). Pretendendo-se avaliar a estabilidade do processo para implementar, no futuro, um procedimento de controlo estatístico a ele dedicado, vejamos o que decorre do uso das cartas I-MR. Tratando-se de cartas particularmente sensíveis ao pressuposto de normalidade, deve-se começar pela sua análise.

Amostra	Rigidez
1	51
2	52
3	54
4	55
5	55
6	51
7	52
8	50
9	51
10	56
11	51
12	57
13	58
14	50
15	53
16	52
17	54
18	50
19	56
20	53

Tabela 7.2. Dados relativos às medições sucessivas da rigidez do aço.

Conduzindo um teste de hipóteses de qualidade de ajuste, obtém-se um valor de prova de 0,179 (teste de Anderson-Darling), o qual consubstancia a manutenção da hipótese de normalidade (apesar de ser notória alguma estratificação nas medições, provavelmente devido a limitações na precisão do sistema de medição).

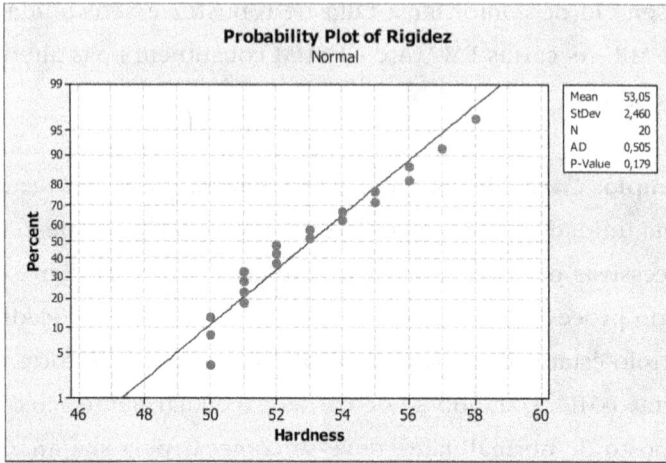

Figura 7.4. Resultados do teste de qualidade de ajuste Anderson-Darling para a medições da rigidez do aço (Minitab: Stat > Basic Statistics > Normality Test).

Passando então à construção das cartas de controlo preliminares I-MR (Figura 7.5), verifica-se que o processo está sob controlo estatístico, pelo que os limites de controlo preliminares assim calculados podem passar a ser usados nas carta de controlo a implementar, para monitorar a variabilidade das amostras futuras.

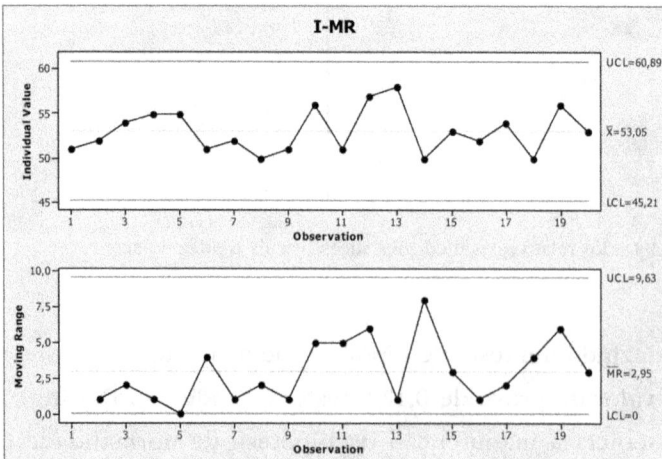

Figura 7.5. Cartas de controlo I-MR para a rigidez do aço (Minitab: *Stat > Control Charts > Variables Charts for Individuals > I-MR*).

7.5.4. Regras para detecção de causas especiais

Como já foi referido, quando um processo está sob controlo estatístico, i.e., quando a sua variabilidade decorre somente de causas comuns, é esperado que na implementação das cartas de controlo todos os pontos estejam confinados ao interior da região delimitada pelos limites de controlo estatístico, não se devendo observar quaisquer padrões sistemáticos de variação, os quais indicariam a presença de causas especiais de variabilidade. Para facilitar a identificação deste tipo de causas especiais foi proposto um conjunto adicional de regras para análise de padrões em cartas de controlo, as quais devem ser implementadas em paralelo para cada nova amostra recolhida do processo. Estas regras são conhecidas pelas regras do *Western Electric Handbook*, por nele terem sido sugeridas pela primeira vez, em 1956. Estas regras baseiam-se nas zonas delimitadas pelas linhas indicadas na Figura 7.6.

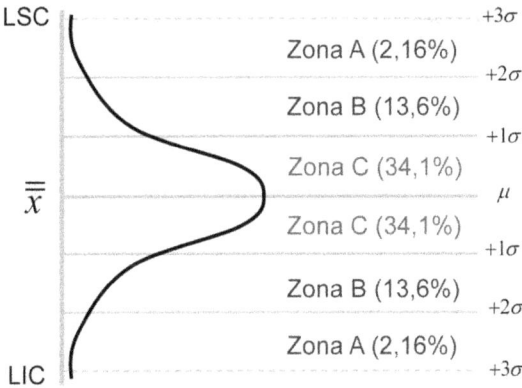

Figura 7.6. Zonas de uma carta de controlo tipo Shewhart, consideradas nas regras do *Western Electric Handbook*.

O seguinte quadro, sumaria as principais regras sugeridas neste sentido, as quais podem ser implementadas em automático recorrendo a *software* estatístico.

Regra 1: Um ou mais pontos fora dos limites de controlo.

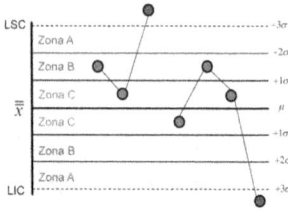

Regra 2: Dois em três pontos consecutivos, na Zona A

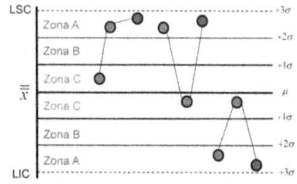

Regra 3: Quatro em cinco pontos consecutivos, na Zona B, ou além.

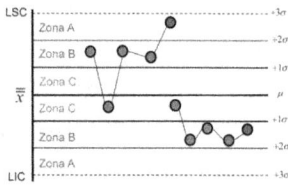

Regra 4: Oito pontos consecutivos de um mesmo lado da linha central.

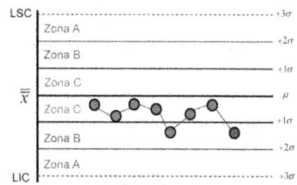

A média do processo alterou-se.

Regra 5: Seis ou mais pontos consecutivos no sentido ascendente ou descendente.

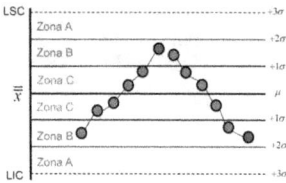

Regra 6: Catorze pontos em oscilação sucessiva.

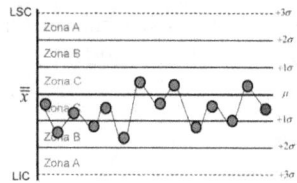

Regra 7: Quinze pontos consecutivos na Zona C.

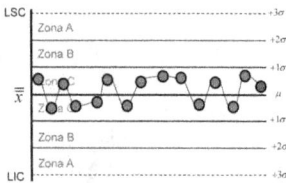

Regra 8: Oito pontos de ambos os lados da linha central, e nenhum na zona C.

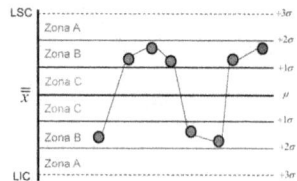

Tabela 7.3. Quadro resumo de algumas regras do *Western Electric Handbook*.

A utilização deste tipo de regras deve ser feita com algum cuidado e parcimónia, uma vez que o número de testes que efectivamente estão a ser realizados em paralelo aumenta significativamente a taxa de falsos alarmes do procedimento de controlo estatístico. Um cenário onde o seu uso pode ser justificado surge na fase inicial de estabilização do processo, onde todos os potenciais problemas devem ser detectados e eliminados rapidamente. No entanto, após esta fase, a sua adopção continuada apresenta-se de utilidade mais limitada e duvidosa. Por outro lado, esta prática "destrói" a simplicidade associada ao uso das cartas tipo Shewhart, a qual constitui uma das suas principais mais-valias que muito contribuiu para a sua rápida disseminação e adopção na indústria.

Por estas razões, se o objectivo essencial da adopção deste tipo de regras de análise passar por uma tentativa de aumentar a sensibilidade das cartas de controlo tipo Shewhart a perturbações de pequena magnitude, então existem outros métodos mais recomendados que têm a capacidade de conferir tal sensibilidade sem compromisso da taxa de falsos alarmes e da simplicidade de análise, como acontece com as cartas CUSUM e EWMA a seguir apresentadas. Apesar dos cálculos envolvidos nestas cartas serem menos triviais, tal não constitui qualquer entrave à sua adopção se tais cálculos forem conduzidos com recurso a meios automáticos. A título exemplificativo, demonstra-se que a carta EWMA com $\lambda = 0,4$, apresenta uma sensibilidade equivalente àquela verificada com uma carta Shewhart para a média, implementada com as regras da *Western Electric* [22].

7.5.5. As cartas CUSUM e EWMA

As cartas do tipo Shewhart estão em uso desde os anos 1930-40, tendo encontrado ampla aceitação no tecido industrial em todo o mundo, especialmente naqueles sectores mais sujeitos a imperativos de controlo de qualidade nos seus produtos. O aumento da competição dos mercados acarretou um crescimento do enfoque colocado nas questões da qualidade dos produtos em conjunto com o aumento da eficiência dos processos, redução de custos de operação e elevação dos níveis de desempenho em aspectos como a segurança de pessoas e o impacto ambiental das operações. Neste sentido, as ferramentas utilizadas para operar e gerir processos também sofreram as necessárias adaptações e evolução e, no que respeita em particular ao domínio do controlo estatístico de processos, novas cartas foram sendo introduzidas e adoptadas. Entre estas, figuram as cartas CUSUM e EWMA, que tendo sido propostas em meados do século XX têm vindo a ser adoptadas recentemente com mais intensidade, beneficiando do caminho aberto pelas cartas tipo Shewhart ao nível da prática da implementação de SPC, o que atenuou um eventual efeito associado à sua natureza mais algorítmica e, de certa forma, menos trivial, mas também devido ao conjunto de características positivas que estas cartas exibem.

Entre as características vantajosas apresentadas pelas cartas CUSUM e EWMA, salienta-se a sua maior sensibilidade na detecção de causas especiais de menor magnitude (por exemplo, para magnitudes inferiores a $1,5\sigma$, onde σ representa o desvio padrão populacional da variável ou estatística de monitorização em causa), as quais são de difícil detecção em cartas do tipo Shewhart. Para tal, estas cartas adoptam uma metodologia de tratamento dos valores recolhidos distinta da adoptada nas cartas do tipo Shewhart: enquanto nas cartas Shewhart cada ponto representado reflecte somente a informação contida na última amostra recolhida, nas cartas CUSUM e EWMA, para além da informação sobre a última amostra é ainda usada informação relativa a amostras recolhidas no passado. Diz-se por isso que estas cartas têm uma certa "memória" do processo. É esta dita "memória" que de facto lhes permite detectar variações de menor magnitude, uma vez que lhes confere a capacidade de reter a informação sobre os pequenos desvios registados anteriormente. Dito de outra forma, a maior sensibilidade destas cartas provém de um aumento do número de amostras do passado efectivamente contempladas na análise, em lugar de resultar do aumento da dimensão das amostras recolhidas, como acontece nas cartas tipo Shewhart. Assim, em ambos os casos, o caminho para aumentar a sensibilidade de cartas consegue-se sempre à custa da incorporação de uma maior quantidade de informação. No entanto, a solução adoptada pelas cartas CUSUM e EWMA passa pela utilização mais completa dos dados que já estão disponíveis, em lugar de aumentar o esforço de amostragem e teste. De notar que, mesmo a utilização das regras da *Western Electric* para aumentar a sensibilidade das cartas se consegue à custa da análise de observações passadas; esta abordagem apresenta contudo vários aspectos negativos, como a maior complexidade do procedimento e a inflação da taxa de falsos alarmes em consequência da realização de vários testes em paralelo.

7.5.5.1. A carta CUSUM

A carta CUSUM (de *cumulative sum*), proposta por Page [23], baseia-se, como a sua própria designação indica, no registo das somas cumulativas dos desvios verificados relativamente ao *target* ou linha central. Nestas circunstâncias, qualquer pequena perturbação no processo que se manifeste num desvio de baixa magnitude relativamente à linha central, resultará na acumulação de tais diferenças, num dado sentido, potenciando a sua identificação passado algum tempo desde o seu surgimento. A soma cumulativa registada após recolha da amostra i (de dimensão $n \geq 1$), designada por C_i, é genericamente dada por:

$$C_i = \sum_{k=1}^{i} \left(\overline{x}_j - \mu_0 \right) \tag{7.17}$$

onde, μ_0 representa o *target*. Esta expressão é mais facilmente calculada de forma recursiva, com base na seguinte igualdade:

$$C_i = \sum_{k=1}^{i} \left(\overline{x}_j - \mu_0 \right) \Leftrightarrow$$

$$C_i = \left(\overline{x}_i - \mu_0 \right) + \sum_{k=1}^{i-1} \left(\overline{x}_j - \mu_0 \right) \Leftrightarrow \qquad (7.18)$$

$$C_i = \left(\overline{x}_i - \mu_0 \right) + C_{i-1}$$

Existem duas formas de implementação deste tipo de cartas: uma baseada no uso de uma máscara em V que se aplica a cada ponto representado na carta, e a outra de natureza tabular ou algorítmica. De entre estas duas formas possíveis, a segunda (a forma tabular ou algorítmica) é a mais usada na actualidade, sendo também aquela que vai ser aqui descrita. Adicionalmente, apesar da carta CUSUM poder ser implementada com base nas médias amostrais de subgrupos racionais (amostras) ou com base em observações individuais, esta última situação tende a ocorrer com mais frequência, sendo por isso aquela que vai ser aqui apresentada.

Na forma tabular, segue-se o princípio de cálculo recursivo acima enunciado, o qual é no entanto ligeiramente modificado no sentido de especificar o sentido dos desvios a detectar, nomeadamente se estes são relativos a valores superiores ou inferiores ao *target*. As somas cumulativas serão assim unilaterais, designando-se por somas cumulativas (*cusums*) unilaterais superior, C_i^+, e inferior, C_i^- ($i = 1, 2, \dots$).

$$C_i^+ = \max \left\{ 0, x_i - \left(\mu_0 + K \right) + C_{i-1}^+ \right\} \qquad (7.19)$$

$$C_i^- = \min \left\{ 0, x_i - \left(\mu_0 - K \right) + C_{i-1}^+ \right\} \qquad (7.20)$$

com, $C_0^+ = C_0^- = 0$. Nas expressões acima, figura uma constante, K, designada por "constante de folga", que tem por objectivo fazer com que apenas sejam acumulados desvios quando a magnitude das somas em consideração for superior a este valor. Quando as somas forem inferiores a K, a sua acumulação não é considerada relevante e o valor a registar deverá ser 0. Exemplificando, consideremos uma situação em que $x_i - \mu_0 + C_{i-1}^+ < K$. Nesta situação, $x_i - (\mu_0 + K) + C_{i-1}^+ < 0$, pelo que o valor a registar na carta, de acordo com a expressão (7.19), é $C_i^+ = 0$ (o maior valor entre 0 e um número inferior a 0, é 0). Da mesma forma, se $x_i - \mu_0 + C_{i-1}^- > -K$ (i.e., se os desvios acumulados no sentido negativo forem inferiores, em magnitude absoluta, a K), então, $x_i - (\mu_0 - K) + C_{i-1}^- > 0$, pelo que o valor a registar de acordo com (7.20) será, mais uma vez, $C_i^- = 0$.

O processo é declarado como estando fora de controlo se alguma das estatísticas C_i^+ ou C_i^-, cair, em algum momento, fora do intervalo de decisão, $[-H, +H]$, sendo H outra constante a definir para este método. Valores habituais para as constantes H e K, que conduzem a cartas com bons desempenhos ao nível da sua capacidade de detecção e taxa de falsos alarmes, são:

- $H = k_1 \sigma$, $k_1 = 4$ ou 5
- $K = k_2 \sigma$, $k_2 = 1/2$

onde σ é o desvio padrão da variável amostrada (usualmente estimado usando a fórmula baseada na amplitude móvel, quando $n=1$).

Caso seja assinalada uma situação de fora de controlo, interessa neste caso identificar, com maior precisão, o momento da sua origem potencial. Nas cartas CUSUM, tal pode ser efectuado facilmente através da implementação em paralelo de dois contadores, N^+ e N^-, que indicam, em cada momento, o número de amostras sucessivas em que as estatísticas C_i^+ ou C_i^-, respectivamente, assumiram valores diferentes de zero. Estas grandezas facilitam a identificação do tempo aproximado do aparecimento da perturbação que originou a acumulação dos desvios que conduziram à sinalização de fora de controlo: basta subtrair ao índice do tempo em que o sinal é produzido, digamos i, o valor acumulado no contador relativo à estatística que excedeu o limite, digamos N; o período estimado para a ocorrência da perturbação é entre os momentos com índices $i-N$ e $i-N+1$.

Exemplo: *Carta de controlo para monitorar o peso de comprimidos*

Pretende-se analisar a evolução do peso de comprimidos com uma especificação de 750 ± 10 mg (dados na Tabela 7.4), através de uma carta CUSUM. Considerando $k_1 = 4$, $k_2 = 0,5$, e um *target* de 750 mg, obtém-se a carta CUSUM apresentada na Figura 7.7. Como se pode constatar, o processo está, neste caso, sob controlo estatístico.

Amostra	Peso (mg)	Amostra	Peso (mg)
1	740	16	740
2	806	17	736
3	734	18	772
4	723	19	752
5	729	20	747
6	714	21	753
7	759	22	762
8	723	23	746
9	752	24	725
10	768	25	755
11	732	26	741
12	736	27	705
13	764	28	709
14	762	29	771
15	738	30	737

Tabela 7.4. Dados relativos à medição do peso dos comprimidos.

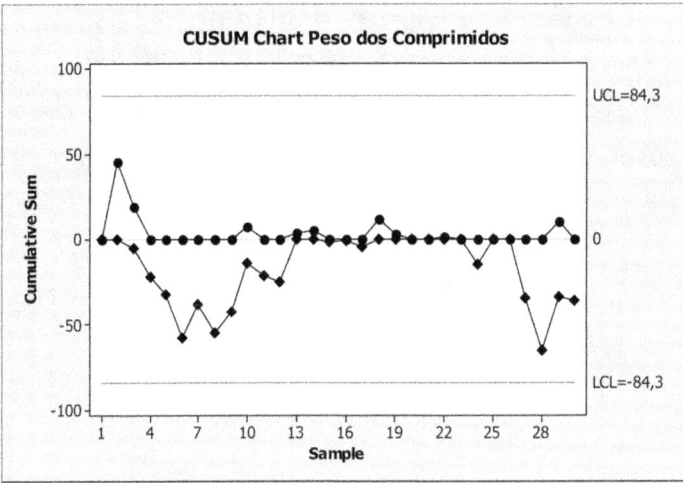

Figura 7.7. Carta CUSUM para o peso dos comprimidos (Minitab: Stat > Control Charts > Time-Weighted Charts > CUSUM).

7.5.5.2. A carta EWMA

À semelhança das estatísticas apresentadas na construção da carta CUSUM, também a estatística usada para implementar a carta EWMA é parcialmente baseada em informação de amostras recolhidas no passado. No entanto, enquanto na carta CUSUM todas as amostras envolvidas participavam com igual peso nos cálculos, agora, a estatística EWMA confere um maior peso às observações mais recentes e um peso inferior às pertencentes a um passado mais longínquo. A forma como este peso é distribuído depende do parâmetro do método, λ. Para melhor compreender a natureza desta dependência, é necessário analisar a definição da estatística EWMA (mais uma vez aborda-se aqui a situação em que se dispõe de observações individuais, i.e., amostras com $n = 1$):

$$z_i = \lambda x_i + (1 - \lambda) z_{i-1} \qquad (7.21)$$

333

com $0 < \lambda \leq 1$ e $z_0 = \mu_0$ (ou seja, a estatística no momento inicial coincide com o *target* desejado, também se podendo utilizar para este fim a correspondente média dos valores de referência, $z_0 = \overline{x}$).

Da equação anterior, resulta sucessivamente que,

$$\left.\begin{array}{l} z_i = \lambda x_i + (1-\lambda) z_{i-1} \\ z_{i-1} = \lambda x_{i-1} + (1-\lambda) z_{i-2} \\ z_{i-2} = \lambda x_{i-2} + (1-\lambda) z_{i-2} \\ \vdots \end{array}\right\} \Rightarrow z_i = \lambda x_i + \lambda (1-\lambda) x_{i-1} + \lambda (1-\lambda)^2 x_{i-2} + \cdots + (1-\lambda)^i z_0 \quad (7.22)$$

ou seja,

$$z_i = \lambda \sum_{k=0}^{i-1} (1-\lambda)^j x_{i-k} + (1-\lambda)^i z_0 \qquad (7.23)$$

Da análise da equação (7.23) constata-se que, de facto, os pesos atribuídos a cada observação x_i decaem à medida que se progride para amostras recolhidas à mais tempo, sendo esse amortecimento de natureza exponencial, facto que justifica a designação pela qual a metodologia é conhecida: média móvel exponencialmente amorteci-da, ou, em inglês, *exponentially weighted moving average* (EWMA). Este comportamento aparece retratado na Figura 7.8, onde também se pode observar adicionalmente que valores elevados de λ (i.e., próximos de 1), conferem mais importância às observações mais recentes no cálculo da média móvel exponencialmente amortecida (o caso limite, $\lambda = 1$, corresponde a usar somente a observação mais recente), enquanto valores mais baixos de λ conduzem a uma distribuição dos pesos mais uniforme, envolvendo um conjun-to mais alargado de observações e conferindo assim maior relevo à informação passada na definição dos valores correntes para esta estatística.

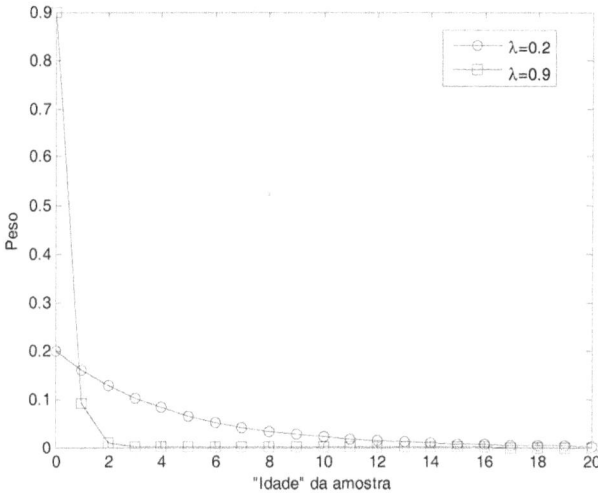

Figura 7.8. Pesos associados à estatística EWMA, para dois valores da constante de amortecimento, λ (λ=0,2 e λ=0,9). (A "idade" da amostra representa o número de instantes de tempo no sentido do passado, que esta dista da amostra corrente).

Definida a estatística de teste, apresentam-se de seguida as linhas de referência para as cartas de controlo tipo EWMA:

Carta EWMA (limites exactos)

$$LSC = \mu_0 + L\hat{\sigma}\sqrt{\frac{\lambda}{2-\lambda}\left[1-\left(1-\lambda\right)^{2i}\right]}$$

$$LC = \mu_0 \qquad\qquad (7.24)$$

$$LIC = \mu_0 - L\hat{\sigma}\sqrt{\frac{\lambda}{2-\lambda}\left[1-\left(1-\lambda\right)^{2i}\right]}$$

onde $\hat{\sigma}$ é o estimador do desvio padrão populacional das observações x_i (para a monitorização da média de amostras de subgrupos racionais, $\hat{\sigma}$ deve dar lugar a $\hat{\sigma}/\sqrt{n}$, sendo n a dimensão de tais amostras), e L o factor a aplicar na definição dos limites. L deve ser seleccionado em conjunto com λ para que a carta EWMA fique completamente definida. Como se pode observar da análise dos

335

limites exactos para as cartas EWMA, os limites de controlo variam ao longo do tempo, sendo esta variação mais acentuada nos momentos iniciais de implementação da carta. No entanto, à medida que i aumenta, o termo $(1-\lambda)^{2i}$ decai para zero, verificando-se uma convergência para os seguintes limites aproximados:

Carta EWMA (limites aproximados)

$$LSC = \mu_0 + L\hat{\sigma}\sqrt{\frac{\lambda}{2-\lambda}}$$

$$LC = \mu_0 \tag{7.25}$$

$$LIC = \mu_0 - L\hat{\sigma}\sqrt{\frac{\lambda}{2-\lambda}}$$

Recomenda-se contudo o uso dos limites exactos, especialmente para as primeiras amostras recolhidas do processo. De notar que quando $\lambda = 1$, situação limite em que a estatística EWMA consiste apenas na última observação recolhida do processo (sendo por isso desprovida de "memória do passado"), os limites de controlo são simplesmente dados por $\mu_0 \pm L\hat{\sigma}$, coincidindo portanto com uma carta de controlo do tipo Shewhart para observações individuais (se $L = 3$, estes limites são do tipo ±3-sigma).

Valores comuns adoptados para λ caiem normalmente no intervalo $0{,}05 \leq \lambda \leq 0{,}2$, sendo que quanto menor for o seu valor, menores serão as magnitudes das perturbações que se conseguem detectar com esta carta. Por outro lado, maiores serão os tempos necessários para detectar variações de magnitude mais elevada, pois as observações mais recentes, onde a variação se manifesta, aparecem mais "diluídas" na média móvel devido à diminuição do seu peso relativo nestas condições. Quanto ao parâmetro L, o valor $L=3$ funciona em geral bem, correspondendo aos limites ±3-sigma para este tipo de carta. Para $\lambda \leq 0{,}1$, utilizam-se por vezes valores de L inferiores, tais como, $2{,}6 \leq L \leq 2{,}8$.

Como resultado da média pesada envolver todas as observações passadas, este tipo de cartas apresenta uma robustez assinalável a desvios à hipótese de normalidade. Trata-se por isso de uma excelente opção para monitorização de observações individuais, em situações onde a distribuição não segue rigorosamente uma distribuição Normal. Quando comparadas com as cartas CUSUM, as cartas EWMA apresentam idêntica capacidade de detecção de pequenas perturbações. No entanto, estas últimas tendem a ser mais sensíveis a desvios mais elevados.

Exemplo: *Carta de controlo para o volume de vendas*

Recorrendo às cartas EWMA e considerando $\lambda = 0,2$, avalia-se a evolução do volume de vendas de uma dada empresa nos últimos 50 meses (Tabela 7.5). Será esta carta adequada para analisar os dados apresentados?

Na Figura 7.9 apresenta-se a carta EWMA construída com $L = 3$, onde o desvio padrão amostral foi estimado a partir da fórmula baseada na amplitude móvel para duas amostras sucessivas. Pode-se facilmente verificar que a média não está sob controlo estatístico, apresentando um comportamento periódico que, aliás, é frequente em grandezas deste tipo, onde a sazonalidade da procura impõe padrões temporais de variação bem definidos. Nestas condições, uma vez que o comportamento "normal" do processo envolve a presença de dinâmica ou autocorrelação nas observações dele recolhidas, as cartas de controlo até agora apresentadas (Shewhart, CUSUM e EWMA) não são adequadas para o seu tratamento. Para tal, existem diversas abordagens alternativas, como por exemplo:

• Reajuste dos limites de controlo por forma a comportar a presença de uma certa dinâmica ou autocorrelação do processo [24];

- Aplicação de cartas de controlo convencionais aos resíduos de previsão que se obtêm após ajustar um modelo adequado que descreva a dinâmica dos dados [25];
- Utilização de estratégias de supervisão que transformam os dados ao longo do tempo em variáveis cuja autocorrelação é mais reduzida [26, 27].

Mês	Vendas (M€)	Mês	Vendas (M€)
1	50	26	46
2	51	27	42
3	50,5	28	44
4	49	29	43
5	50	30	46
6	43	31	42
7	42	32	43
8	45	33	42
9	47	34	45
10	49	35	49
11	46	36	50
12	50	37	51
13	52	38	52
14	52,5	39	54
15	51	40	51
16	52	41	49
17	50	42	50
18	49	43	49,5
19	54	44	51
20	51	45	50
21	52	46	52
22	46	47	50
23	42	48	48
24	43	49	49,5
25	45	50	49

Tabela 7.5. Dados para a evolução do volume de vendas nos últimos 50 meses.

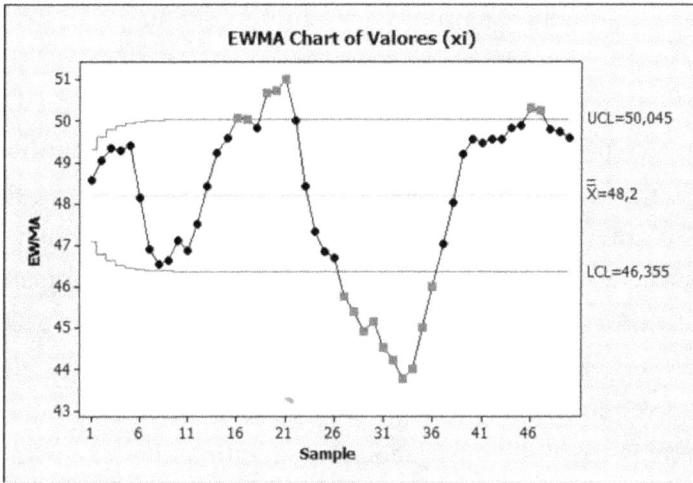

Figura 7.9. Carta EWMA para a evolução do volume de vendas (Minitab: Stat > Control Charts > Time-Weighted Charts > EWMA).

7.6. Cartas de controlo para atributos

Frequentemente, as características de qualidade associadas aos itens em análise não são representadas por grandezas numéricas que medem os seus aspectos relevantes, mas por uma apreciação qualitativa do seu estado, por exemplo, como conforme/não-conforme (ou, equivalentemente, defeituoso/não-defeituoso), ou quanto ao número de defeitos ou não-conformidades presentes. Este tipo de características são designadas na área de controlo estatístico de processos por atributos, e as cartas de controlo dedicadas à sua monitorização designam-se por cartas de controlo para atributos.

Um item não-conforme ou defeituoso, é um item no qual foram detectadas uma ou mais não-conformidades em aspectos relevantes para a sua qualidade, as quais conduzem, de acordo com regras estabelecidas *a priori*, à sua rejeição. De notar que nem todos os defeitos conduzem necessariamente à classificação de um item como não-conforme ou defeituoso. Alguns defeitos têm um impacto reduzido na qualidade final do produto e, apesar de se proceder ao seu registo sistemático, não dão origem à rejeição do item (por exemplo pequenos defeitos na pintura em elementos não visíveis num automóvel). Cartas de controlo para atributos têm a capacidade de condensar um elevado volume de informação quantitativa numa só grandeza a monitorar, evitando a existência de uma carta para variáveis para cada dimensão, algo que seria muitas vezes de realização incomportável ou mesmo indesejável (por exemplo, uma carta de atributos para monitorar a taxa de produção de unidades defeituosas pode agregar uma análise relativa às dimensões de várias peças que constituem uma máquina em cada inspecção efectuada). Neste processo de agregação de dados perde-se certamente informação, mas consegue-se, ainda assim, implementar um sistema que monitorize a eficácia com que se produzem unidades aptas a serem usadas. No entanto, deve-se referir que a existência de um número elevado de grandezas a monitorar já não representa, nos dias de hoje, um problema incontornável no sentido descrito acima, uma vez que estas podem ser adequadamente seguidas, de forma simultânea e consistente, através de cartas de controlo multivariadas, como a carta T^2 de Hotelling (que será apresentada mais à frente) ou outras cartas para utilizações ainda mais gerais (como as cartas de controlo baseadas na análise dos componentes principais [28, 29]).

Existem dois tipos de cartas de controlo para atributos. Um é orientado para a análise do número ou taxa de itens classificados dicotomicamente como conformes/não-conformes ou não-defeituosos/ defeituosos. O outro tipo de cartas é focalizado no número específico de não-conformidades ou defeitos detectados nas unidades inspeccionadas. Em geral, a natureza do problema deverá conduzir naturalmente ao tipo de carta de atributos a adoptar. No entanto, se alguma dúvida remanescente houver, o seguinte conjunto de questões poderá ajudar a clarificar a opção a tomar (no que se segue, considera-se como uma "ocorrência", o aparecimento de um defeito ou não-conformidade):

- *É possível contar o número de ocorrências?* Da reposta afirmativa a esta questão resulta que o tipo de cartas de controlo a usar é de facto, para atributos. Caso contrário, deve-se adoptar uma carta de controlo para variáveis.
- *Caso seja possível contar o número de ocorrências, é possível contar também o número de não-ocorrências?* O caso em que a resposta é afirmativa, conduz tipicamente à adopção de uma carta de atributos do tipo conformes/não-conformes ou não--defeituosos/defeituosos, a qual é baseada na lei Binomial. Um exemplo desta situação surge, por exemplo, na análise de peças com gravação defeituosa da marca: podemos contar quantas têm defeito e quantas não apresentam qualquer erro no registo da marca. Por outro lado, na contagem do número de carros que passam numa portagem, é fácil contar o número de ocorrências, mas o número de não-ocorrências é praticamente impossível de especificar, uma vez que este resultaria de todos aqueles carros que, podendo passar por aquela portagem, não o fizeram. Idêntica situação surge, por exemplo, para o número de acessos a uma página Web, ou para o número de pessoas que frequentam um restaurante, num dado dia. Nestas situações, em que o número de não-ocorrências não pode ser especificado, a carta de controlo para atributos a usar é uma carta para o número de não-conformidades ou defeitos, baseada na distribuição de Poisson. Numa distribuição de Poisson a ocorrência específica de cada caso registado é um acontecimento raro e as possibilidades de não-ocorrência são virtualmente infinitas. Por exemplo, a probabilidade de um cidadão, em particular, passar naquela portagem, ou entrar naquele dia num dado restaurante, constituirá certamente um

acontecimento raro, o mesmo se podendo dizer da ocorrência de um defeito de pintura numa posição específica e muito delimitada do pára-choques.

Nas secções seguintes apresentam-se algumas das cartas de atributos de utilização mais comum.

7.6.1. Cartas de controlo para não-conformes (itens defeituosos): cartas p e np

A análise da produção de itens não-conformes ou defeituosos faz-se frequentemente em termos da sua taxa de ocorrência, a qual, para a amostra i, é definida por:

$$p_i = \frac{\text{Número de itens não-conformes na amostra i}}{\text{Número total de itens na amostra i}} \qquad (7.26)$$

Uma vez que (i) só há dois resultados possíveis na análise de cada item inspeccionado (conforme/não-conforme) e neste tipo de situações é usualmente viável considerar que (ii) a "verdadeira" taxa de não-conformes é constante, bem como (iii) as sucessivas amostras recolhidas do processo são independentes entre si, resulta então que o número de itens defeituosos detectados deverá seguir uma lei Binomial (as condições i. a iii. configuram uma experiência de Bernoulli, cujos resultados são descritos pela lei Binomial).

Nestas circunstâncias, podem-se definir os limites de controlo ±3-sigma com base nesta lei, os quais, para a situação em que todas as amostras têm igual dimensão assumem a seguinte forma:

Carta p (amostras de igual dimensão)

$$LSC = \overline{p} + 3\sqrt{\frac{\overline{p}(1-\overline{p})}{n}}$$

$$LC = \overline{p} \qquad (7.27)$$

$$LIC = \overline{p} - 3\sqrt{\frac{\overline{p}(1-\overline{p})}{n}}$$

Quando a dimensão da amostra varia, os limites de controlo são os seguintes:

Carta p (amostras de dimensão variável)

$$LSC = \overline{p} + 3\sqrt{\frac{\overline{p}(1-\overline{p})}{n_i}}$$

$$LC = \overline{p} \qquad (7.28)$$

$$LIC = \overline{p} - 3\sqrt{\frac{\overline{p}(1-\overline{p})}{n_i}}$$

Nas cartas p acima, $\overline{p}$ representa a estimativa pontual para a taxa de defeitos populacional. Na situação (7.27) (amostras de igual dimensão), esta estimativa é calculada a partir das m amostras disponíveis para estimar os limites de controlo preliminares e avaliar a estabilidade do processo:

$$\overline{p} = \frac{\sum_{i=1}^{m} p_i}{m} \qquad (7.29)$$

Já para a situação em que a dimensão da amostra varia (7.28), a estimativa de $\overline{p}$ é dada pela seguinte média pesada, onde os pesos advêm das dimensões associadas às sucessivas amostras:

$$\overline{p} = \frac{\sum_{i=1}^{m} n_i \cdot p_i}{\sum_{i=1}^{m} n_i} \qquad (7.30)$$

ou seja, corresponde a:

$$\overline{p} = \frac{\text{Número total de itens não-conformes em todas as amostras}}{\text{Número total de itens em todas as amostras}} \qquad (7.31)$$

Nesta situação (amostras de dimensão variável), os limites de controlo não são constantes, apenas o sendo a linha central.

Quando as amostras são de dimensão constante utiliza-se por vezes uma carta *np*, na qual, em lugar de se monitorar a *taxa* de itens não-conformes, se monitora o *número* de itens não-conformes. Esta carta pode ter a vantagem de proporcionar uma implementação mais simples para os operadores, uma vez que simplesmente implica a contagem de itens não-conformes. No entanto, apenas pode ser aplicada a situações em que a dimensão da amostra não varia (caso contrário a linha central teria de variar também, tornando a interpretação da carta mais complexa). As suas linhas de referência são dadas por:

Carta np (amostras de igual dimensão)

$$LSC = n\overline{p} + 3\sqrt{n\overline{p}(1-\overline{p})}$$
$$LC = n\overline{p} \qquad (7.32)$$
$$LIC = n\overline{p} - 3\sqrt{n\overline{p}(1-\overline{p})}$$

Exemplo: *Carta de controlo para a taxa de defeitos*

Num processo de montagem recolheram-se sucessivamente 30 amostras de dimensão 100 (Tabela 7.6). Pretendendo-se analisar se este processo está, ou não, a operar de forma estável, construiu-se a carta de controlo p (Figura 7.10). Da análise desta carta, verifica--se que o processo está, de facto, a operar sob controlo estatístico relativamente à taxa de peças defeituosas produzidas, pelo que os limites de controlo preliminares assim calculados poderão ser usados para implementar a carta de controlo em amostras futuras de igual dimensão.

Amostra	p	Amostra	p
1	0,09	16	0,07
2	0,1	17	0,06
3	0,13	18	0,09
4	0,08	19	0,08
5	0,14	20	0,11
6	0,09	21	0,12
7	0,1	22	0,14
8	0,15	23	0,06
9	0,13	24	0,05
10	0,06	25	0,14
11	0,03	26	0,11
12	0,05	27	0,09
13	0,13	28	0,13
14	0,1	29	0,12
15	0,14	30	0,09

Tabela 7.6. Taxa de defeitos para 30 amostras recolhidas do processo.

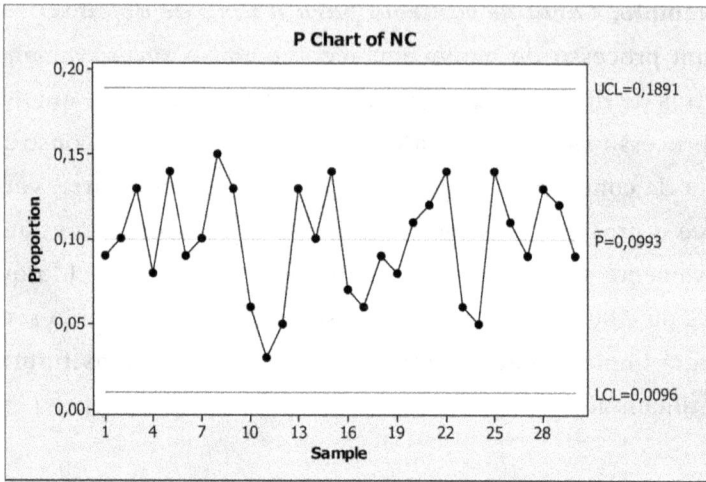

Figura 7.10. Carta p para a evolução da taxa de não-conformes ao longo do tempo (Minitab: Stat > Control Charts > Attributes Charts > p).

7.6.2. Cartas de controlo para não-conformidades ou defeitos: cartas c e u

Como já foi anteriormente referido, nem todos os itens contendo não-conformidades são necessariamente classificados como "não-conformes" e rejeitados prontamente, uma vez que tal decisão depende da severidade dos defeitos encontrados. Existe assim informação sobre a qualidade do produto que não transparece nas cartas de controlo para não-conformes, mas que pode ser parcialmente recuperada nas cartas de controlo para o número de não-conformidades ou defeitos. Nestas cartas, procura-se monitorar a evolução do número total de defeitos ou não-conformidades detectados na amostra analisada, ou, em termos mais genéricos, na "unidade de inspecção" avaliada, significando esta expressão a extensão do item (por exemplo, o número de metros de fios de cobre) ou a globalidade dos itens (a dimensão da amostra) sujeitos a inspecção.

Quando a unidade de inspecção mantém a sua dimensão ao longo do tempo (amostras de igual dimensão ou itens com igual extensão), uma possibilidade é monitorar o número de não-conformidades ou defeitos contabilizados, ao longo do tempo, c_i. Em situações em que as não-ocorrências não são possíveis de ser contabilizadas e as ocorrências (não-conformidades) apresentam uma baixa probabilidade de concretização quando definidas *a priori* (acontecimentos "raros"), esta contagem é usualmente bem descrita por uma distribuição de Poisson, razão pela qual se utiliza esta distribuição para derivar as linhas de referência para a respectiva carta de controlo, também designada como carta c:

Carta c (amostras de igual dimensão)

$$LSC = \overline{c} + 3\sqrt{\overline{c}}$$
$$LC = \overline{c} \qquad\qquad (7.33)$$
$$LIC = \overline{c} - 3\sqrt{\overline{c}}$$

onde $\overline{c}$ é o estimador para a média populacional do número de defeitos na unidade de inspecção. Esta quantidade é dada pela média do número de não-conformidades detectadas nas m unidades de inspecção analisadas,

$$\overline{c} = \frac{\sum_{i=1}^{m} c_i}{m} \qquad\qquad (7.34)$$

No entanto, nem sempre as unidades de inspecção são compostas pelo mesmo número de itens ou por itens com igual extensão. Por exemplo, quando se faz inspecção a 100% (todos os itens de um lote são analisados), mas o número de itens produzidos em cada lote é variável, ou quando se inspeccionam bobines de fios com diferentes comprimentos, ou rolos de tecido com diferentes extensões, a "área inspeccionada" não é constante, tornando a carta c inadequada para estas situações porque as contagens não são referentes a uma base comum, em termos da "área inspeccionada". Este problema pode ser resolvido, se o número de defeitos for divido pela quantidade que varia de amostra para amostra, passando a estar referido à "unidade" desta quantidade, por exemplo: número de não conformidades por item inspeccionado (em amostras de dimensão variável), ou por metro de fio de cobre (em bobines de comprimento variável). É esta a solução proposta com as cartas u, as quais monitorizam precisamente o número de defeitos por unidade de produção, u_i, o qual é definido da seguinte forma quando a quantidade variável é a dimensão da amostra (n_i):

$$u_i = \frac{c_i}{n_i} \qquad (7.35)$$

As cartas de controlo u, podem ser usadas quer com amostras de dimensão variável quer com amostras de igual dimensão. No caso de amostras de igual dimensão, as linhas de referência são dadas por:

Carta u (amostras de igual dimensão)

$$LSC = \overline{u} + 3\sqrt{\frac{\overline{u}}{n}}$$

$$LC = \overline{u} \qquad (7.36)$$

$$LIC = \overline{u} - 3\sqrt{\frac{\overline{u}}{n}}$$

Quando as amostras têm dimensão variável, os limites de controlo para as cartas u passam a ser variáveis, e dados por:

Carta u (amostras de dimensão variável)

$$LSC = \bar{u} + 3\sqrt{\frac{\bar{u}}{n_i}}$$

$$LC = \bar{u} \qquad (7.37)$$

$$LIC = \bar{u} - 3\sqrt{\frac{\bar{u}}{n_i}}$$

Nestas expressões, $\bar{u}$ é o estimador para a média populacional do número de defeitos por unidade de produção. Para amostras de dimensão constante, esta grandeza corresponde à média do número de defeitos por unidade de produção obtidos das m amostras recolhidas do processo para análise da sua estabilidade e definição dos limites de controlo:

$$\bar{u} = \frac{\sum_{i=1}^{m} u_i}{m} \qquad (7.38)$$

Para amostras de dimensão variável, $\bar{u}$ é calculado segundo,

$$\bar{u} = \frac{\sum_{i=1}^{m} n_i \cdot u_i}{\sum_{i=1}^{m} n_i} \qquad (7.39)$$

ou seja, corresponde ao quociente entre o número total de defeitos encontrados nas m amostras analisadas e o número total de itens analisados nessas mesmas m amostras.

É importante não esquecer que, neste processo, não só o número, mas também o tipo de defeitos e a sua localização, devem ser adequadamente registados. Esta informação é fundamental para, num estágio posterior, encetar esforços de melhoria mais eficazes e orientados para os problemas e defeitos mais relevantes encontrados no processo.

Exemplo: *Carta de controlo para os defeitos encontrados em lotes de circuitos impressos*

A Tabela 7.7 contém os dados referentes ao número de defeitos encontrados em 24 amostras de dimensão variável de circuitos impressos. Construindo a correspondente carta u (Figura 7.11), verifica-se que, com a excepção de duas ocorrências, o processo apresenta uma boa estabilidade. A ocorrência para a 5.ª amostra é a mais relevante, devendo ser apurado o que se passou de facto no processo durante o período em que esta foi produzida. Caso se detecte o motivo da causa especial assinalada, o valor de u_5 deve então ser removido do cálculo dos limites de controlo preliminares (embora continue a ser representado) e o gráfico reanalisado. Quando não existirem pontos fora de controlo por justificar, os limites de controlo então vigentes poderão ser adoptados para implementar a carta de controlo em amostras futuras. Pontos que excedam tangencialmente os limites de controlo, se em número reduzido e se para eles não for encontrada qualquer justificação definitiva de uma causa especial que os explique, podem, ainda assim, ser mantidos nos cálculos dos limites de controlo.

N. Defeitos	Dim. Amostra	N. Defeitos	Dim. Amostra
7	100	4	100
6	95	16	105
8	80	11	95
10	105	12	80
24	90	8	85
6	83	6	90
5	107	5	105
4	108	9	100
8	100	7	105
11	92	14	90
15	95	8	98
8	92	21	107

Tabela 7.7. Taxa de defeitos registados em 24 amostras de circuitos impressos, de dimensão variável.

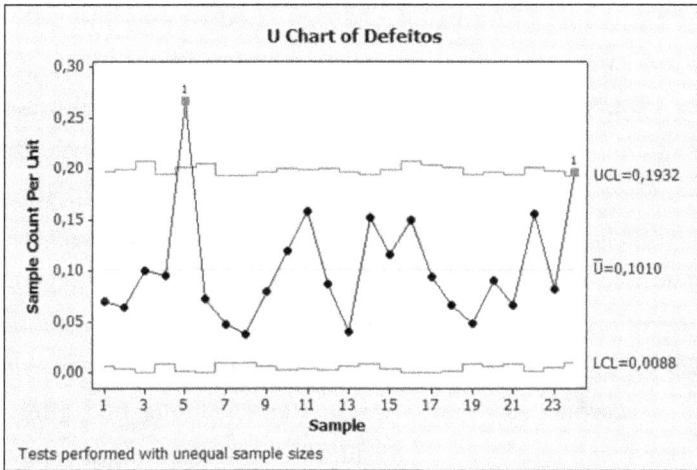

Figura 7.11. Carta *u* para o número de defeitos por unidade de produção em amostras de circuitos impressos (Minitab: Stat > Control Charts > Attributes Charts > u).

7.7. Cartas de controlo multivariadas

Com a tendência actual para uma instrumentalização mais intensiva dos processos e o aumento da exigência colocada na qualidade dos produtos, verifica-se que existe um número crescente de variáveis a merecer adequada vigilância e análise. Neste contexto, uma abordagem possível passa pela implementação de múltiplas cartas de controlo ditas "univariadas", como aquelas até agora apresentadas, dedicadas a uma e uma só variável. No entanto, rapidamente se constataria que tal tarefa não só seria de implementação muito difícil, como também de utilidade limitada, pois a atenção dos operadores facilmente se dispersaria por um enorme volume de informação disponibilizada, dificultando qualquer análise sistemática de padrões de variabilidade exibidos pelo processo. Por outro lado, estando tais cartas de controlo a ser implementadas em paralelo, a probabilidade de ocorrência de falsos alarmes em pelo menos uma delas seria elevada e o operador estaria quase constantemente a dedicar a sua atenção a eventos que não correspondiam, de facto, a qualquer tipo de causa especial de variabilidade.

Uma via possível para contornar esta situação passa por condensar tal conjunto de informação em parâmetros qualitativos do tipo conforme/não-conforme, de acordo com critérios pré-estabelecidos, e implementar uma carta de controlo para atributos como as apresentadas na secção anterior. No entanto, tal via acarreta, inevitavelmente, perda de informação sobre o processo, com prejuízos nomeadamente ao nível da sensibilidade que um tal esquema apresenta na detecção de perturbações. Nestas circunstâncias, uma boa alternativa passa por combinar toda a informação obtida simultaneamente do processo, em poucas (normalmente uma ou duas) estatísticas de monitorização, as quais permitem, ainda assim, conduzir de forma adequada a actividade de controlo estatístico do processo, sem perda significativa de informação e mantendo a taxa de falsos alarmes sob controlo. É nesta categoria que se inserem as cartas de controlo multivariadas, das quais se faz aqui referência à sua representante mais simples, análoga à carta Shewhart para a média amostral ($\overline{x}$): a carta T^2 de Hotelling. Esta carta é útil para monitorar, simultaneamente, até cerca de 10 variáveis, em especial quando estas apresentam correlação entre si. Quando o número de variáveis é superior (ordem das dezenas, centenas ou mesmo milhares), procedimentos alternativos, como aqueles baseados na análise dos componentes principais, têm-se revelado bastante eficazes [28, 29].

Assim como acontece com a carta Shewhart para a média, a carta T^2 de Hotelling tem por base a distribuição Normal. No entanto, trata-se agora da distribuição Normal multivariada, a qual procura descrever o comportamento probabilístico conjunto de várias variáveis. A Figura 7.12 apresenta a forma de uma possível função densidade de probabilidade para o caso bivariado, i.e., quando existem duas variáveis em análise. Esta função, quando vista na perspectiva de cada eixo das variáveis, x_1 ou x_2, apresenta a forma de sino convencional e característica da distribuição Normal, descrita pela sua média e desvio padrão. No entanto, o comportamento conjunto entre estas variáveis é traduzido por uma parâmetro adicional, a sua covariância, que define o quão associadas estas variáveis estão entre si. Observando a Figura 7.12, é possível inferir que existe uma região no plano definido pelos eixos x_1 e x_2 onde a probabilidade de ocorrência simultânea de valores para estas variáveis, é elevada. Esta região tem uma forma elíptica, pois essa é também a forma dos contornos da função densidade de probabilidade (i.e., das suas "curvas de nível"). Nestas condições, a tarefa de verificar se um dado processo multivariado (neste caso, bivariado) está sob controlo estatístico, resume-se a apurar se o par de pontos proveniente de cada amostra cai, ou não, dentro da elipse correspondente à "cobertura probabilística" desejada e definida inicialmente (nomeadamente através do nível de significância associado, por exemplo de 1% ou de 0,27%; o segundo caso conduz a uma cobertura análoga às cartas tipo Shewhart ±3-sigma).

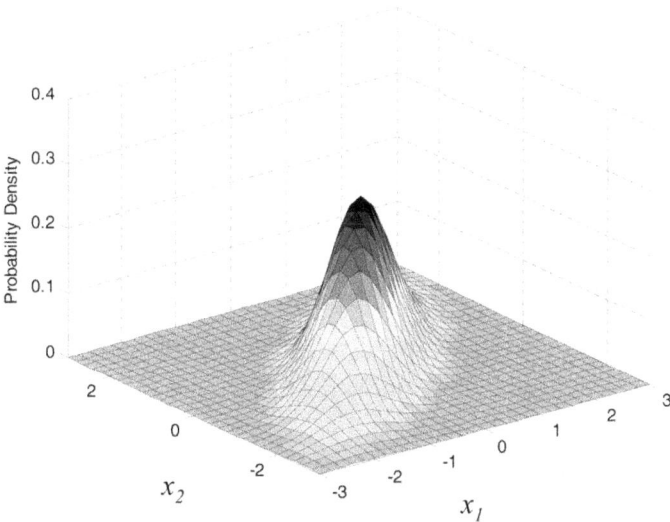

Figura 7.12. Exemplo da função densidade de probabilidade para a distribuição Normal multivariada, quando existem duas variáveis apresentando desvios padrões unitários e uma covariância de 0,8.

No entanto, se este é um procedimento viável para uma situação em que existem duas variáveis a monitorar, já deixa de o ser para a situação geral onde se contempla um maior número de variáveis. É necessário assim encontrar um procedimento expedito para verificar se um dado ponto se situa no interior ou exterior da respectiva elipse (duas dimensões), elipsóide (três dimensões) ou hiper-elipsóide (para dimensões superiores a três). Tal procedimento existe e é bastante eficiente de implementar, bastando para tal calcular as seguintes estatísticas, consoante se disponha de uma ou mais observações por amostra:

Amostras multivariadas de dimensão n>1

$$T_i^2 = n\left(\overline{\mathbf{x}}_i - \overline{\overline{\mathbf{x}}}\right)^T \mathbf{S}^{-1} \left(\overline{\mathbf{x}}_i - \overline{\overline{\mathbf{x}}}\right)^T \qquad (7.40)$$

Amostras multivariadas de dimensão n=1

$$T_i^2 = n\left(\mathbf{x}_i - \overline{\mathbf{x}}\right)^T \mathbf{S}^{-1} \left(\mathbf{x}_i - \overline{\mathbf{x}}\right)^T \qquad (7.41)$$

Nestas expressões, as quantidades representadas têm os seguintes significados:

- T_i^2 - Estatística T^2 de Hotelling para a observação i;
- $\overline{\mathbf{x}}_i$ - vector com as médias das medidas de todas as variáveis para a observação i;
- $\overline{\overline{\mathbf{x}}}$ - vector com a média dos vectores das médias, obtido a partir das m amostras de referência usadas para analisar se o processo está sob controlo estatístico e estabelecer os seus limites de controlo (Fase I);
- $\mathbf{x}_i$ - vector com todas as medidas das variáveis para a observação i;
- $\overline{\mathbf{x}}$ - vector com a média das medidas individuais, relativas às as m amostras de referência (Fase I);

- $\overline{S}^{-1}$ – inversa da matriz que resulta da média das matrizes variância-covariância amostrais, para as m amostras de referência;
- S^{-1} – inversa da matriz de variância-covariância amostral, calculada para as m amostras de referência.

O símbolo T nas equações (7.40) e (7.41) representa a operação matricial de transposição.

Assim, se o valor desta estatística for inferior ao limite de controlo superior (neste caso não existe um limite de controlo inferior), o processo é declarado como estando sob controlo estatístico, i.e., sujeito apenas a causas comuns de variabilidade. Caso contrário, declara-se como estando fora de controlo estatístico, assinalando-se a ocorrência de uma potencial causa especial de variabilidade.

Os limites de controlo para a estatística (7.40), válida quando a dimensão da amostra é superior a 1, são os abaixo indicados, consoante a fase em que a carta é implementada:[6]

Fase I - Análise preliminar da estabilidade do processo

$$UCL = \frac{p(m-1)(n-1)}{mn-m-p+1} F_{\alpha,p,mn-m-p+1}$$

$$LCL = 0$$

(7.42)

---

[6] Faz-se agora uma distinção entre os limites a usar nas duas fases de implementação das cartas de controlo, de forma a tornar a metodologia mais rigorosa. Nesta abordagem, atende-se ao facto dos limites de controlo da Fase I se destinarem à análise das amostras utilizadas no seu cálculo, com o objectivo de conduzir uma análise retrospectiva do processo conducente à avaliação da sua estabilidade no período em causa, o que não sucede no decorrer da Fase II, a qual é focalizada na implementação efectiva do controlo estatístico de processos, usando limites de controlo calculados de forma independente dos dados que se venham a recolher.

Fase II – Monitorização do processo

$$UCL = \frac{p(m+1)(n-1)}{mn-m-p+1} F_{\alpha,p,mn-m-p+1}$$ (7.43)

$$LCL = 0$$

onde, p é o número de variáveis em questão, m o número de amostras que constituem o histórico do processo em condições normais de operação, F representa a distribuição F de Snedcor e α o nível de significância a ser adoptado (ou seja, a taxa de falsos alarmes associada à carta de controlo).

Relativamente à estatística , válida para $n=1$, os respectivos limites de controlo, mais uma vez para as duas fases de implementação da carta de controlo, são dados por:

Fase I - Análise preliminar da estabilidade do processo

$$UCL = \frac{(m-1)^2}{m} \beta_{\alpha,p/2,(m-p-1)/2}$$ (7.44)

$$LCL = 0$$

Fase II – Monitorização do processo

$$UCL = \frac{p(m+1)(m-1)}{m^2 - mp} F_{\alpha,p,m-p}$$ (7.45)

$$LCL = 0$$

representando β, a função densidade de probabilidade Beta, com o par de parâmetros de forma indicados.

A utilização de cartas de controlo multivariadas permite não só utilizar o nível de resolução da informação quantitativa recolhida do processo (o que não sucede quando esta é agregada em avaliações de natureza qualitativa e monitorada através de cartas de controlo para atributos), mas também manter sob controlo o nível global de falsos alarmes (i.e., o nível de significância associado aos testes de hipóteses conduzidos sequencialmente na carta de controlo) e ainda aumentar a sua sensibilidade a certas perturbações no processo, nomeadamente aquelas que vão no sentido de contrariar as relações entre variáveis existentes em condições normais de funcionamento (i.e., as suas correlações normais), como ilustrado na Figura 7.13.

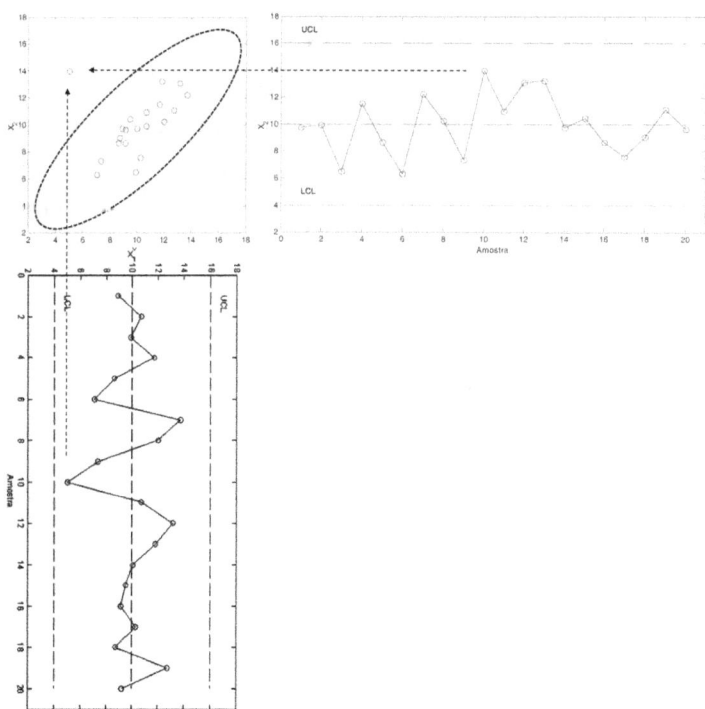

Figura 7.13. Ilustração de uma situação que não é detectada na utilização da abordagem univariada para monitorar um processo com duas variáveis (pois o ponto está localizado no interior da região delimitada pelos seus limites de controlo), mas que o será facilmente numa abordagem multivariada, a qual incorpora a correlação existente entre variáveis em condições normais de operação.

357

Note-se ainda que existem também eventos que são assinalados como excedendo os limites de controlo na análise paralela de cartas de controlo univariadas, mas que estão dentro da região de normalidade na correspondente carta de controlo multivariada.

Exemplo: *Carta de controlo para um processo industrial*

Num dado processo industrial pretende-se analisar a variabilidade conjunta de um grupo de quatro medições recolhidas, as quais, individualmente, têm o comportamento indicado na Figura 7.14. Havendo correlação entre elas (como facilmente se poderia verificar analisando os gráficos de dispersão para cada par de variáveis), construiu-se a carta de controlo T^2 de Hotelling para, numa primeira fase da análise, averiguar sobre a estabilidade do processo. Como rapidamente se constata da análise da Figura 7.15, o processo apresenta uma instabilidade significativa associada a uma deslocação do seu estado de operação ao longo do tempo. Tratando-se de um processo industrial, uma das causas possíveis é a presença de dinâmica ou autocorrelação no comportamento normal das variáveis, a qual deve ser incorporada na metodologia de controlo estatístico a adoptar. Por isso, antes de se retirarem conclusões finais sobre a estabilidade do processo, procedimentos alternativos que contemplem e incorporem na análise a sua dinâmica, do tipo dos já anteriormente mencionados, devem ser testados e avaliados.

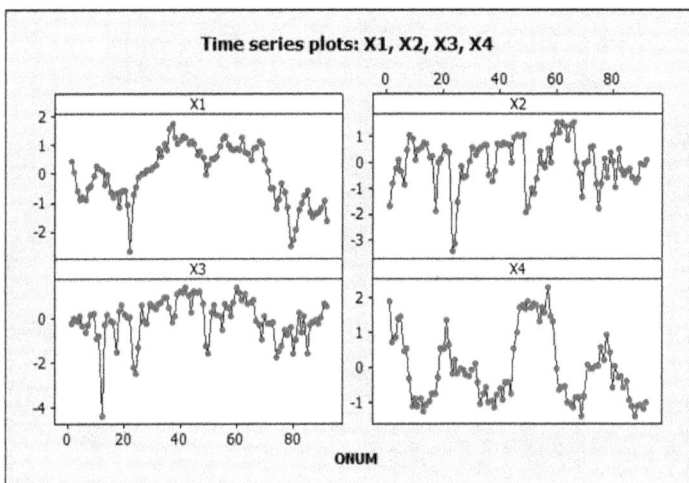

Figura 7.14. Gráficos de tendência para as quatro variáveis processuais em análise.

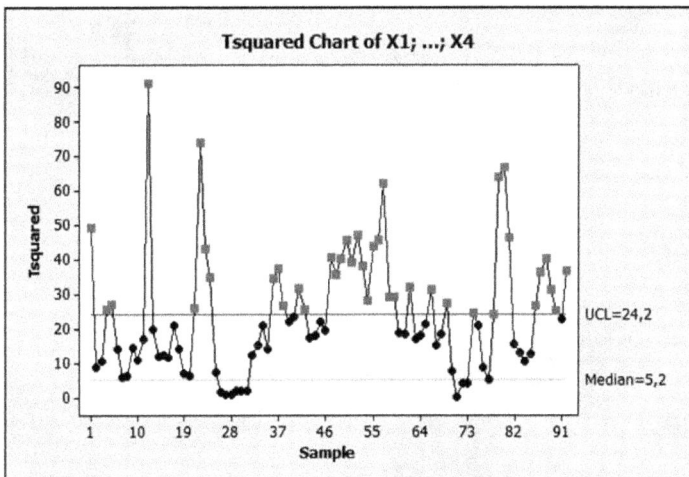

Figura 7.15. Carta T^2 de Hotelling para a monitorização conjunta das quatro medições recolhidas de uma unidade industrial (Minitab: Stat > Control Charts > Multivariate Charts > Tsquared).

| | Carta de controlo para a Média | | | Carta de controlo para o Desvio-padrão | | | | | | Carta de controlo para a Amplitude | | | | | |
| | Factores dos limites de controlo | | | Factores da linha central | | Factores dos limites de controlo | | | | Factores da linha central | | Factores dos limites de controlo | | | |
n	A	A_2	A_3	c_4	$1/c_4$	B_3	B_4	B_5	B_6	d_2	$1/d_2$	D_1	D_2	D_3	D_4
2	2,121	1,880	2,659	0,7979	1,2533	0	3,267	0	2,606	1,128	0,8865	0	3,686	0	3,267
3	1,732	1,023	1,954	0,8862	1,1284	0	2,568	0	2,276	1,693	0,5907	0	4,358	0	2,575
4	1,500	0,729	1,628	0,9213	1,0854	0	2,266	0	2,088	2,059	0,4857	0	4,698	0	2,282
5	1,342	0,577	1,427	0,9400	1,0638	0	2,089	0	1,964	2,326	0,4299	0	4,918	0	2,115
6	1,225	0,483	1,287	0,9515	1,0510	0,030	1,97	0,029	1,874	2,534	0,3946	0	5,078	0	2,004
7	1,134	0,419	1,182	0,9594	1,0423	0,118	1,882	0,113	1,806	2,704	0,3698	0,204	5,204	0,076	1,924
8	1,061	0,373	1,099	0,9650	1,0363	0,185	1,815	0,179	1,751	2,847	0,3512	0,388	5,306	0,136	1,864
9	1,000	0,337	1,032	0,9693	1,0317	0,239	1,761	0,232	1,707	2,970	0,3367	0,547	5,393	0,184	1,816
10	0,949	0,308	0,975	0,9727	1,0281	0,284	1,716	0,276	1,669	3,078	0,3249	0,687	5,469	0,223	1,777
11	0,905	0,285	0,927	0,9754	1,0252	0,321	1,679	0,313	1,637	3,173	0,3152	0,811	5,535	0,256	1,744
12	0,866	0,266	0,886	0,9776	1,0229	0,354	1,646	0,346	1,610	3,258	0,3069	0,922	5,594	0,283	1,717
13	0,832	0,249	0,850	0,9794	1,0210	0,382	1,618	0,374	1,585	3,336	0,2998	1,025	5,647	0,307	1,693
14	0,802	0,235	0,817	0,9810	1,0194	0,406	1,594	0,399	1,563	3,407	0,2935	1,118	5,696	0,328	1,672
15	0,775	0,223	0,789	0,9823	1,0180	0,428	1,572	0,421	1,544	3,472	0,2880	1,203	5,741	0,347	1,653
16	0,750	0,212	0,763	0,9835	1,0168	0,448	1,552	0,44	1,526	3,532	0,2831	1,282	5,782	0,363	1,637
17	0,728	0,203	0,739	0,9845	1,0157	0,466	1,534	0,458	1,511	3,588	0,2787	1,356	5,82	0,378	1,622
18	0,707	0,194	0,718	0,9854	1,0148	0,482	1,518	0,475	1,496	3,640	0,2747	1,424	5,856	0,391	1,608
19	0,688	0,187	0,698	0,9862	1,0140	0,497	1,503	0,49	1,483	3,689	0,2711	1,487	5,891	0,403	1,597
20	0,671	0,180	0,680	0,9869	1,0133	0,510	1,49	0,504	1,470	3,735	0,2677	1,549	5,921	0,415	1,585
21	0,655	0,173	0,663	0,9876	1,0126	0,523	1,477	0,516	1,459	3,778	0,2647	1,605	5,951	0,425	1,575
22	0,640	0,167	0,647	0,9882	1,0119	0,534	1,466	0,528	1,448	3,819	0,2618	1,659	5,979	0,434	1,566
23	0,626	0,162	0,633	0,9887	1,0114	0,545	1,455	0,539	1,438	3,858	0,2592	1,710	6,006	0,443	1,557
24	0,612	0,157	0,619	0,9892	1,0109	0,555	1,445	0,549	1,429	3,895	0,2567	1,759	6,031	0,451	1,548
25	0,600	0,153	0,606	0,9896	1,0105	0,565	1,435	0,559	1,420	3,931	0,2544	1,806	6,056	0,459	1,541

Tabela 7.8. Constantes usadas nas cartas de controlo tipo Shewhart para variáveis (limites ± 3-sigma).[7]

[7] Para n > 25 (onde n é o número de observações em cada amostra), usam-se as seguintes expressões:

$$A = \frac{3}{\sqrt{n}} , \quad A_3 = \frac{3}{C_4\sqrt{n}} , \quad C_4 = \frac{4(n-1)}{4n-3} , \quad B_3 = 1 - \frac{3}{C_4\sqrt{2(n-1)}} , \quad B_4 = 1 + \frac{3}{C_4\sqrt{2(n-1)}} , \quad B_5 = C_4 - \frac{3}{\sqrt{2(n-1)}} , \quad B_6 = C_4 + \frac{3}{\sqrt{2(n-1)}} .$$

7.8. Avaliação da capacidade do processo

As cartas de controlo são das ferramentas mais versáteis em estudos de processos. Não só permitem avaliar a estabilidade das operações, como caracterizar a sua variabilidade, detectar padrões anómalos e estimar parâmetros populacionais. Tudo isto pode ser conduzido de uma forma rápida e simples, razão pela qual o seu uso é recomendável sempre que existam condições para a sua aplicação. Com base na informação disponibilizada pelas cartas de controlo, é possível fazer desde logo uma avaliação sobre o nível de uniformidade ou consistência do processo. A este grau de uniformidade designa-se por *capacidade do processo* [4, 30]. No entanto, uma tal análise isolada seria omissa quanto às especificações e objectivos que o mesmo deve respeitar. De facto, ela reflecte única e exclusivamente a variabilidade intrínseca ou natural do processo, a qual deve ser confrontada com as especificações que o produto ou processo devem cumprir ou respeitar. Assim, quando o processo está a operar em condições estáveis, ou seja, sob controlo estatístico, e portanto as suas características de variabilidade permanecem constantes ao longo do tempo, é necessário ainda verificar se esta variabilidade natural, ou capacidade do processo, é compatível com as suas especificações. Os limites de especificação que delimitam a região em que o processo/produto é aceitável ou conforme, são definidos por uma entidade exterior ao processo, seja ela o departamento de desenvolvimento de processos e produtos, o fabricante do equipamento ou o cliente. A análise da capacidade do processo em cumprir com tais especificações pode ser efectuada de uma forma qualitativa, representando os limites de especificação no histograma dos valores recolhidos do processo, ou de uma forma quantitativa, através do uso dos índices de capacidade apresentados nas próximas secções.

7.8.1. Índices de capacidade do processo para variáveis

Considerando a gama associada à variação natural do processo dada pelo intervalo ±3σ, cuja amplitude corresponde a 6σ, e a gama de especificação delimitada pelos limites de especificação inferior (*LIE*) e superior (*LSE*), define-se o índice de capacidade do processo da seguinte forma:

$$C_p = \frac{LSE - LIE}{6\sigma} \tag{7.46}$$

A gama de especificação (*LSE – LIE*) é usualmente designada por *tolerância* e a gama de variação natural do processo por *capacidade do processo*. O C_p trata-se portanto de um índice adimensional (sem unidades), onde se confronta a amplitude da tolerância com a amplitude da variabilidade natural do processo. Por outras palavras, é a razão entre a "voz do cliente" (que estipula as especificações) e a "voz do processo" (que descreve a sua variabilidade). Este índice permite conduzir uma primeira análise da capacidade do processo em cumprir as especificações impostas, através da comparação directa da largura dos dois intervalos relevantes: um caracterizando o que lhe é exigido (*LSE-LIE*) e o outro aquilo que o processo de facto apresenta em termos de variabilidade (6σ). Valores de C_p superiores a 1 são indicativos de processos *potencialmente* capazes. Valores inferiores a 1, indicam processos com variabilidade excessiva face à tolerância que lhes é imposta. De notar que este índice apenas fornece uma indicação da capacidade potencial do processo, a qual só seria efectivamente atingida se a variabilidade natural do processo estivesse centrada no intervalo de especificações. Assim, se a tendência central do processo estiver perfeitamente alinhada com o centro do intervalo de especificação, o valor de C_p corresponde à capacidade efectiva do processo. No entanto, se tal não acontecer, este índice apenas fornece uma indicação do valor máximo que seria possível obter para esta quantidade (daí a designação de potencial), caso a variabilidade do processo estivesse centrada na banda de especificações (de notar que, normalmente, é bastante mais complexo reduzir a variabilidade de uma dada quantidade do que ajustar a sua tendência central).

Na prática, o índice C_p é calculado usando uma estimativa conveniente para o desvio padrão do processo, frequentemente originária das próprias cartas de controlo usadas (onde esta já foi determinada ou pode ser facilmente obtida).

$$\hat{C}_p = \frac{LSE - LIE}{6\hat{\sigma}} \qquad (7.47)$$

com, $\hat{\sigma} = \overline{R}/d_2$ ou $\hat{\sigma} = \overline{s}/d_2$ ($\overline{R}$ e $\overline{s}$ obtidos a partir das linhas centrais de cartas de controlo para a dispersão).

Tratando-se de estimativas, os valores fornecidos para os índices de capacidade possuem uma certa incerteza cuja magnitude pode ser apreciável, a menos que esteja disponível um número de observações suficiente: tipicamente, serão necessárias cerca de 200 observações para ser possível estimar a capacidade do processo com uma incerteza de aproximadamente $\pm 10\%$ do valor estimado. Esta incerteza é adequadamente expressa na forma de intervalos de confiança, os quais podem ser determinados com apoio a *software* ou recorrendo a fórmulas disponíveis na literatura técnica [30, 31].

Uma vez que o C_p é apenas um indicador da capacidade potencial de um processo, é necessário encontrar um outro índice que forneça a magnitude da sua capacidade efectiva, levando em conta a possibilidade da variabilidade do processo não estar necessariamente centrada na gama de tolerância a respeitar. Surge assim o índice C_{pk}, definido como:

$$C_{pk} = \min\left(C_{pi}, C_{ps}\right) \qquad (7.48)$$

onde

$$C_{pi} = \frac{\mu - LIE}{3\sigma} \qquad (7.49)$$

$$C_{ps} = \frac{LSE - \mu}{3\sigma} \qquad (7.50)$$

sendo μ e σ, a média e o desvio padrão do processo. Como se pode verificar, quando o processo está perfeitamente centrado relativamente às especificações, tem-se que $C_p = C_{pk}$. Da sua diferença pode-se pois desde logo inferir se o processo está ou não centrado. Para processos não centrados na gama de tolerância tem-se que $C_p \geq C_{pk}$, correspondendo C_{pk} à capacidade efectiva do processo, a qual é relativa à situação de maior proximidade entre a média do processo e um dos limites de especificação. A Figura 7.16 ilustra os diferentes níveis de desempenho que se podem efectivamente observar, consoante o processo esteja ou não centrado nas especificações, e a sua correspondência nos respectivos valores dos índices C_p e C_{pk}.

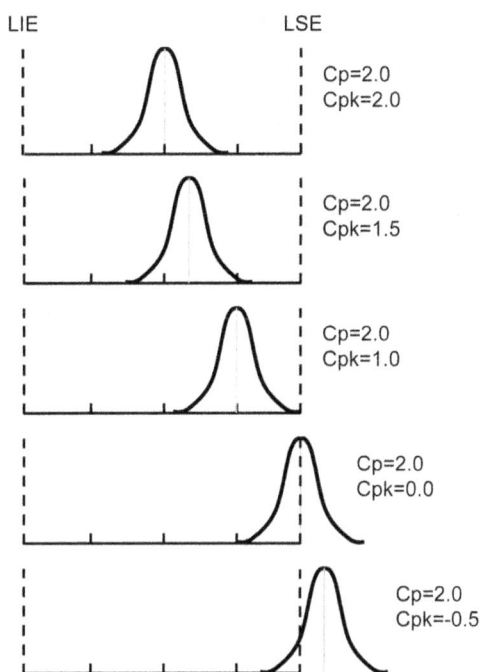

Figura 7.16. Relação entre os índices C_p e C_{pk}, quando o processo apresenta diferentes localizações relativamente à gama de tolerância.

Os índices C_{pi} e C_{ps} são também adoptados em alternativa ao C_p quando o intervalo de tolerância é unilateral, como por exemplo em situações do tipo "quanto maior melhor" (C_{pi}), ou "quanto menor melhor" (C_{ps}). Para possibilitar uma melhor interpretação dos valores obtidos para os índices de capacidade de processo em termos daquilo que eles efectivamente visam analisar, apresenta-se na Tabela 7.9 o número de defeitos (em partes por milhão, ppm) correspondentes a vários valores de C_p. Estes foram obtidos atendendo aos seguintes pressupostos:

- A característica em análise segue uma distribuição Normal;
- O processo está sob controlo estatístico;
- O processo está centrado na gama de tolerância no caso das especificações serem bilaterais.

Índice C_p	Número de defeitos por milhão (ppm)	
	Limites de especificação unilaterais	Limites de especificação bilaterais
0,25	226628	453255
0,5	66807	133614
0,9	3467	6934
1	1350	2700
1,1	484	967
1,5	4	7
1,8	0,03	0,06
2	0,0009	0,00018

Tabela 7.9. Número de defeitos (itens produzidos fora de especificação) expressos em partes por milhão (ppm) para vários valores do índice de capacidade de processo, C_p (limites de especificação unilaterais e bilaterais). O número de defeitos foi calculado assumindo que os dados seguem uma distribuição Normal, que o processo está sob controlo estatístico (e que portanto a sua média e dispersão não variam) e que se encontra centrado na gama de especificações no caso de especificações bilaterais.

A interpretação dos índices de capacidade através do respectivo número de defeitos (Tabela 7.9) só é válida enquanto os três pressupostos acima referidos se verificarem. Em particular, se a distribuição dos dados não for Normal, o número de defeitos pode divergir muito significativamente dos apresentados na tabela. Para estas situações, existem vários procedimentos alternativos passíveis de ser seguidos. Uma possibilidade é proceder a uma transformação da variável em análise, de forma que a variável transformada passe a seguir uma distribuição aproximadamente Normal. A análise de capacidade do processo é então conduzida em termos da variável transformada. Existem várias famílias de transformações disponíveis para este efeito, sendo as mais usuais a transformação de Box-Cox e a transformação de Johnson. Outra possibilidade consiste em determinar a distribuição de probabilidade que melhor descreve a variabilidade dos dados e calcular o número de defeitos esperado para o índice de capacidade calculado. Como alternativa a estes procedimentos, pode-se ainda fazer uso de índices de capacidade mais gerais, válidos para distribuições normais e não-normais (a título de exemplo, referem-se aqueles baseados em percentis [30]).

O valor de C_{pk} tido como mínimo para assegurar um processo razoavelmente capaz corresponde usualmente a 1,33, pois tal implica que o processo continuará, em boa medida, a cumprir as especificações mesmo que a sua média oscile um pouco ao longo do tempo. Um valor de $C_{pk}=2$ é indicativo de um processo com elevado desempenho, no qual a respectiva média está a uma distância 6σ da especificação mais próxima. Também se diz que neste caso o processo apresenta um nível de desempenho "seis sigma" (*nível sigma* = $3 \times C_{pk}$).

Exemplo: *Determinação da capacidade de um processo de enchimento de garrafas*

Conduziu-se um estudo para determinar a capacidade do processo de enchimento de garrafas de 1L. Neste estudo, recorreu-se à informação recolhida nas cartas de controlo do processo, as quais indicavam uma situação de operação estável. As cartas usadas são do tipo $\bar{x} - R$, com subgrupos de dimensão n=5. Nos cálculos relativos a estas cartas, obteve-se, para a média global o valor de 0,99832 e para amplitude média o valor de 0,02205. Para este processo, os limites de especificação são 1,000±0,020 L (i.e., LIE=0,980 L e LSE=1,020 L). Pretende-se agora calcular os valores dos vários índices de capacidade do processo.

Começando por estimar o desvio padrão do processo com base na informação sobre a amplitude média, obtém-se,

$$\hat{\sigma} = \frac{\bar{R}}{d_2} \to \hat{\sigma} = \frac{0,02205}{2,326} = 0,00948$$

(o valor da constante d_2 é proveniente da Tabela 7.8, para n=5). Nestas condições, o valor estimado para o índice de capacidade de processo potencial, $\hat{C}_p$, é dado por:

$$\hat{C}_p = \frac{USL - LSL}{6 \times \hat{\sigma}} \to \hat{C}_p = \frac{1,020 - 0,9800}{6 \times 0,00948} = 0,703$$

A capacidade do processo efectiva, corresponde a:

$$\hat{C}_{pk} = \min\left\{\hat{C}_{pl}, \hat{C}_{pu}\right\} = \min\left\{\frac{\hat{\mu} - LSL}{3\hat{\sigma}} , \frac{USL - \hat{\mu}}{3\hat{\sigma}}\right\}$$

$$\rightarrow \hat{C}_{pk} = \min\left\{\frac{0,99832 - 0,980}{3 \times 0,00948} , \frac{1,020 - 0,99832}{3 \times 0,00948}\right\} = \min\left\{0,6442 ; 0,7632\right\} = 0,6442$$

Constata-se assim que, tendo-se obtido um valor de $\hat{C}_p = 0,703 < 1,33$, o processo não apresenta capacidade (nem sequer potencial) para satisfazer as especificações impostas. Como $\hat{C}_{pk} = 0,644$, um pouco inferior a $\hat{C}_p$, conclui-se que o processo está um pouco descentrado relativamente à média dos limites de especificação. No entanto, não se espera um ganho significativo em proceder ao seu ajustamento de forma a centrá-lo na banda de especificações, uma vez que o problema está essencialmente localizado na sua variabilidade excessiva.

De notar que uma análise de capacidade do processo também pode ser conduzida através de um planeamento de experiências adequado. Na verdade, pode-se adoptar o procedimento seguido na caracterização do sistema medição através de estudos *R&R* (ver Capítulo 3) para este fim. Este procedimento conduz às várias componentes que contribuem para a variabilidade total observada, em particular aquelas originárias do processo, do sistema de medição e do operador. Conhecendo estas componentes, em particular a componente processual, bem como a sua tolerância, é possível quantificar directamente e de uma forma precisa a capacidade do processo. Este processo é ainda mais rigoroso que os acima apresentados, uma vez que desagrega da variabilidade observada, componentes cujas características não estão relacionadas com o processo em análise.

7.8.2. Análise da variabilidade de curto prazo e longo prazo

A variabilidade do processo pode ser subdividida em duas componentes. Uma corresponde à sua variabilidade natural num dado momento, designada por variabilidade de curto prazo, a qual é essencialmente caracterizada pela sua dispersão dentro dos subgrupos racionais ou amostras recolhidas. As cartas de controlo para a dispersão permitem caracterizar e monitorar esta componente da variabilidade. É também com base nela que se determinam os limites de controlo para as cartas de controlo dedicadas a acompanhar a tendência central do processo. A outra componente da variabilidade corresponde à dinâmica do processo ao longo do tempo, que se traduz em flutuações na sua média devido a causas várias. Esta é designada por variabilidade de longo prazo e pode indiciar um processo fora de controlo estatístico se for excessiva, ou sob controlo, se for baixa. Por exemplo, numa análise típica em projectos seis sigma admite-se como plausível a existência de oscilações de longo prazo na média do processo de magnitude $\pm1{,}5\sigma$.

Os índices C_p e C_{pk} são determinados com base no pressuposto do processo ser estável (sob controlo estatístico) e indicam a sua capacidade em respeitar as especificações impostas com base na variabilidade de curto prazo. Para avaliar a capacidade do processo com base na variabilidade de longo prazo, que incorpora eventuais oscilações do processo ao longo do tempo, foram propostos índices alternativos, designados por índices de desempenho do processo: P_p e P_{pk}. Estes índices têm definições análogas às dos seus congéneres C_p e C_{pk}, sendo a única diferença a forma como o desvio padrão do processo é estimado. Para os índices de desempenho, o desvio padrão é calculado com base na totalidade dos dados, como se todos incorporassem uma única amostra, i.e.,

$$\hat{P}_p = \frac{LSE - LIE}{6s} \tag{7.51}$$

$$\hat{P}_{pk} = \min\left(\hat{P}_{pi}, \hat{P}_{ps}\right) \tag{7.52}$$

onde

$$\hat{P}_{pi} = \frac{\mu - LIE}{3s} \qquad (7.53)$$

$$\hat{P}_{ps} = \frac{LSE - \mu}{3s} \qquad (7.54)$$

e

$$s = \sqrt{\frac{\sum_{i=1}^{n}\left(x_i - \bar{x}\right)^2}{n-1}} \qquad (7.55)$$

Estes índices de desempenho devem ser usados com bastante cuidado, uma vez que o processo pode não estar sob controlo estatístico, situação em que não existe sequer uma medida consistente para a sua variabilidade. Neste caso, os esforços deveriam estar centrados na sua estabilização e não na caracterização da sua capacidade, conceito que carece de consistência neste cenário. Por esta razão, diversos autores desaconselham o seu uso, enquanto outros, chamando atenção para as suas limitações, propõem uma análise integrada de todos índices.

7.8.3. Índices de capacidade do processo para atributos

A avaliação da capacidade de processos caracterizados por medições de natureza qualitativa (atributos) é usualmente conduzida com base na tendência central das respectivas cartas de controlo. De facto, esta tendência transmite directamente informação sobre o número ou taxa média de itens ou defeitos registados, os quais já resultaram de um processo de comparação das suas características com as respectivas especificações. Assim, na análise de itens defeituosos ou não-conformes, a capacidade pode ser directamente obtida dos valores de $\bar{p}$ ou $n\bar{p}$ (das cartas p e np, respectivamente) enquanto na análise de defeitos ou não-conformidades, utiliza-se $\bar{c}$ ou $\bar{u}$ (das cartas c e u, respectivamente). Em alternativa, pode-se usar uma distribuição adequada para descrever os dados recolhidos (tipicamente a distribuição Binomial ou Poisson, consoante o tipo de atributos) e com base nela calcular, por exemplo, a probabilidade de obter, nas condições actuais, um número de itens não-conformes ou uma taxa de defeitos por unidade inferior a um dado valor.

7.8.4. Breve referência a outras medidas do desempenho de processos de uso comum

Para além dos índices de capacidade e desempenho de processo atrás apresentados, outras medidas são frequentemente usadas para avaliar a extensão com que o processo está a atingir os seus objectivos. Algumas destas medidas serão brevemente referidas nos parágrafos seguintes.

Número de defeitos por unidade (*DPU*). Como o próprio nome indica, é dado pelo quociente entre o número de defeitos detectados e o número de unidades inspeccionadas:

$$DPU = \frac{N\acute{u}mero\,de\,Defeitos\,\,Detectados}{N\acute{u}mero\,de\,Unidades\,Inspeccionadas} \qquad (7.56)$$

Este indicador aparece por vezes reportado em partes por milhão (*PPM*):

$$PPM = DPU \times 1\,000\,000 \qquad (7.57)$$

Defeitos por milhão de oportunidades (*DPMO*). Obtém-se dividindo o número de defeitos contabilizados pelo número total de oportunidades onde estes poderão surgir. Assim, para um dado produto, devem-se considerar todos os possíveis defeitos e avaliar as diferentes formas como cada defeito pode surgir. Por exemplo, se as dimensões são verificadas em três localizações distintas, uma falha dimensional pode surgir de três formas diferentes. O número total de oportunidades é então dado pela multiplicação do número de itens inspeccionados pelo número de defeitos possíveis por item. Este último obtém-se somando todas as diferentes formas com que cada defeito pode surgir.

$$DPMO = \frac{N\acute{u}mero\,de\,Defeitos \times 1\,000\,000}{N\acute{u}mero\,de\,Unidades \times N\acute{u}mero\,de\,Oportunidades\,por\,Unidade} \qquad (7.58)$$

Exemplo: *Análise do desempenho de um processo novo para produção de pregos*

Os pregos produzidos através de um novo processo são sujeitos a uma inspecção baseada na análise das seguintes características: dimensões (comprimento, largura), defeitos no material e rigidez mecânica. Os resultados da análise sucessiva de 20 unidades é apresentada na Tabela 7.10. Pretende-se estimar o valor das medidas de desempenho, *DPU*, *PPM* e *DPMO* para este processo, com base nesta amostra.

Item	Comprimento	Diâmetro	Material	Rigidez	Defeituoso	Número de defeitos
1	X				Sim	1
2		X			Sim	1
3					Não	0
4					Não	0
5	X	X			Sim	2
6					Não	0
7		X		X	Sim	2
8					Não	0
9		X			Sim	1
10					Não	0
11	X	X			Sim	2
12	X	X			Sim	2
13				X	Sim	1
14		X		X	Sim	2
15					Não	0
16					Não	0
17	X				Sim	1
18					Não	0
19					Não	0
20				X	Sim	1

Tabela 7.10. Folha de registo de defeitos na inspecção dos pregos produzidos pelo novo processo.

Analisando a tabela acima, verifica-se que 11 dos 20 itens inspeccionados são defeituosos, i.e., possuem defeitos. O número total de defeitos registados é de 16. Por isso,

$$DPU = \frac{16}{20} = 0,8$$

$$PPM = \frac{16 \times 1\,000\,000}{20} = 800\,000$$

Por outro lado, o número total de oportunidades de defeito por item é de 4 (dois tipos de defeitos dimensionais, um tipo relacionado com o material e outro com as suas propriedades mecânicas de rigidez). Logo, o número total de oportunidades de defeito nas 20 peças é de 80. Nestas condições, o *DPMO* corresponde a:

$$DPMO = \frac{16 \times 1\,000\,000}{80} = 200\,000$$

Como se pode verificar, este processo ainda apresenta baixos indicadores de desempenho, requerendo mais investimento no seu desenvolvimento.

CAPÍTULO 8 – SUGESTÕES DE LEITURA
E SOFTWARE

Como complemento à apresentação dos temas focados neste livro, indicam-se nesta secção várias referências bibliográficas adicionais onde os leitores interessados poderão consultar e obter informação técnica mais detalhada. Para comodidade dos interessados, as referências são apresentadas por tema, tendo havido um esforço em manter o seu número reduzido, preservando a óptica de objectividade e sentido prático que norteou a escrita deste livro.

- Seis sigma (geral)
    - M. Harry and R. Schroeder, *Six sigma*, Currency, New York, 2000.

- Definição / Seis sigma
    - T. M. Kubiak and D. W. Benbow, *The certified six sigma black belt handbook*, ASQ Quality Press, Milwaukee, Wisconsin, 2009.
    - Pyzdek, *The six sigma handbook*, McGraw-Hill, New York, 2003.

- Medição
    - ASQ/AIAG, *Measurement systems analysis*, DaimlerChrisler Corporation, Ford Motor Company, General Motors Corporation, 2002.

- BIPM, IEC, IFCC, ISO, IUPAC, IUPAP and OIML, *Guide to the expression of uncertainty*, ISO, Geneva, Switzerland, 1993.

• Análise
  - D. C. Montgomery and G. C. Runger, *Applied statistics and probability for engineers*, Wiley, New York, 1999.
  - G. Vining and S. M. Kowalski, *Statistical methods for engineers*, Thomson, Duxbury, 2006.

• Melhoria
  - D. C. Montegomery, *Design and analysis of experiments*, Wiley, New York, 1997.
  - G. E. P. Box, J. S. Hunter and W. G. Hunter, *Statistics for experimenters: Design, innovation, and discovery*, Wiley, Hoboken, NJ (USA), 2005.
  - C. F. J. Wu and M. S. Hamada, *Experiments - planning, analysis, and optimization*, Wiley, Hoboken, New Jersey, 2009.

• Controlo
  - D. C. Montgomery, *Introduction to statistical quality control*, Wiley, New York, 2001.
  - E. L. Grant and R. S. Leavenworth, *Statistical quality control*, McGraw-Hill, Boston, 1999.

A análise estatística moderna faz-se essencialmente com recurso a meios computacionais e *software* mais ou menos especializado. Dada uma certa prevalência na sua adopção nos meios organizacionais ligados a programas seis sigma, o *software* usado como base para os exemplos aqui apresentados é o MINITAB®. No entanto, tal não constitui uma opção baseada em limitações de outras opções existentes no mercado, onde poderão ser encontradas alternativas com características de rapidez e utilização amigável igualmente boas. Assim, colocando de lado plataformas de cálculo como o MATLAB®, MATHEMATICA®, a linguagem R ou mesmo o SPSS®, pelas curvas de aprendizagem associadas e o nível de especialização exigido para a sua utilização rotineira (não obstante a sua flexibilidade, modularidade e capacidade de cálculo), referem-se, por exemplo, as seguintes soluções computacionais alternativas:

- **JMP®**. *Software* de análise de dados, particularmente forte em metodologias de visualização, planeamento óptimo de experiências e análise de dados. A última versão já inclui, por exemplo, os recentemente propostos *"Definitive Screening Designs"*. Trata-se de uma ferramenta versátil onde a análise proposta pelo *software* é orientada pela natureza dos dados disponíveis, não tendo o utilizador de conhecer profundamente todos os aspectos metodológicos para usar as várias ferramentas com rigor.
- **STATISTICA®**. *Software* com vários módulos de metodologias estatísticas, incluindo aplicações desenvolvidas para apoiar projectos seis sigma. Possui um bom suporte documental e uma ampla gama de recursos analíticos.
- **DESIGN EXPERT®**. *Software* especializado no apoio ao planeamento de experiências e sua análise.

APÊNDICE 1: EXEMPLO DE UMA FOLHA DE PROJECTO (*PROJECT CHARTER*)

PROJECT CHARTER		
Título do projecto		
Black Belt		*Voz/e-mail:*
Master Black Belt		*Voz/e-mail:*
Champion		*Voz/e-mail:*
Process/Project Owner		*Voz/e-mail:*
Unidade de negócio		Localização
Data de início		Data de conclusão
Descrição do problema		
Âmbito / processo		
Objectivos		
Benefícios para os clientes		

Membros da equipe	Voz/e-mail	Papel	Especialidade	Tempo

Planeamento	Início	Final	Comentários	
Define				
Measure				
Analyze				
Improve				
Control				
Relatório final				

Aprovação	Nome	Assinatura	Comentários	Data
Preparado por				
Champion				
Process/Project Owner				
Master Black Belt				
Departamento financeiro				

Figura A1. Exemplo de uma folha de projecto.

APÊNDICE 2: ESTUDO *R&R*

PELO MÉTODO TABULAR

Estudo de Repetibilidade e Reprodutibilidade (*R&R*)

Folha de registo de medições

Operadores _____

Amostras _____

Sequências _____

Amostra #

Oper.↓	Seq. #↓	1	2	3	4	5	6	7	8	9	10	Média
1	A	1											
2		2											
3		3											
4		Média											$\overline{X}_A=$
5		Amplitude											$\overline{R}_A=$
6	B	1											
7		2											
8		3											
9		Média											$\overline{X}_B=$
10		Amplitude											$\overline{R}_B=$
11	C	1											
12		2											
13		3											
14		Média											$\overline{X}_C=$
15		Amplitude											$\overline{R}_C=$
16		Média das amostras											$\overline{\overline{X}}=$ $R_P=$
17		$(\overline{R}_A + \overline{R}_B + \overline{R}_C)/$# Operadores =											$\overline{R}=$
18		$\overline{X}_{diff} = Max\{\overline{X}\} - Min\{\overline{X}\}=$											
19	*	$\overline{R} \times D_4 = UCL_R =$				$D_4 =$		(Ver comentário abaixo)					

* D_4 =3.27 (para # seq. =2), 2.58 (para # seq. =3), 2.28 (para # seq. =4)

UCL_R - representa o limite de controlo para os valores de R.

Assinalar os valores de R que estão para além deste limite. Identificar a causa e

corrigir. Repetir estas medições com o mesmo operador e amostra, como efectuado

originalmente, ou descartar os valores e recalcular a média e limite de controlo com base

nas restantes observações.

Notas: _____

_____

_____

_____

_____

Tabela A1. Folha de registo de resultados num estudo R&R segundo o método tabular promovido pela ASQ/AIAG.

Estudo de Repetibilidade e Reprodutibilidade (*R&R*)

Relatório de resultados

Material: **Nome do sistema de medição:**   **Data:**

Características: **Número do sistema de medição:**   **Responsável:**

Especificações: **Tipo de sistema de medição:**

$\bar{R} =$ _____ $\bar{X}_{diff} =$ _____ $R_P =$ _____   (Da folha de registo de medições.)

$K_1 =$ _____ $K_2 =$ _____ $K_3 =$ _____   (Das tabelas auxiliares.)

Análise do sistema de medição *   **% da variação total**

Repetibilidade - Variação do equipamento (VE)

$$VE = \bar{\bar{R}} \times K_1$$
$$= \underline{\hspace{2cm}}$$

$\%VE = 100 \times (VE / VT)$
$$= \underline{\hspace{2cm}}$$

Reprodutibilidade - Variação do operador (VO)

$$VO = \sqrt{\left(\bar{X}_{diff} \times K_2\right)^2 - (VE^2/(nr))}$$
$$= \underline{\hspace{2cm}}$$

$\%VO = 100 \times (VO / VT)$
$$= \underline{\hspace{2cm}}$$

n - # partes   *r* - # sequências
(se o radicando for negativo, *VO* =0).

Repetibilidade & Reprodutibilidade (*R&R*)

$$R\&R = \sqrt{VE^2 + VO^2}$$
$$= \underline{\hspace{2cm}}$$

$\%R\&R = 100 \times (\%R\&R/VT)$
$$= \underline{\hspace{2cm}}$$

Variabilidade devido às amostras

$$VP = R_p \times K_3$$
$$= \underline{\hspace{2cm}}$$

$\%VP = 100 \times (VP/VT)$
$$= \underline{\hspace{2cm}}$$

Variação Total (*VT*)

$$VT = \sqrt{R\&R^2 + VP^2}$$
$$= \underline{\hspace{2cm}}$$

Desvios padrões das fontes de variabilidade

VE	VO	R&R	VP	VT
____	____	____	____	____

(* Valores são reportados para um nível de confiança de 99%)

Tabela A2. Relatório de resultados num estudo *R&R* segundo o método tabular promovido pela ASQ/AIAG.

Estudo de Repetibilidade e Reprodutibilidade (*R&R*)

Tabelas auxiliares

Factor K₁

(# operadores) x (# amostras)

# sequências		3	4	5	6	7	8	9	10	11	12	13	14	15	>=16
	2	4,19	4,26	4,33	4,36	4,40	4,40	4,44	4,44	4,44	4,48	4,48	4,48	4,48	4,56
	3	2,91	2,94	2,96	2,98	2,98	2,99	2,99	2,99	3,01	3,01	3,01	3,01	3,01	3,05
	4	2,43	2,44	2,45	2,46	2,46	2,48	2,48	2,48	2,48	2,49	2,49	2,49	2,49	2,50
	5	2,16	2,17	2,18	2,19	2,19	2,19	2,20	2,20	2,20	2,20	2,20	2,20	2,20	2,21
	6	2,00	2,00	2,01	2,01	2,02	2,02	2,02	2,02	2,02	2,02	2,02	2,03	2,03	2,04

Notas:

1. De preferência selecionar o número de operadores e amostras de forma a (# operadores) x (# amostras) > 15
2. Se (# operadores) x (# amostras) <=15, o número de sequências deve ser determinada
de forma a **evitar a zona sombreada da tabela.** (Caso contrário, as estimativas não serão precisas.)

Factor K₂

operadores

2	3	4
3,65	2,70	2,30

Factor K₃

amostras

2	3	4	5	6	7	8	9	10
3,64	2,69	2,30	2,08	1,93	1,82	1,74	1,67	1,62

Tabela A3. Tabelas auxiliares para determinação dos parâmetros K₁, K₂ e K₃, num estudo *R&R* segundo o método tabular promovido pela ASQ/AIAG.

BIBLIOGRAFIA

1. R. Hoerl and R. D. Snee, *Statistical thinking*, Duxbury, Pacific Grove, CA, USA, 2002.

2. K. Ishikawa, *Guide to quality control*, Asian Productivity Organization (APO), Tokyo, 1982.

3. Pyzdek, *The six sigma handbook*, McGraw-Hill, New York, 2003.

4. T. M. Kubiak and D. W. Benbow, *The certified six sigma black belt handbook*, ASQ Quality Press, Milwaukee, Wisconsin, 2009.

5. F. W. Breyfogle, *Implementing six sigma*, Wiley, Hoboken, NJ, 2003.

6. M. Harry and R. Schroeder, *Six sigma*, Currency, New York, 2000.

7. ASQ/AIAG, *Measurement systems analysis*, DaimlerChrisler Corporation, Ford Motor Company, General Motors Corporation, 2002.

8. L. B. Barrentine, *Concepts for r&r studies*, ASQC Quality Press, Milwaukee, Wisconsin, 1991.

9. BIPM, IEC, IFCC, ISO, IUPAC, IUPAP and OIML, *Guide to the expression of uncertainty*, ISO, Geneva, Switzerland, 1993.

10. S. Coleman, T. Greenfield, D. Stewardson and D. C. Montegomery (Editors), *Statistical practice in business and industry*, Wiley, Chichester, 2008.

11. G. H. Gardenier, F. Gui and J. N. Demas, *Error propagation made easy - or at least easier*, Journal of Chemical Education. 88 (2011) no. 7 916-920.

12. G. E. P. Box, J. S. Hunter and W. G. Hunter, *Statistics for experimenters: Design, innovation, and discovery*, Wiley, Hoboken, NJ (USA), 2005.

13. D. C. Montgomery and G. C. Runger, *Applied statistics and probability for engineers*, Wiley, New York, 1999.

14. Q. Brook, *Lean six sigma & minitab pocket guide*, Opex, Winchester, 2010.

15. N. R. Draper and H. Smith, *Applied regression analysis*, Wiley, NY, 1998.

16. D. C. Montegomery, *Design and analysis of experiments*, Wiley, New York, 1997.

17. G. S. Peace, *Taguchi methods: A hands-on approach*, Addison-Wesley, Reading, MA, USA, 1993.

18. J. A. Cornell, *Experiments with mixtures: Designs, models, and the analysis of mixture data*, Wiley, 2002.

19. A. C. Atkinson and A. N. Donev, *Optimum experimental designs* Oxford University Press, Oxford, 1992.

20. B. Jones and C. J. Nachtsheim, *A class of three-level designs for definitive screening in the presence of second-order effects*, J. Qual. Technol. 43 (2011) no. 1 1-15.

21. W. A. Shewhart, *Economic control of quality of manufactured product*, vol. Republished in 1980 as a 50th Anniversary Commemorative Reissue by ASQC Quality Press, D. Van Nostrand Company, Inc., New York, 1931.

22. J. S. Hunter, *A point-plot equivalent to the shewhart chart with western electric rules* Quality Engineering. 2 (1989) 13-19.

23. E. S. Page, *Continuous inspection schemes*, Biometrics. 41 (1954) no. 1-2 100-115.

24. M. B. Vermaat, R. J. M. M. Does and S. Bisgaard, *Ewma control chart limits for first- and second-order autoregressive processes*, Quality and Reliability Engineering International. 24 (2008) 573–584.

25. D. C. Montgomery and C. M. Mastrangelo, *Some statistical process control methods for autocorrelated data*, J. Qual. Technol. 23 (1991) no. 3 179-193.

26. B. R. Bakshi, *Multiscale pca with application to multivariate statistical process control*, AIChE J. 44 (1998) no. 7 1596-1610.

27. M. S. Reis, B. R. Bakshi and P. M. Saraiva, *Multiscale statistical process control using wavelet packets*, AIChE J. 54 (2008) no. 9 2366-2378.

28. J. E. Jackson and G. S. Mudholkar, *Control procedures for residuals associated with principal component analysis*, Technometrics. 21 (1979) no. 3 341-349.

29. T. Kourti and J. F. MacGregor, *Process analysis, monitoring and diagnosis, using multivariate projection methods*, Chemom. Intell. Lab. Syst. 28 (1995) 3-21.

30. D. C. Montgomery, *Introduction to statistical quality control*, Wiley, New York, 2001.

31. A. M. Joglekar, *Statistical methods for six-sigma in r&d and manufacturing*, Wiley, Hoboken, New Jersey, 2003.

www.ingramcontent.com/pod-product-compliance
Lightning Source LLC
Chambersburg PA
CBHW061113220326
41599CB00024B/4023